"十二五"国家重点出版规划项目

雷达与探测前沿技术丛书

雷达目标识别理论

Theory of Rodar Recognition

胡卫东 杜小勇 张乐锋 虞 华 编著

国防工业出版社

·北京·

内 容 简 介

本书结合战场感知的应用背景，着眼于系统层面破解雷达目标识别的难题，系统梳理和介绍雷达目标识别的基本理论与实现方法。全书以雷达目标识别涉及的目标特性、可辨识特征、分类识别方法、知识的运用、系统设计实现等基本要素为主线，首先阐述雷达目标电磁散射机理及目标特性的表征方式、常用雷达工作状态下的散射特征提取与基于样本学习的典型分类识别技术，其次介绍知识辅助的雷达目标识别方法，重点阐述上下文知识和模型知识的获取、表示以及运用方式，然后结合目标雷达特性的先验信息，介绍基于压缩感知的雷达目标数据获取、表示和分类的基本方法，最后以雷达舰船目标识别系统为例，阐述具有多场景适应能力的目标识别系统设计与实现技术，探讨雷达目标识别性能评估的主要指标与影响因素。

本书可为雷达信息处理领域在校研究生及从业者的学习与实践提供指导和借鉴。

图书在版编目(CIP)数据

雷达目标识别理论／胡卫东等编著. —北京：国防工业出版社，2022.1 重印
（雷达与探测前沿技术丛书）
ISBN 978－7－118－11386－0

Ⅰ. ①雷… Ⅱ. ①胡… Ⅲ. ①雷达目标识别－研究
Ⅳ. ①TN959.1

中国版本图书馆 CIP 数据核字(2017)第 243785 号

※

国防工业出版社出版发行
（北京市海淀区紫竹院南路 23 号　邮政编码 100048）
北京虎彩文化传播有限公司印刷
新华书店经售

＊

开本 710×1000　1/16　印张 16¾　字数 312 千字
2022 年 1 月第 1 版第 2 次印刷　印数 3001—4000 册　定价 89.00 元

（本书如有印装错误，我社负责调换）

国防书店：(010)88540777　　书店传真：(010)88540776
发行业务：(010)88540717　　发行传真：(010)88540762

"雷达与探测前沿技术丛书"
编审委员会

主　　任	左群声				
常务副主任	王小谟				
副　主　任	吴曼青	陆　军	包养浩	赵伯桥	许西安
顾　　问	贲　德	郝　跃	何　友	黄培康	毛二可
（按姓氏拼音排序）	王　越	吴一戎	张光义	张履谦	
委　　员	安　红	曹　晨	陈新亮	代大海	丁建江
（按姓氏拼音排序）	高梅国	高昭昭	葛建军	何子述	洪　一
	胡卫东	江　涛	焦李成	金　林	李　明
	李清亮	李相如	廖桂生	林幼权	刘　华
	刘宏伟	刘泉华	柳晓明	龙　腾	龙伟军
	鲁耀兵	马　林	马林潘	马鹏阁	皮亦鸣
	史　林	孙　俊	万　群	王　伟	王京涛
	王盛利	王文钦	王晓光	卫　军	位寅生
	吴洪江	吴晓芳	邢海鹰	徐忠新	许　稼
	许荣庆	许小剑	杨建宇	尹志盈	郁　涛
	张晓玲	张玉石	张召悦	张中升	赵正平
	郑　恒	周成义	周树道	周智敏	朱秀芹

编辑委员会

主　　编	王小谟	左群声			
副　主　编	刘　劲	王京涛	王晓光		
委　　员	崔　云	冯　晨	牛旭东	田秀岩	熊思华
（按姓氏拼音排序）	张冬晔				

总　序

雷达在第二次世界大战中初露头角。战后，美国麻省理工学院辐射实验室集合各方面的专家，总结战争期间的经验，于1950年前后出版了一套雷达丛书，共28个分册，对雷达技术做了全面总结，几乎成为当时雷达设计者的必备读物。我国的雷达研制也从那时开始，经过几十年的发展，到21世纪初，我国雷达技术在很多方面已进入国际先进行列。为总结这一时期的经验，中国电子科技集团公司曾经组织老一代专家撰著了"雷达技术丛书"，全面总结他们的工作经验，给雷达领域的工程技术人员留下了宝贵的知识财富。

电子技术的迅猛发展，促使雷达在内涵、技术和形态上快速更新，应用不断扩展。为了探索雷达领域前沿技术，我们又组织编写了本套"雷达与探测前沿技术丛书"。与以往雷达相关丛书显著不同的是，本套丛书并不完全是作者成熟的经验总结，大部分是专家根据国内外技术发展，对雷达前沿技术的探索性研究。内容主要依托雷达与探测一线专业技术人员的最新研究成果、发明专利、学术论文等，对现代雷达与探测技术的国内外进展、相关理论、工程应用等进行了广泛深入研究和总结，展示近十年来我国在雷达前沿技术方面的研制成果。本套丛书的出版力求能促进从事雷达与探测相关领域研究的科研人员及相关产品的使用人员更好地进行学术探索和创新实践。

本套丛书保持了每一个分册的相对独立性和完整性，重点是对前沿技术的介绍，读者可选择感兴趣的分册阅读。丛书共41个分册，内容包括频率扩展、协同探测、新技术体制、合成孔径雷达、新雷达应用、目标与环境、数字技术、微电子技术八个方面。

（一）雷达频率迅速扩展是近年来表现出的明显趋势，新频段的开发、带宽的剧增使雷达的应用更加广泛。本套丛书遴选的频率扩展内容的著作共4个分册：

（1）《毫米波辐射无源探测技术》分册中没有讨论传统的毫米波雷达技术，而是着重介绍毫米波热辐射效应的无源成像技术。该书特别采用了平方千米阵的技术概念，这一概念在用干涉式阵列基线的测量结果来获得等效大口径阵列效果的孔径综合技术方面具有重要的意义。

(2)《太赫兹雷达》分册是一本较全面介绍太赫兹雷达的著作,主要包括太赫兹雷达系统的基本组成和技术特点、太赫兹雷达目标检测以及微动目标检测技术,同时也讨论了太赫兹雷达成像处理。

(3)《机载远程红外预警雷达系统》分册考虑到红外成像和告警是红外探测的传统应用,但是能否作为全空域远距离的搜索监视雷达,尚有诸多争议。该书主要讨论用监视雷达的概念如何解决红外极窄波束、全空域、远距离和数据率的矛盾,并介绍组成红外监视雷达的工程问题。

(4)《多脉冲激光雷达》分册从实际工程应用角度出发,较详细地阐述了多脉冲激光测距及单光子测距两种体制下的系统组成、工作原理、测距方程、激光目标信号模型、回波信号处理技术及目标探测算法等关键技术,通过对两种远程激光目标探测体制的探讨,力争让读者对基于脉冲测距的激光雷达探测有直观的认识和理解。

(二)传输带宽的急剧提高,赋予雷达协同探测新的使命。协同探测会导致雷达形态和应用发生巨大的变化,是当前雷达研究的热点。本套丛书遴选出协同探测内容的著作共 10 个分册:

(1)《雷达组网技术》分册从雷达组网使用的效能出发,重点讨论点迹融合、资源管控、预案设计、闭环控制、参数调整、建模仿真、试验评估等雷达组网新技术的工程化,是把多传感器统一为系统的开始。

(2)《多传感器分布式信号检测理论与方法》分册主要介绍检测级、位置级(点迹和航迹)、属性级、态势评估与威胁估计五个层次中的检测级融合技术,是雷达组网的基础。该书主要给出各类分布式信号检测的最优化理论和算法,介绍考虑到网络和通信质量时的联合分布式信号检测准则和方法,并研究多输入多输出雷达目标检测的若干优化问题。

(3)《分布孔径雷达》分册所描述的雷达实现了多个单元孔径的射频相参合成,获得等效于大孔径天线雷达的探测性能。该书在概述分布孔径雷达基本原理的基础上,分别从系统设计、波形设计与处理、合成参数估计与控制、稀疏孔径布阵与测角、时频相同步等方面做了较为系统和全面的论述。

(4)《MIMO 雷达》分册所介绍的雷达相对于相控阵雷达,可以同时获得波形分集和空域分集,有更加灵活的信号形式,单元间距不受 $\lambda/2$ 的限制,间距拉开后,可组成各类分布式雷达。该书比较系统地描述多输入多输出(MIMO)雷达。详细分析了波形设计、积累补偿、目标检测、参数估计等关键技术。

(5)《MIMO雷达参数估计技术》分册更加侧重讨论各类MIMO雷达的算法。从MIMO雷达的基本知识出发，介绍均匀线阵、非圆信号、快速估计、相干目标、分布式目标、基于高阶累计量的、基于张量的、基于阵列误差的、特殊阵列结构的MIMO雷达目标参数估计的算法。

(6)《机载分布式相参射频探测系统》分册介绍的是MIMO技术的一种工程应用。该书针对分布式孔径采用正交信号接收相参的体制，分析和描述系统处理架构及性能、运动目标回波信号建模技术，并更加深入地分析和描述实现分布式相参雷达杂波抑制、能量积累、布阵等关键技术的解决方法。

(7)《机会阵雷达》分册介绍的是分布式雷达体制在移动平台上的典型应用。机会阵雷达强调根据平台的外形，天线单元共形随遇而布。该书详尽地描述系统设计、天线波束形成方法和算法、传输同步与单元定位等关键技术，分析了美国海军提出的用于弹道导弹防御和反隐身的机会阵雷达的工程应用问题。

(8)《无源探测定位技术》分册探讨的技术是基于现代雷达对抗的需求应运而生，并在实战应用需求越来越大的背景下快速拓展。随着知识层面上认知能力的提升以及技术层面上带宽和传输能力的增加，无源侦察已从单一的测向技术逐步转向多维定位。该书通过充分利用时间、空间、频移、相移等多维度信息，寻求无源定位的解，对雷达向无源发展有着重要的参考价值。

(9)《多波束凝视雷达》分册介绍的是通过多波束技术提高雷达发射信号能量利用效率以及在空、时、频域中减小处理损失，提高雷达探测性能；同时，运用相位中心凝视方法改进杂波中目标检测概率。分册还涉及短基线雷达如何利用多阵面提高发射信号能量利用效率的方法；针对长基线，阐述了多站雷达发射信号可形成凝视探测网格，提高雷达发射信号能量的使用效率；而合成孔径雷达(SAR)系统应用多波束凝视可降低发射功率，缓解宽幅成像与高分辨之间的矛盾。

(10)《外辐射源雷达》分册重点讨论以电视和广播信号为辐射源的无源雷达。详细描述调频广播模拟电视和各种数字电视的信号，减弱直达波的对消和滤波的技术；同时介绍了利用GPS(全球定位系统)卫星信号和GSM/CDMA(两种手机制式)移动电话作为辐射源的探测方法。各种外辐射源雷达，要得到定位参数和形成所需的空域，必须多站协同。

（三）以新技术为牵引,产生出新的雷达系统概念,这对雷达的发展具有里程碑的意义。本套丛书遴选了涉及新技术体制雷达内容的6个分册:

(1)《宽带雷达》分册介绍的雷达打破了经典雷达5MHz带宽的极限,同时雷达分辨力的提高带来了高识别率和低杂波的优点。该书详尽地讨论宽带信号的设计、产生和检测方法。特别是对极窄脉冲检测进行有益的探索,为雷达的进一步发展提供了良好的开端。

(2)《数字阵列雷达》分册介绍的雷达是用数字处理的方法来控制空间波束,并能形成同时多波束,比用移相器灵活多变,已得到了广泛应用。该书全面系统地描述数字阵列雷达的系统和各分系统的组成。对总体设计、波束校准和补偿、收/发模块、信号处理等关键技术都进行了详细描述,是一本工程性较强的著作。

(3)《雷达数字波束形成技术》分册更加深入地描述数字阵列雷达中的波束形成技术,给出数字波束形成的理论基础、方法和实现技术。对灵巧干扰抑制、非均匀杂波抑制、波束保形等进行了深入的讨论,是一本理论性较强的专著。

(4)《电磁矢量传感器阵列信号处理》分册讨论在同一空间位置具有三个磁场和三个电场分量的电磁矢量传感器,比传统只用一个分量的标量阵列处理能获得更多的信息,六分量可完备地表征电磁波的极化特性。该书从几何代数、张量等数学基础到阵列分析、综合、参数估计、波束形成、布阵和校正等问题进行详细讨论,为进一步应用奠定了基础。

(5)《认知雷达导论》分册介绍的雷达可根据环境、目标和任务的感知,选择最优化的参数和处理方法。它使得雷达数据处理及反馈从粗犷到精细,彰显了新体制雷达的智能化。

(6)《量子雷达》分册的作者团队搜集了大量的国外资料,经探索和研究,介绍从基本理论到传输、散射、检测、发射、接收的完整内容。量子雷达探测具有极高的灵敏度,更高的信息维度,在反隐身和抗干扰方面优势明显。经典和非经典的量子雷达,很可能走在各种量子技术应用的前列。

（四）合成孔径雷达(SAR)技术发展较快,已有大量的著作。本套丛书遴选了有一定特点和前景的5个分册:

(1)《数字阵列合成孔径雷达》分册系统阐述数字阵列技术在SAR中的应用,由于数字阵列天线具有灵活性并能在空间产生同时多波束,雷达采集的同一组回波数据,可处理出不同模式的成像结果,比常规SAR具备更多的新能力。该书着重研究基于数字阵列SAR的高分辨力宽测绘带SAR成像、极化层析 SAR 三维成像和前视 SAR 成像技术三种新能力。

(2)《双基合成孔径雷达》分册介绍的雷达配置灵活,具有隐蔽性好、抗干扰能力强、能够实现前视成像等优点,是 SAR 技术的热点之一。该书较为系统地描述了双基 SAR 理论方法、回波模型、成像算法、运动补偿、同步技术、试验验证等诸多方面,形成了实现技术和试验验证的研究成果。

(3)《三维合成孔径雷达》分册描述曲线合成孔径雷达、层析合成孔径雷达和线阵合成孔径雷达等三维成像技术。重点讨论各种三维成像处理算法,包括距离多普勒、变尺度、后向投影成像、线阵成像、自聚焦成像等算法。最后介绍三维 MIMO-SAR 系统。

(4)《雷达图像解译技术》分册介绍的技术是指从大量的 SAR 图像中提取与挖掘有用的目标信息,实现图像的自动解译。该书描述高分辨 SAR 和极化 SAR 的成像机理及相应的相干斑抑制、噪声抑制、地物分割与分类等技术,并介绍舰船、飞机等目标的 SAR 图像检测方法。

(5)《极化合成孔径雷达图像解译技术》分册对极化合成孔径雷达图像统计建模和参数估计方法及其在目标检测中的应用进行了深入研究。该书研究内容为统计建模和参数估计及其国防科技应用三大部分。

(五) 雷达的应用也在扩展和变化,不同的领域对雷达有不同的要求,本套丛书在雷达前沿应用方面遴选了 6 个分册:

(1)《天基预警雷达》分册介绍的雷达不同于星载 SAR,它主要观测陆海空天中的各种运动目标,获取这些目标的位置信息和运动趋势,是难度更大、更为复杂的天基雷达。该书介绍天基预警雷达的星星、星空、MIMO、卫星编队等双/多基地体制。重点描述了轨道覆盖、杂波与目标特性、系统设计、天线设计、接收处理、信号处理技术。

(2)《战略预警雷达信号处理新技术》分册系统地阐述相关信号处理技术的理论和算法,并有仿真和试验数据验证。主要包括反导和飞机目标的分类识别、低截获波形、高速高机动和低速慢机动小目标检测、检测识别一体化、机动目标成像、反投影成像、分布式和多波段雷达的联合检测等新技术。

(3)《空间目标监视和测量雷达技术》分册论述雷达探测空间轨道目标的特色技术。首先涉及空间编目批量目标监视探测技术,包括空间目标监视相控阵雷达技术及空间目标监视伪码连续波雷达信号处理技术。其次涉及空间目标精密测量、增程信号处理和成像技术,包括空间目标雷达精密测量技术、中高轨目标雷达探测技术、空间目标雷达成像技术等。

(4)《平流层预警探测飞艇》分册讲述在海拔约20km的平流层,由于相对风速低、风向稳定,从而适合大型飞艇的长期驻空,定点飞行,并进行空中预警探测,可对半径500km区域内的地面目标进行长时间凝视观察。该书主要介绍预警飞艇的空间环境、总体设计、空气动力、飞行载荷、载荷强度、动力推进、能源与配电以及飞艇雷达等技术,特别介绍了几种飞艇结构载荷一体化的形式。

(5)《现代气象雷达》分册分析了非均匀大气对电磁波的折射、散射、吸收和衰减等气象雷达的基础,重点介绍了常规天气雷达、多普勒天气雷达、双偏振全相参多普勒天气雷达、高空气象探测雷达、风廓线雷达等现代气象雷达,同时还介绍了气象雷达新技术、相控阵天气雷达、双/多基地天气雷达、声波雷达、中频探测雷达、毫米波测云雷达、激光测风雷达。

(6)《空管监视技术》分册阐述了一次雷达、二次雷达、应答机编码分配、S模式、多雷达监视的原理。重点讨论广播式自动相关监视(ADS-B)数据链技术、飞机通信寻址报告系统(ACARS)、多点定位技术(MLAT)、先进场面监视设备(A-SMGCS)、空管多源协同监视技术、低空空域监视技术、空管技术。介绍空管监视技术的发展趋势和民航大国的前瞻性规划。

(六)目标和环境特性,是雷达设计的基础。该方向的研究对雷达匹配目标和环境的智能设计有重要的参考价值。本套丛书对此专题遴选了4个分册:

(1)《雷达目标散射特性测量与处理新技术》分册全面介绍有关雷达散射截面积(RCS)测量的各个方面,包括RCS的基本概念、测试场地与雷达、低散射目标支架、目标RCS定标、背景提取与抵消、高分辨力RCS诊断成像与图像理解、极化测量与校准、RCS数据的处理等技术,对其他微波测量也具有参考价值。

(2)《雷达地海杂波测量与建模》分册首先介绍国内外地海面环境的分类和特征,给出地海杂波的基本理论,然后介绍测量、定标和建库的方法。该书用较大的篇幅,重点阐述地海杂波特性与建模。杂波是雷达的重要环境,随着地形、地貌、海况、风力等条件而不同。雷达的杂波抑制,正根据实时的变化,从粗犷走向精细的匹配,该书是现代雷达设计师的重要参考文献。

(3)《雷达目标识别理论》分册是一本理论性较强的专著。以特征、规律及知识的识别认知为指引,奠定该书的知识体系。首先介绍雷达目标识别的物理与数学基础,较为详细地阐述雷达目标特征提取与分类识别、知识辅助的雷达目标识别、基于压缩感知的目标识别等技术。

(4)《雷达目标识别原理与实验技术》分册是一本工程性较强的专著。该书主要针对目标特征提取与分类识别的模式,从工程上阐述了目标识别的方法。重点讨论特征提取技术、空中目标识别技术、地面目标识别技术、舰船目标识别及弹道导弹识别技术。

(七) 数字技术的发展,使雷达的设计和评估更加方便,该技术涉及雷达系统设计和使用等。本套丛书遴选了3个分册:

(1)《雷达系统建模与仿真》分册所介绍的是现代雷达设计不可缺少的工具和方法。随着雷达的复杂度增加,用数字仿真的方法来检验设计的效果,可收到事半功倍的效果。该书首先介绍最基本的随机数的产生、统计实验、抽样技术等与雷达仿真有关的基本概念和方法,然后给出雷达目标与杂波模型、雷达系统仿真模型和仿真对系统的性能评价。

(2)《雷达标校技术》分册所介绍的内容是实现雷达精度指标的基础。该书重点介绍常规标校、微光电视角度标校、球载 BD/GPS(BD 为北斗导航简称)标校、射电星角度标校、基于民航机的雷达精度标校、卫星标校、三角交会标校、雷达自动化标校等技术。

(3)《雷达电子战系统建模与仿真》分册以工程实践为取材背景,介绍雷达电子战系统建模的主要方法、仿真模型设计、仿真系统设计和典型仿真应用实例。该书从雷达电子战系统数学建模和仿真系统设计的实用性出发,着重论述雷达电子战系统基于信号/数据流处理的细粒度建模仿真的核心思想和技术实现途径。

(八) 微电子的发展使得现代雷达的接收、发射和处理都发生了巨大的变化。本套丛书遴选出涉及微电子技术与雷达关联最紧密的3个分册:

(1)《雷达信号处理芯片技术》分册主要讲述一款自主架构的数字信号处理(DSP)器件,详细介绍该款雷达信号处理器的架构、存储器、寄存器、指令系统、I/O 资源以及相应的开发工具、硬件设计,给雷达设计师使用该处理器提供有益的参考。

(2)《雷达收发组件芯片技术》分册以雷达收发组件用芯片套片的形式,系统介绍发射芯片、接收芯片、幅相控制芯片、波速控制驱动器芯片、电源管理芯片的设计和测试技术及与之相关的平台技术、实验技术和应用技术。

(3)《宽禁带半导体高频及微波功率器件与电路》分册的背景是,宽禁带材料可使微波毫米波功率器件的功率密度比 Si 和 GaAs 等同类产品高10倍,可产生开关频率更高、关断电压更高的新一代电力电子器件,将对雷达产生更新换代的影响。分册首先介绍第三代半导体的应用和基本知识,然后详细介绍两大类各种器件的原理、类别特征、进展和应用：SiC 器件有功率二极管、MOSFET、JFET、BJT、IBJT、GTO 等；GaN 器件有 HEMT、MMIC、E 模 HEMT、N 极化 HEMT、功率开关器件与微功率变换等。最后展望固态太赫兹、金刚石等新兴材料器件。

本套丛书是国内众多相关研究领域的大专院校、科研院所专家集体智慧的结晶。具体参与单位包括中国电子科技集团公司、中国航天科工集团公司、中国电子科学研究院、南京电子技术研究所、华东电子工程研究所、北京无线电测量研究所、电子科技大学、西安电子科技大学、国防科技大学、北京理工大学、北京航空航天大学、哈尔滨工业大学、西北工业大学等近 30 家。在此对参与编写及审校工作的各单位专家和领导的大力支持表示衷心感谢。

2017 年 9 月

前 言

目标识别作为传感器信息化、智能化发展的重要组成部分,将传感信号转变为信息,成为战场侦察监视传感器必不可少的功能。对雷达也是如此,在雷达信息获取能力日新月异的今天,目标识别作为其信息转化的瓶颈而受到了越来越多的关注。对目标识别问题的认知经历了螺旋上升的过程,20世纪80年代,郭桂蓉院士带领团队利用雷达回波识别舰船目标的探索成为点燃目标识别的早期火种,郁文贤教授当时提出的量化雷达兵判性经验的想法,看似粗浅,却成就了国内第一个雷达舰船目标识别系统。宋锐博士开发的开放式目标识别信息显控终端,启动了将雷达目标识别推向实用化的进程。如今,随着雷达提供的信息特征维度越来越高,处理的手段和工具越来越复杂,大有掩盖认知目标识别根本问题的趋势。我们往往将目标识别问题异化成确定模式的识别问题、数据和特征获取问题、寻找稳定且唯一的特征问题、稳健学习或深度学习问题等。试想经过了这么多年的探索,现在的从业者比30年前的人对目标识别的认识更进步了吗?当初的局限性是识别的样本太少,限制了认知的广度;而今天是我们索要太多,妨碍了认知的深度。现在我们仍然徘徊在从传感信号、数据到识别信息转化的鸿沟前,任何单一的原理和技术手段都很难跨越到彼岸。目标识别由于其应用中的复杂性而转化为系统问题,要通过多种手段综合的办法来解决。方艾里先生基于几十年技侦信号识别的经验,提出了特征、规律及知识的点、线、面(体)识别认知的想法,极大地丰富了目标识别的理论,从而奠定了本书的知识体系。

将上述认知沉淀下来为后继者提供借鉴的想法即是编撰本书的初衷,目标识别中的判决如同人的决策一样离不开各种各样的领域知识,以前我们过分关注特征的稳定性和可分性,但在应对扩展工作条件方面始终束手无策。从系统层面着手破解目标识别难题,导致领域知识的引入,由此带来了两点明显的改善:一是降低了识别特征本身的稳定性和可分性的要求,比如利用姿态敏感性知识可以有针对性地选择使用特征;二是丰富了识别可用的信息,比如通过目标对环境依赖的知识,将由目标引起的环境改变的信息用于识别,而不是局限在目标本身。但领域知识如何提取和量化表达成为其应用水平的瓶颈。本书的一个重要出发点就是探讨领域知识如何引入目标识别系统中,从单一类型知识——空间结构关系用于目标提取与类型索引,到定量化模型知识的压缩感知,再到知识本体建模的系统解决方案,以期勾勒出雷达目标识别技术认知的基本脉络。当然,这些认知的点滴扩展都离不开与毛士艺教授、王润生教授、卢焕章教授、黄培康院士这些前辈与挚友的启迪与交流。因此,本书最后一章仍然回归到雷达舰船目标识别的应用,除了有丰富的素材便于说明识别解决方法外,也含有对该领域前辈探索的敬意!我们是站在他们的肩膀上,才有了今天的认知视野,才确立了观察问题的坐标,才能对该领域研究成果有所积淀,有所传承。

  本书以雷达目标识别问题的认知为主线展开,涵盖了雷达目标识别的物理与数学基础、知识辅助和基于压缩感知的前沿雷达目标识别理论与方法,以及雷达目标识别系统的设计与性能评价共七章内容。胡卫东策划了本书的架构及各章的内容安排,并编写第 1 章和第 2 章的内容,第 3 章、第 4 章和第 6 章由杜小勇编写,第 5 章由虞华编写,张乐锋编写第 7 章并审核了全部内容。另外,共同工作和学习的同事与学生为本书提供了重要的写作素材,谨向他们表示衷心的感谢!受认识水平与写作时间所限,书中存在不完善之处恳请读者批评指正。

胡卫东

2017.6

目 录

第1章 概述 ········· 001
- 1.1 写作背景 ········· 001
- 1.2 雷达目标识别的概念与内涵 ········· 002
- 1.3 用于目标识别的雷达工作模式和相关技术 ········· 003
  - 1.3.1 工作模式的选择 ········· 003
  - 1.3.2 涉及的相关雷达技术 ········· 004
- 1.4 雷达目标识别技术的认识过程 ········· 005
- 1.5 目标识别的基本原理 ········· 007
- 1.6 雷达目标识别的发展方向 ········· 009
  - 1.6.1 仿生目标识别 ········· 009
  - 1.6.2 知识辅助的目标识别 ········· 012
  - 1.6.3 极端样本数据条件下的目标识别 ········· 014
- 1.7 雷达目标识别的基本组成及本书的内容安排 ········· 014

第2章 雷达目标特性 ········· 016
- 2.1 雷达目标特性的含义 ········· 016
- 2.2 雷达逆散射基础 ········· 017
  - 2.2.1 麦克斯韦方程组及其边界条件 ········· 017
  - 2.2.2 雷达目标的散射场 ········· 019
- 2.3 目标雷达成像——等效散射中心 ········· 025
  - 2.3.1 等效散射中心的概念 ········· 025
  - 2.3.2 极化特性的考虑 ········· 028
- 2.4 散射中心的提取——雷达成像 ········· 029
  - 2.4.1 相干接收 ········· 029
  - 2.4.2 雷达成像方程 ········· 030
  - 2.4.3 一维成像 ········· 031
  - 2.4.4 二维成像 ········· 032
- 2.5 雷达目标的频谱特性 ········· 034
  - 2.5.1 飞机的雷达回波频谱特性 ········· 034
  - 2.5.2 空间目标微动的雷达特性 ········· 037

2.6 其他雷达目标特性 ·· 041
第3章 雷达目标特征提取与分类识别 ·· 043
3.1 雷达目标特征提取 ··· 043
    3.1.1 低分辨雷达特征提取 ·· 043
    3.1.2 高分辨雷达特征提取 ·· 047
3.2 分类识别方法 ·· 058
    3.2.1 基本原理 ··· 058
    3.2.2 典型的分类器设计方法 ··· 059
    3.2.3 基于模型的目标识别 ·· 061
3.3 样本驱动的目标识别举例 ··· 064
    3.3.1 MSTAR 数据库介绍 ··· 064
    3.3.2 模板库生成 ·· 066
    3.3.3 匹配识别 ··· 067
    3.3.4 目标识别实验 ··· 070

第4章 空间结构关系约束的 SAR 目标分割与索引 ························· 073
4.1 SAR 目标分割的贝叶斯模型 ·· 073
4.2 SAR 图像中目标和阴影的空间关系知识及描述 ···························· 077
    4.2.1 SAR 图像中目标和阴影之间的连通性 ······························ 077
    4.2.2 空间关系势能函数 ·· 079
4.3 空间位置关系约束下的 SAR 目标分割方法 ································ 081
    4.3.1 算法描述 ··· 081
    4.3.2 实验结果 ··· 083
4.4 空间关系约束下的特征子结构 ·· 083
    4.4.1 SAR 图像中的特征子结构 ··· 084
    4.4.2 特征子结构的描述和提取 ··· 086
    4.4.3 特征子结构应用于 SAR 目标索引 ··································· 088
4.5 SAR 目标索引判别式 ··· 089
    4.5.1 SAR 目标索引的贝叶斯框架 ·· 090
    4.5.2 基于上下文先验知识的 SAR 目标索引 ····························· 091
    4.5.3 基于显著特征子结构检测的 SAR 目标索引 ······················· 091
4.6 基于炮管子结构检测的目标索引 ··· 092
    4.6.1 SAR 图像中坦克炮管的现象学分析 ································ 092
    4.6.2 SAR 图像坦克炮管的检测和提取 ··································· 094
    4.6.3 基于炮管显著子结构检测的目标索引 ······························ 096
4.7 MSTAR 数据实验 ·· 097

4.7.1　炮管检测实验 ·· 097
　　　4.7.2　基于炮管子结构的 SAR 目标索引 ························ 099
第 5 章　**知识辅助的雷达目标识别** ·· 101
　5.1　雷达目标识别中的知识概念与内涵 ································ 101
　　　5.1.1　信息处理领域中知识的基本含义 ·························· 101
　　　5.1.2　雷达目标识别领域中的知识 ································ 102
　5.2　雷达目标识别领域知识的获取 ····································· 109
　　　5.2.1　基于数据分析与挖掘的领域知识获取 ····················· 110
　　　5.2.2　基于高层抽象目标建模的领域知识获取方法 ············ 130
　5.3　基于本体论的雷达目标识别领域知识表示 ····················· 133
　　　5.3.1　本体简介 ·· 134
　　　5.3.2　基于本体的雷达目标识别领域知识表示 ·················· 136
　5.4　知识辅助的雷达目标识别处理框架 ······························· 144
第 6 章　**基于压缩感知的目标识别技术** ································· 148
　6.1　压缩感知——采样率的制约与突破 ································ 148
　6.2　压缩识别 ·· 151
　　　6.2.1　基本概念 ·· 151
　　　6.2.2　基本原理 ·· 152
　6.3　基于压缩感知的雷达成像 ·· 155
　　　6.3.1　信号表示与雷达成像 ·· 155
　　　6.3.2　雷达回波信号建模 ··· 157
　　　6.3.3　基于稀疏先验的雷达成像 ·································· 159
　6.4　相位校正与成像一体化技术 ··· 164
　　　6.4.1　模型描述 ·· 164
　　　6.4.2　算法描述 ·· 165
　　　6.4.3　算法收敛性分析 ··· 167
　　　6.4.4　实验结果 ·· 169
第 7 章　**对海监视雷达目标识别技术** ··································· 172
　7.1　对海监视雷达目标识别工作原理 ··································· 172
　　　7.1.1　对海监视雷达系统 ··· 172
　　　7.1.2　对海监视雷达目标识别工作原理 ·························· 175
　　　7.1.3　目标识别对雷达系统的要求 ································ 178
　7.2　雷达舰船目标识别系统的设计与实现 ····························· 183
　　　7.2.1　雷达舰船目标识别系统的开放式架构 ···················· 183
　　　7.2.2　特征提取与选择 ··· 186

  7.2.3 目标分类识别 ·· 200
 7.3 知识辅助雷达舰船目标识别 ································ 207
  7.3.1 雷达舰船目标识别中的不确定性因素 ······················ 207
  7.3.2 目标识别辅助知识 ······································ 210
  7.3.3 知识辅助舰船目标识别 ·································· 213

附录 A 信号表示与压缩感知基本知识 ······························ 221
 A.1 信号的稀疏表示 ··· 221
  A.1.1 关于稀疏性的朴素认识 ·································· 221
  A.1.2 稀疏表示的例子 ······································ 222
  A.1.3 稀疏表示的一般理论 ···································· 223
 A.2 压缩感知的基本原理 ······································ 225
 A.3 稀疏信号恢复的基本方法 ·································· 227
  A.3.1 序贯法 ·· 228
  A.3.2 松弛优化法 ·· 228
  A.3.3 稀疏表示与贝叶斯分析 ·································· 231
  A.3.4 稀疏贝叶斯学习 ······································ 231

参考文献 ·· 233
主要符号表 ·· 242
缩略语 ·· 244

第1章 概述

1.1 写作背景

全天时、全天候广域搜索发现目标的能力使得雷达成为军事和民用众多领域的关键传感器。期望雷达识别目标也是其发展信息化能力的重要标志。雷达目标识别的研究起点,一般认为是从1958年美国用AN/FPS-16雷达跟踪当时苏联发射的第二颗人造地球卫星Sptunik II,通过记录的回波信号中出现的起伏特征找到了与角反射器的对应关系[1],这一事件有力印证了除目标尺寸、运动等本身固有物理属性域外,在电磁测量域同样蕴涵了鉴别目标的特征信息。之后,雷达目标识别经历了冷战时期弹道导弹防御,20世纪八九十年代,精确制导武器大量使用以及反恐作战三个目标识别技术的快速发展阶段。自动目标识别技术的研究在美国到1997年达到巅峰,无论从发表的学术论文还是美国政府支持研究产生的报告数量来看,都是如此[2]。然而科索沃战争成为一个明显的转折点,北约具有强大的空中优势,空中照相侦察提供了战场信息前所未有的清晰度和宽谱覆盖能力,精确打击武器命中精度无与伦比,但南联盟的地面坦克部队几乎完好无损,从而使大家意识到解决战场目标识别问题还任重道远[3]。近年来发展迅猛的认知雷达[4]技术成果也主要集中在目标检测和跟踪的阶段,关于目标识别的研究寥寥无几。当前,雷达可靠识别不同目标的能力仍然难以实现,主要还是靠有经验的操作员或者其他专用设备(如敌已识别器)来完成。尽管人们已经持续地探索了几十年,自动识别目标仍然是个极具挑战性的课题。

应该说雷达目标识别的应用是极为丰富的,范围可以从地雷等埋地物的检测和识别到利用合成孔径雷达进行车辆、舰船的识别,再到导弹、卫星与空间碎片的识别等,需求也极为迫切,它成为实现战场透明化的重要支撑性技术。因此,有必要重新审视目标识别几十年的发展历程,对目标识别的理论与方法进行梳理,回归到雷达目标特性的物理原理上来,回归到基本的认知规律上来,这样来看待目标识别问题。例如,从物理原理出发,决定在每种情况下包含在雷达回波中的特征信息或者说物理量,对各种鉴别对象来说可能达到的区分度。当然,高分辨率和高信噪比成为显而易见的要求。同时还应该意识到,雷达回波是微波信号散射的结果,工作波长一般在分米、厘米量级,从目标来说,这当然与可见光散射会有很大不同。而且,雷达是直接测量距离的设备,我们当然不能期望雷达图像与光学图像接近——它们包含了不同的信息。除了尺度测量之外,目标散射信号还包括极化信息、相位变化信息等,这些是反演目标物理结构和运动调制特性的基础。而从认知规律来说,根据雷达提供的信息与其要求直接提供识别结果,不如先从目标特定属性的分析描述入手,这样具有更好的指导性和可操作性。

1.2 雷达目标识别的概念与内涵

目标识别是一个含义比较广泛的术语,它包含"目标分辨""目标分类""目标辨认"乃至"属性描述"等多层含义。比如对弹道导弹防御的 GBR 雷达的目标识别主要包括对弹头云团的目标分辨和进一步可能的真假目标辨认两层含义。从国外对目标识别的术语区分来看,当处理空对地应用特别是基于 SAR 进行识别时,自动目标识别(ATR)这一术语使用较多,而当处理地对空或空对空应用如高分辨距离像、发动机叶片调制、逆合成孔径成像等识别时,非合作目标识别(NCTR)这一术语应用较多。在本书中,我们将雷达目标识别定义为利用计算机系统对雷达获取的目标数据进行处理,从而实现目标类别、属性等判别的理论与方法。其中识别(Recogniton)的具体内涵可根据目标识别的程度分为以下六个层次:

(1) 检测:将目标从场景中分离出来。

(2) 分类:确定目标的种类,如车辆、舰船、飞机等。

(3) 识别:确定目标的类型,如坦克、驱逐舰、战斗机等。

(4) 身份确认:确认目标的型号,如 T72 坦克、"成功"级护卫舰、MIG29 战斗机等。

(5) 特性描述:确认目标类别的变体,如带副油箱的 T72 坦克、带吊舱的 MIG29 战斗机等。

(6) 指纹分析:支持个体识别中更精细的技术分析,如 MIG29 战斗机带侦察吊舱等。

除了从目标识别层次角度进行描述之外,不同的技术应用领域也派生了众多的目标识别概念。以空间目标识别技术领域为例,我们经常会遇到许多不同的术语,如轨道识别、编目识别、性质识别、反射特征识别、目标光谱特征识别、成像识别等,这些术语的产生,一是源于监测设备原有技术领域术语的延伸(如轨道识别)二是从识别样本的获取途径及自身特征来命名(如目标光谱特征识别)更有一些术语直接源于空间目标监视任务的目的和要求来定义(如性质识别)。随着传感器种类的增多,从识别样本获取途径及自身特征命名的术语越来越多,目标识别也俨然成为与参考样本进行比较辨认的代名词。能否实现正确的目标识别取决于参考样本是否准确、是否具有唯一性和稳定性的特点,在实际应用中由于传感手段不可能达到完全精确以及目标之间可能存在相似性,因此不可避免地会造成识别的模糊问题。

1.3 用于目标识别的雷达工作模式和相关技术

对于实际的雷达系统,一般需要完成多种功能,目标识别作为其中的一种功能,需要考察与其他功能的兼容性及各种雷达技术的可用性。从测量目标参数的观点可以将雷达分为两大类[5]:第一类称为尺度测量(Metric Measurement)雷达,它能测得三维位置坐标、速度和加速度等参数,其单位分别是 m、m/s 和 m/s^2,与尺度有关;第二类称为特性测量(Signature Measurement)雷达,它能测得雷达散射截面、极化散射矩阵等有助于识别的特征参量。从原理上讲,上述两类测量可以在同一部雷达上实现,可是由于对接收系统线性动态范围、变极化、幅度与相位标定精度等要求不一样,因此对一部具体雷达来说,要求它完成的功能只能有所侧重。

1.3.1 工作模式的选择

多功能雷达可通过工作模式的切换实现搜索、跟踪、制导等多种任务功能。对于运动目标的识别来说,需要的目标信息既要全面,也要精细,要集合如此丰富的信息,跟踪模式更适合识别的需要。在跟踪模式下,雷达对目标的持续照射首先保证了目标位置信息的有效集合;其次,雷达接收的回波携带了目标的各种多普勒信息,对目标回波的持续获取能够明显提高多普勒频率的分辨能力,如果在跟踪环路锁定的情况下,插入高分辨的探测信号,则对目标细节的成像成为可能;另外,目标运动相对雷达产生的姿态角的连续变化,为目标的逆合成孔径成像创造了条件。当然,目标特性的展现可能需要较长的时间,但其基础仍然是目标各种信息的有效集合,而雷达工作模式正应该服务于此需要。

有源相控阵雷达作为多功能雷达的典型代表,在实现上述功能方面优势明显。首先,其波束指向的灵活跃变能力,比机械控制天线指向的雷达更能保证跟踪的稳定性和连续性,即使由于目标信号起伏出现短暂的丢失,相控阵雷达通过波束调度或赋形能更便捷地重新捕获目标。其次,运动目标的识别必须与定位、跟踪功能同时进行,才能保证有效的信息集合。相控阵雷达可通过合理的资源调度,调整各时刻发射波形和波束驻留方式,利用目标在形成航迹条件下的可预测性,跟踪功能采取一定间隔的抽样测量更新方式,抽样中间留出的时间空槽安排高分辨的探测信号,最终获得了完整的目标信息。

1.3.2 涉及的相关雷达技术

与目标识别有关的雷达技术多种多样,从传统的定位跟踪到不断发展的高分辨,为目标识别提供了不同侧面的信息。本节主要从目标特性获取能力的角度进行介绍。

1.3.2.1 高分辨技术

高分辨距离像是雷达发射宽带信号获得目标在雷达指向上的距离高分辨,可以看作是时域上的高分辨。它涉及高分辨信号的产生、发射和接收等技术,从对雷达信道要求来看,瞬时窄带合成宽带的方式,如步进频、线性调频等,比瞬时宽带更易于实现。

在距离高分辨基础上,当目标与雷达由于相对运动引起视角变化时,将不同视角的回波信号相干积累,相当于合成了更大视角的观测能力,从而获得了目标在垂直视线(横向)上的高分辨。合成孔径成像雷达(SAR)和逆合成孔径成像雷达(ISAR)技术就是依据雷达运动或者目标转动实现这种二维高分辨的主要技术。

与时域高分辨相对应,频域高分辨技术用于提取目标的各种多普勒信息,特别是动力构件等产生的微动特性。由于不同来源运动的幅度、频率各种调制混叠在一起,频域高分辨并非简单的傅里叶分析即可解决。

除此之外,提供高分辨的手段还有非远场条件下的涡旋波[6]、倏逝波等技术,以及着眼于处理角度、利用先验信息的各种超分辨技术。

1.3.2.2 系统设计有关的技术

高分辨技术的采用给雷达系统设计和使用带来了额外的复杂性。当采用高分辨信号进行发射和接收时,目标回波不再像低分辨雷达那样是经过积累平均之后的结果,而是按照分辨单元逐个产生反射信号,不同单元间信号差异很大,要求系统灵敏度提高,同时动态范围增大。要保证在如此条件下目标回波幅度和相位不失真,需要发展高性能的接收机技术以及精度更高的系统失真补偿技术。

虽然相控阵雷达更适合目标识别的工作模式,但大规模分散的阵元实现宽带信号的同步发射具有相当的挑战性,阵元的不一致性以及信号馈线时延误差等限制了发射信号的有效带宽,一般采用步进频、线性调频等非瞬时宽带信号工作的次优方式,忽略信号发射持续时间内目标特性的变化及弛豫效应[7]的影响。

1.3.2.3 雷达特性与其他数据的联合使用

雷达提供的目标特性再丰富,也只是关于目标信息的一个侧面,而且,现代防御系统依靠的是体系层面的信息融合。除了雷达之外,还存在各种询问应答器、无源探测设备与光电传感器,以及支撑雷达工作的基础数据,如地理信息。雷达目标识别只是整个系统识别的一部分,很可能首先接收无源探测设备信息的引导,雷达自身识别之后,将结果再交接给光电探测传感器。从目标特性来说,无源探测设备提供目标上无线电发射源的信息、红外探测器提供目标热辐射的信息,这些信息源与雷达特性具有很强的互补性。另外,地理信息可以有效提高雷达的工作性能,如有效地抑制静物杂波、选择目标出现概率大的航路等,因此,与其他信息源的对接、融合是雷达技术发展的重要内容。

1.4 雷达目标识别技术的认识过程

目标识别发展之初大量继承了模式识别的基本理论和思维方式,基于不同类别模式的特征在多维特征空间中具有聚集性和可分性的假设,使用统计和结构化技术对所属类别模式进行判断。所谓的模式是指存在于时间和空间中可观测的事物。在具体应用中往往表现为具有时间或空间分布的信息。这种分布关系一般又是比较确定的,因此,模式识别的主要工作集中在反映确定分布的特征提取与选择,以及分类器的构造方面。典型的应用包括印刷体汉字识别[8]、视觉系统对空间结构的识别等。

1990 年 Barton 翻译由俄罗斯学者 Nebabin 编撰的雷达目标识别第一部专著[9],系统整理了 20 世纪 80 年代末之前的研究成果,其显著特点是借助模式识别的理论方法,从提取唯一性显著特征出发探索解决目标识别的途径。该书中给出的雷达目标识别的定义就是这一思想的最好诠释:通过获得各种目标的雷达特性,选择稳定而有意义的特征,据此对目标的种类和类型做出判断。直到 90 年代中期雷达目标识别的主要研究工作集中在特征提取和选择、模板建库、分类器设计、匹配决策等基本处理环节上,以武器系统目标识别为例,其实现结构可归纳为如图 1.1 所示[10]的经典模式识别的处理过程。结合雷达探测目标的特点,在特征提取与选择方面取得的成果较多,主要集中在寻找不变性特征方面,如飞机动力构件调制特征、目标谐振区极点特征、极化散射矩阵的不变量、微动特征到雷达成像的各种散射中心及结构特征等[9,11]。

自 20 世纪 80 年代(逆)合成孔径雷达开始得到广泛应用,二维图像取代一

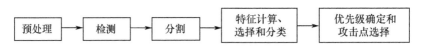

图 1.1 典型 ATR 系统的处理结构

维信号成为雷达目标识别的主要信息来源后,人们希望通过高分辨率的雷达图像解决目标识别问题。在面向目标提取的可视特征方面进行了大量的研究工作,基于视觉不变性的特征分析方法具有相当的吸引力。ATR 系统受当时处理器能力的限制,主要采取面向目标(或局部区域)和统计分析的方法提取特征和分类识别[10]。例如,提取目标的分割算法并不处理整个图像,而只是处理目标可能位置附近的像素点,由这些点按照梯度算法提取边沿以便找到闭合的边界,再根据闭合边界描述的目标提取特征,通过匹配完成分类识别过程。到 1997 年,基于图像的目标识别研究论文数量众多,IEEE 图像处理汇刊出版了自动目标识别研究的专辑,从图像处理和分析的各个角度探讨了目标识别问题[12]。但主要思想仍然沿用传统模式识别的思路,聚焦目标本身不变特征的寻找和利用上,并以此作为特征模板进行匹配识别。客观地说,其识别能力远未达到人们对视觉系统预期的效果。

然而,目标识别不同于模式识别,模式识别最典型的例子如文字识别、机器人对障碍物的识别等,要识别的模式不会随时间或空间发生变化,是静态的识别。而目标识别则要考虑在动态变化场景中的识别问题[3],这就使得用于训练这些系统的数据集相对实际情况非常有限,目标的实际状态与建立匹配模板的标准状态通常差异较大,例如雷达观测条件不尽相同,目标结构发生不同程度的变化等,最终都会导致用于匹配的目标数据或特征模板与实测情况不一致。从 20 世纪 90 年代开始,一些学者认识到基于模板匹配方法的局限性,因此提出采用模型预测的方法克服实际情况造成的目标变化[13]。该方法的核心是基于目标对雷达照射电磁波散射的预估模型,根据待识别目标所处状态实时计算出候选目标的雷达图像进行比对。与此同时,美国 DARPA 组织实施了 MSTAR(Moving and Stationary Target Acquisition and Recognition)计划,以检验基于数据模板和模型预测的各种 ATR 技术在地面车辆识别中的可用性[14]。经过 20 类地面目标不同状态的大量实测数据的检验,发现这种模型预测的匹配方法适合解决目标受环境扰动较小的情况,其中的一项堑壕遮挡影响实验比较具有说服力:当 M109 坦克周围堆起 1m 高的土堆作为堑壕时,识别正确率从没有堑壕时的 95% 降低到 43%,说明了单纯面向目标的思路仍不能很好地解决战场环境下地面装甲车辆的识别问题。如图 1.1 所示的处理结构很难引入外部信息,缺少对目标相关知识的利用,因此建议采用知识推理辅助的目标识别方法[15]。其中基于上下文知识(Context)的目标识别技术首先得到了关注和研究[16]。上下文知识是一种目标或组成部分与相邻客体之间关系的描述,如目标各组成部分之间的关系、目标与环境的关系等。上下文知识的引入,意味着目标识别关注的视野不再局限于目标本身,相邻客体对目标的约束信息被纳入到识别贡献中来。

正是认识到目标识别并非简单的模板或模型匹配的一蹴而就的过程,2007年,Moses 等学者提出了目标信息自动挖掘利用(Automatic Target Exploitation,ATE)的观点[17],他们认为通常情况下获得的目标识别信息并不完备,与其直接判断产生巨大的风险,不如模拟人的判断过程,对目标获得的信息进行分析和挖掘,特别是纳入到与目标相关的全局背景中进行考察,以期实现对信息的充分利用。

在对地面目标识别中,典型的上下文知识就是地理环境对目标的影响。因此,必须依托地理信息系统,通过空间关系的推理,将周围环境对目标的限制转化为对目标存在状态或方式的约束,例如车辆目标与道路的关系,道路类型可以转化为对车辆速度的约束。根据这一思想,20 世纪 90 年代中期以后,基于地理信息的识别技术得到广泛重视,其标志是美军的地理空间情报系统[18]。该系统将传感器发现的战场目标叠合在地理信息之上,通过空间关系推理,将兵要地志等信息融入到识别当中。

战场目标识别的另一个难点是多目标的情况,与单目标最大的不同是目标之间存在互相影响,这也是上下文知识描述的范畴。例如,在反导识别的场景中,在探测器的视场中真假弹头目标以及其他伴飞物互相影响,导致各目标的有效信息集合难以进行,从而阻断了识别的处理流程。这也导致战场目标识别不再局限于后端的信息加工阶段,而是上升为识别信息获取和利用全过程的系统性问题。

从上述发展演进过程来看,目标识别逐渐摆脱了传统的模式识别思路的约束,其关注的视野从目标本身的局部信息逐步放大,扩展到与待识别目标发生作用的更广泛、更全局的信息利用上来。这时,待识别的目标已不再是简单的车辆个体,而是被当作一个"系统"来看待,既包括系统组成要素,也包括相互关系。这时目标识别问题的解决将更加依赖于对系统全面的认知能力。

1.5 目标识别的基本原理

由传感器信息化引发的目标识别技术迅猛发展的时间仍然非常短暂,有效的实践积累还远远不能支撑目标识别技术发展规律的认识。但是人对客观世界的认知为我们提供了目标识别最生动的素材,完全可以类比人的认知方式,重新思考目标识别技术的内在规律。

我们知道,认知过程满足从简单到复杂、从特殊到一般的规律。从上述分析可以看到,目标识别从本身不变特征参数比对开始,逐步发展到利用与目标相关的信息和知识的"广义目标识别"阶段[19]。按照不同阶段的特点,可以将其分为以下三种识别方式。

1) 特征参数比对

这种识别方式源自经典的模式识别理论,适用于目标明确、孤立的场景,一般强调从获得的传感信息中提取能够有效刻画目标的、具有稳定性和唯一性的特征或模型参数,例如:反导预警雷达提取弹头的微运动特征;将所提取的特征参数与已建立的目标特性数据库中的模板或模型数据进行匹配比对,来实现目标分类识别。在实时性要求较强的场合(如防空、反导),直接比对特征参数的方式是非常必要的。这种识别方式注重在目标特性维度上挖掘信息的可区分度,比如在时域、频域、空域、极化域乃至联合域上寻找可辨识特征,所采用的技术手段重在特征有效性分析、特征建库与分类器容错设计方面。

2) 积累规律辨识

当我们面临的目标状态具有动态变化的不确定性时,只依靠某一(时间)点上的特征参数比对难以解决问题,因为一方面实际上很难获得完备的目标特征参数,另一方面目标之间的差异很难在较小的时空观测范围内被察觉到。因此,目标识别的另一个方式是通过寻找特征参数的变化规律来辨识目标,即考虑目标的行为特点。例如,当辨识在轨工作和失效卫星时,一段时间内获得的轨道特征仍不足以可靠地区分,而当通过较长时间观测,获得轨道特征的变化规律(轨道长半轴是否衰变)时,两类目标的辨识就成为可能。再比如对弹头和伴飞诱饵的区分,同样需要一段时间的观测信息积累,根据雷达反射信号的周期性变化规律找出目标姿态变化的特点,才能可靠识别。这一阶段的识别重在观测数据在时间等维度上内部变化规律的挖掘,所采用的技术手段除了前述的特征参数比对之外,主要是实现信息集合的相关技术,如信号积累或数据互联等。

3) 知识辅助识别

目标本身提供的识别信息非常有限,且易受环境因素影响,当目标与周围环境具有较强的依赖关系时,需要引入有关目标的背景知识,将其转化为对直接测量信息的约束,这种借助领域知识或经验的识别方式,这里称为知识辅助识别。实际上,目标识别要比判断目标是否出现更为困难,识别程度和对象的范围较广,单一的信息来源往往不具有充分的排他性,因此,更大范围的目标识别问题需要借鉴知识辅助识别的思路来解决。例如,轮式和履带式车辆的区分可以用是否在道路上行进作为一条辅助判据;对海上舰船目标的识别,其尾迹特征与目标的关联性是重要的判别依据。目标本身结构特点以及与环境相互作用产生的新的暴露征候可以通过判断规则、发生概率、关系图等知识表示和转化方式,实现对目标识别的贡献。这些知识与雷达观测得到的特征信息具有完全不同的特性,两者的有机结合是智能化识别的必由之路。知识辅助识别所采用的技术手段最为丰富[16],可以采用贝叶斯理论将知识转化为先验概率,也可借助人工智能的研究成果构建专家系统。

以上三种识别方式,对应了认知过程从"点"到"线"或"面",再到"体"的三个阶段。特征参数比对是在"点"上思考问题,积累规律辨识建立在"线"或"面"的基础上,知识辅助识别是从整个知识体的角度探讨识别问题。实际遇到的目标识别问题一般难以靠单一的方法来解决,它取决于目标特性信息的积累和关联方式。如果目标特性通过与周围空间环境相互作用来呈现,就需要构建依托空间环境的知识辅助识别系统。地理空间情报系统[18]就是将目标特性与地理信息相结合,以解决固定或慢动目标的识别问题。如果目标特性主要反映在时间变化上,则需要依托目标状态估计系统在时间维度上寻找特性变化规律,空间目标识别就是典型的例子,目标状态随时间的变化转化为轨道根数及其变率,可以作为有效的识别特征。另外,识别的难度越高,要求目标特征信息在时间、空间等维度上积累的效率越高。例如,对于导弹目标的识别就应在时、空、频、极化几个维度上同时展开,以便在最短时间内获得弹道目标最丰富的信息约束关系。这种约束首先可以起到目标过滤的作用,因为一些偶然进入或离开视场中的目标(如脱落的头罩等伴飞物)并不满足我们关注的运动特征[14]。通过信息积累过程中对目标特性的不断筛选,也就完成了大部分的识别任务。

1.6 雷达目标识别的发展方向

雷达目标识别的实践证明了并不存在能够区分很宽范围目标类型及杂波的稳健分类器。多数分类方法集中在利用一维[1]或二维[2]更高的空间分辨基础上。其主要思路是减少目标特性的可变性,增强类内特征分布的聚集性,以便取得好的分类性能。还有没有更好的解决思路呢?也许动物和人的认知过程能够有助于我们找到答案。

1.6.1 仿生目标识别

在自然界中,蝙蝠、海豚等动物探测目标时具有与雷达工作可类比的回声定位与识别能力。这类动物通过发射特定时间和频率结构的声波进行探测,并从回声中以多样化处理流的方式抽取信息以构建准确的周围环境的"画面",并结合长期经验记忆进行筛选和增强。换句话说,它们可以用"声音"来观看。而且,蝙蝠还能够依靠声音自主导航、捕食、群体活动等,对这些自然感知系统的调查必将有助于我们从中汲取营养,设计更稳健的目标识别系统。

有一种吃花蜜且同时让植物授粉的蝙蝠,它对花的状态的识别让人很受启发。首先，花是静止的，也不会发出声音，因此，蝙蝠不能利用多普勒信息或者目标的发声信息；其次，花通常生长在密集的叶簇环境之中。在黑暗中蝙蝠寻找花蜜主要依靠嗅觉和回声定位。它是如何做到的呢？尽管灵敏的嗅觉可以让蝙蝠从远距离接近植物，但最新的研究结果显示，在植物近距离范围吃花蜜的蝙蝠更多地依靠回声定位来规划接近的飞行路径，辨别和选择未采过的花朵。藤本植物的花朵在蝙蝠授粉前后会发生明显变化，授粉前花冠长得很开，让花蕊尽可能暴露出来，如图1.2所示；授粉之后，花瓣凋谢。尽管授粉前后花的气味不变，但蝙蝠在花丛中依靠回声定位通过判断花瓣和花蕊之间空间距离的变化，便可准确识别所探测的花朵授粉情况。经过大自然进化的筛选，生物识别是那样的匹配和默契，它没有追求更高的空间分辨率，而只需要达到区分花瓣和花蕊空间关系发生变化的程度即可(如盛开的花冠半径)。

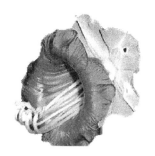 

图1.2　盛开的藤本植物花朵

另一个例子是蝙蝠利用发射声波波形的丰富性实现对昆虫的识别。根据蝙蝠发出声波的特点，图1.3是展示了30kHz、60kHz和90kHz三个主要谐波频率的时频结构，可以看到在每个频率成分的起始和终止阶段都有一个调频变化。研究表明这种频率变化的波形用于对目标定位，而长时间固定的频率分量用于提取目标整体和局部的运动，以利于识别[20]。使用连续声波的蝙蝠，例如马蹄蝠，为了补偿由于自身飞行产生的多普勒频移，它会发出更低频率的声波，以保证回声频率范围总是与蝙蝠听觉最敏感的区域相匹配。蝙蝠使用连续波信号可用于检测和识别飞行中的昆虫，其主要依据是昆虫翼翅抖动对声波产生了幅度和频率调制[21,22]，这些调制称为"声闪烁"，它承载了翅膀扇动快慢、飞行角度等信息，对昆虫的检测与识别非常有用。因为幅度调制主要由翅膀姿态与声源方向决定，两者垂直时反射幅度最强，平行时最弱，翅膀的扇动就产生了回声闪烁的时间序列，它不仅提供了目标姿态信息，而且因为昆虫的翅膀与身体存在着特定的比例关系[23]，加上频率调制的快慢变化范围[24]，它由此成为目标识别的主要依据。

图1.4是四种不同昆虫的回声时频特性图，它们翅膀扇动频率相同，相对照

射声源成 0°、90° 和 180°。从图中可见，时频分布既依赖于昆虫种类，也依赖于观察角度，因此，该时频图包含了确定和识别昆虫姿态和种类的信息[25,26]。

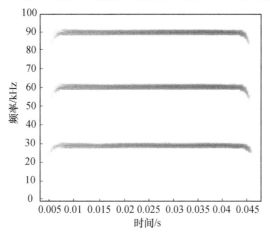

图 1.3 具有蝙蝠发声特性的，设置在 30kHz、60kHz 和 90kHz 三个谐波频率的时频结构

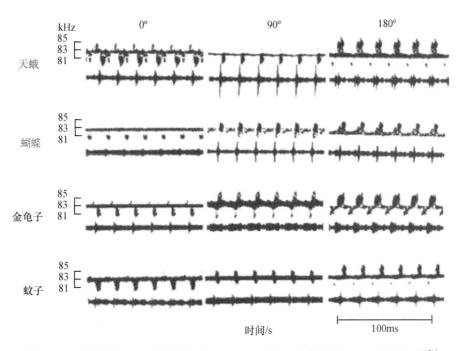

图 1.4 四种不同昆虫的反射声波在 0°、90° 和 180° 三种照射角下的时频特性图[24]

蝙蝠利用连续声波识别振翅的昆虫，对雷达和声纳系统来说，完全可以类比和借用过来，使用回波频谱中的微多普勒信息进行识别的方法具有一定的普适性。当然，蝙蝠进化出了综合幅度和频率调制信息并进行增量调整的能力，这远

非人造的雷达和声纳系统所能企及,现在我们连蝙蝠声波信号的多谐波波形还难以使用。

总之,蝙蝠进化出的回声探测系统对从事与此类似的雷达系统的研究提供了诸多借鉴。在信号波形使用上应着眼于丰富性带来的信息优势,在方法上强调如同幅度调制和频率调制这样的多侧面信息的综合,在系统设计层面应向以认知为基础的增量探测识别方向努力。由于目前机器很难达到动物的认知程度,所以通过人总结好知识来引导辅助的办法,是提高目标识别能力的一条可行解决思路。

1.6.2 知识辅助的目标识别

虽然我们还制造不出智能系统,但可以通过外部引入知识的方式提高其智能化水平。知识辅助目标识别通过引入相关先验知识,以减少目标特性的多样性和所处环境的复杂性所带来的不确定性,提高目标识别的效率和可靠性。其知识来自对事实、经验和规律的总结,主要包括物理特性、运动特性、电磁散射特性等目标本身的相关知识,目标所处的地理、气象、电磁等环境知识,领域条例、专家经验等专家知识。

人对外界事物的认知具有联想记忆的特点,善于运用相关的背景知识辅助认知,并非对事物本身外在表现的死记硬背。它将待辨认的事物纳入到与之相关的背景知识体系之中,通过异同点的比较建立与已有知识体系的联系,因此,人是从全局知识体的角度来认知外物的,通过建立联系也将外物融入到已有知识体系当中。

从这一认知规律来看,知识辅助的目标识别技术更接近于人类认知的本来面目,应该成为雷达目标识别技术未来的发展方向。然而,建立全局知识体系还有赖于人工智能的重大突破,远非现有技术手段所能掌控,因此,当前知识辅助的识别更多地体现在全局知识体系中少数可以量化或规则化的知识点的利用阶段。如果所利用的知识点主要反映时间维度上的联系,知识辅助的目标识别则降级为积累规律辨识的识别方法,如果所利用的知识点主要反映特性维度上的差异,则降级为特征参数比对的方法。

虽然雷达目标识别成功应用的例子不多,但在其他领域不乏成功的范例。在人体生物特征识别领域,如指纹识别、DNA鉴别,这些成功实例的共同特点是可以通过纯技术手段来实现,是在对本领域特性认知的基础上的"点"识别技术,它所利用的信息变化相对稳定,且信息内涵单一(如单纯的生物特征),它不需要更多相关领域知识的利用,是在很低的知识维度上进行的标准化处理。可以预见,哪个领域通过基础研究找到了这样的具有标识性的信息特征,哪个领域的识别就可望取得较好的应用。因此,人们寻找不同应用领域新的特征量的研究热情始终非常高涨,生物基因工程是目前最活跃的领域,人类基因组的破译就是一个范例。这也反映了当前目标识别的技术水平,我们还不能很好地驾驭不够稳定的、内涵丰富/多种来源的信息。

多源异质信息的综合利用需要借助大量描述信息之间关系的知识,比较而言追溯同质信息随时间的变化规律更容易实现一些。医学上用的动态心电仪就是这样的例子,它通过查找心跳在一天内的变化特征来辅助病情诊断。其思想是把"点"知识沿时间轴扩充为"线"知识,从而增加了判断可检验的维度。因此,寻找已有特征信息随时间变化的规律也是当前雷达目标识别领域研究的前沿性课题。

对于战场目标来说,其场景多样性决定了以现有的技术手段很难找到"放之四海而皆准"的特征信息,甚至其随时间变化的活动规律也不是一成不变的,引入与目标环境相关的知识作为主要的解决思路也是不得已的办法。因为与目标识别相关的领域知识,可以控制和减少各种不确定因素的影响,提高目标模式搜索匹配的效率。另外,军事领域的目标识别是对目标做出具有军事语义的解释,这也必然需要感知数据以外的其他信息,没有这些信息和作战规则方面的知识,军事领域的应用人员对目标识别结果的信任程度也会很低。

如何让这些与观测信息跨度较大的领域知识纳入到处理系统之中呢?首先,要找到知识和雷达测量数据的结合部。例如,利用SAR图像中目标与背景的关系知识进行目标识别,其结合部在于目标与背景的有效分割与上下文描述。其次,必须借助现有扩充知识体系的技术手段,如本体论方法[27]、可视化方法[28]等,使复杂概念关系的描述和高维数据分布特性的发现借助人类认知能力来解决。

以上探讨了知识辅助解决雷达目标识别问题的必要性,下面用车辆目标运动状态估计来推断车辆类型的例子说明如何引入背景知识辅助对结果的判断。基本思路是:根据对车辆位置的测量,估计车辆的运动状态,并与将来时刻车辆实际位置进行比较,得到车辆类型的判断。如图1.5所示,除了直接测量目标不同时刻所在位置外,还需要引入多种外部信息以及这些信息与所求解问题的关联性知识,包括土壤含水量,道路的谱特征、结构特征,道路的长度和边缘,道路上的车辆情况等,这些都是能够通过其他手段获取的物理量。根据这些物理量,可以推测道路的坡度和弯度、路基的稳固程度、道路的可通过能力,以及道路上交通拥挤的程度等与状态估计问题密切相关的外部变量。外部变量在一定程度上决定了各种车辆在特定道路上可达到的最大速度。而车辆的类型及其可达到的最大速度、车辆的当前速度和路径等都是求解目标状态的隐含变量。利用这些隐含变量,可以预测车辆下一时刻到达的位置,并能通过对问题物理量的连续观测,进行数据的印证,从而实现车辆类型的推断[29]。

这个例子是合成孔径雷达车辆目标识别应用的典型实例。由于成像空间分辨率等原因待识别车辆的类型很难做出准确判断,借助地理信息系统及环境条件确定道路类型,进而引入通行能力的知识,为后续关于目标状态和类型的时空推理提供了有力的支撑。

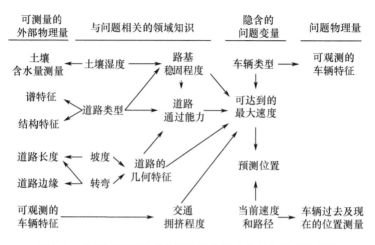

图 1.5　利用知识辅助对车辆目标的运动状态和类型的估计

1.6.3　极端样本数据条件下的目标识别

传统基于特征的模式识别技术途径,面对复杂动态场景的应用潜力受到极大的限制,而以大样本数据为基础的深度学习理论在人脸识别等应用中几乎达到了人的识别能力;2015 年年末《科学》杂志上刊登的论文 *Human-level concept learning through probabilistic program induction*[30],初步展示了通过一个样本的学习获得识别认知能力的目标识别终极理想。目标识别正在借鉴和吸收认知科学、传感器等其他领域的最新成果,在与其他门类技术融合中丰富内涵。用于识别目标的多种传感手段和信息来源导致的大数据环境,极大地限制了传统靠人的经验指导的模式识别方式,关联分析、深度学习等基于数据的处理方式正在脱颖而出。深度学习算法通过大规模广泛互联的学习网络,实现对海量样本数据的抽取、提炼和记忆,只要训练样本充分反映目标特性,就总能获得对目标的多层网络形式的抽象表达,以此作为识别的基础。而信息含量丰富的样本其识别则更趋向于内部结构知识的挖掘和利用,即通过对样本局部细节之间、局部与全局之间依赖关系的分析,得到该类目标内部结构组成关系的新模式,以适应样本数量少、特征不完整的情况。可以预见,目标识别技术正在借鉴大数据、知识推理等领域的成果来解决其固有的多场景适应性问题。

1.7　雷达目标识别的基本组成及本书的内容安排

鉴于当前雷达目标识别发展所处的阶段,大量的研究集中在以传统模式识别为基础的内容上,特别是目标特性、特征提取与分类。本书的内容安排也将沿用已有的成果,同时增加部分有前瞻性的内容。按照这一思路,雷达目标识别的过程可归纳为:分析雷达信号所反映的目标暴露征候,发掘可用于区分的目标特性;选择特性表现的有效特征或结构关系;建立特征模板或模型,按照一定的规则通过比对判别实现目标的辨识。识别的结果可用于指导识别过程的改进。雷达目标识别系统组成框图如图1.6所示,包括目标特性的发掘、具有特征辨识能力的雷达工作模式选择、雷达测量信号的特征提取、分类器设计、分类判决以及识别效果评估与反馈等环节。

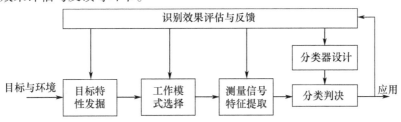

图1.6 雷达目标识别系统组成框图

目标特性是目标识别的基础,它包括目标本身的固有属性(如质量、体积、运动等)以及目标、环境、电磁波相互作用所表现的特有样式。并不是所有目标特性都能被我们感知,因此,目标识别取决于目标在雷达视野下所呈现的特定模式(如目标运动产生的雷达信号调制特性)。这种特性承载于传感器获取的信号和数据之中,一般表现为信号的时间频率特性、数据的时间和空间相关性等。计算机系统通过分析信号和数据中反映的目标内在特性,以及对识别的贡献程度,经变换、压缩、结构关系提取等处理,选择其中对识别具有潜在价值的特征、特征预测模型或结构关系,建立待识别对象的标准模板或模型库,用于后续的匹配分类判决的工作。

匹配分类的基本思想是将目标特征或结构关系表达为不同模式,基于同类别模式特征在特征空间中样本的凝聚性和不同类别模式特征的可分性假设,使用统计学方法、结构化及其他技术对模式特征所属的类别进行判断,属于模式识别的范畴。

识别效果评估与反馈是利用统计学方法对自动目标识别系统的正确识别能力进行估计和推断,并将反馈信息提供给目标特性发掘、工作模式选择、特征提取与分类器设计等环节。根据仿生目标识别的讨论,目标识别系统通过效果评估与反馈控制,应逐渐趋于一种"增量"信息获取与处理的效果,近年来出现的压缩感知理论为这增量的实现提供了一种有力的技术手段,需要给予一定的关注。

本书的主要章节即根据上述处理流程中的基本内容来展开;第2章主要介绍雷达目标特性的数学和物理基础;第3章阐述雷达目标特征提取与分类识别方法;第4章~第6章是传统雷达目标识别思路的扩展,对具有前瞻性的知识辅助和基于压缩感知的雷达目标识别理论与方法进行讨论;第7章以雷达舰船目标识别为例,介绍雷达目标识别系统的设计与实现方法。

第 2 章
雷达目标特性

本章力求说明雷达照射目标散射的电磁波确实包含了反映目标特征的信息,这里称为雷达目标特性[5]。由于雷达测量域的不同,目标散射信号将呈现不同的表现样式,雷达目标特性研究力求通过对散射信号的分析,探究其支配性的物理机制和特征参数,这也是获得目标可辨识模式特征的基础。

2.1 雷达目标特性的含义

雷达目标特性是雷达发射的电磁波与目标相互作用所产生的各种信息,它载于目标散射回波之上,体现了在时间、频率、极化等测量域的固有变化规律,不仅可用于确定目标的位置和运动状态,还可推求目标形状、体积、姿态、表面材料的电磁参数与表面粗糙度等物理量。雷达目标识别即根据不同目标在电磁散射特性及由此体现的物理特性上存在的差异,实现对遥远目标进行分类、辨认和识别的目的。

我们所关注的雷达目标特性一般服从电磁波的波动行为,其描述的有效手段就是刻画电磁场变化的麦克斯韦方程。波动行为的特点是非定域性,即电磁波关于时间的变化与关于空间位置的变化常常是可分离的,这一特点降低了目标特性求解的复杂度。但当电磁波的工作频率升高,波长变短到目标的微观结构对散射产生不可忽略的影响时,就需要考虑用电动力学甚至量子场论进行讨论。

雷达目标特性隐含于雷达回波之中,通过对雷达回波的幅度与相位的分析和处理,可以得到诸如雷达散射截面(RCS)及其变化规律、多普勒调制分量、散射中心分布以及极化散射矩阵等参量,它们表征了目标在雷达测量域的固有特性。但同时我们也应尽力透过现象,揭示支配测量域行为的关于目标结构、材质以及动力学等方面的物理特性表征量。找到起核心作用的特性表征量,对目标识别来说将起到事半功倍的效果。虽然反映目标雷达散射特性的参量较多,但从携带信息更丰富、与目标固有属性对应性更好的角度看,目标雷达高分辨成像和频域特性测量是应用最多的识别特征获取方式。因此,本章将以这两种特性为重点进行阐述。

虽然电磁场在进入雷达接收机后转变为电压和电流,但对特性本质仍然需要从电磁场变化的角度来刻画。因此,下一节将从电磁场基本理论出发,获得已知照射场及目标结构前提下散射场的表达形式,据此讨论其对时间、频率、角度等不同测量域的变化特性。

2.2 雷达逆散射基础

目标的雷达特性源于雷达发射的电磁波与目标相互作用的结果,其基础是描述电磁波散射行为的电磁场理论。本章主要介绍电磁散射相关的基本理论,包括麦克斯韦方程组以及在此基础上推导出来的散射场的表示与近似计算分析方法,由此获得对雷达目标特性的基本认知。

2.2.1 麦克斯韦方程组及其边界条件

雷达发射的电磁波与目标散射的电磁波均可以用时变的电磁场来描述,其行为由麦克斯韦方程及边界条件所确定。

宏观的时变电磁场的存在形式服从如下的麦克斯韦方程组[31]:

$$\begin{cases} \nabla \times \boldsymbol{E} = -\dfrac{\partial \boldsymbol{B}}{\partial t} \\ \nabla \times \boldsymbol{H} = \boldsymbol{J} + \dfrac{\partial \boldsymbol{D}}{\partial t} \\ \nabla \cdot \boldsymbol{D} = \rho \\ \nabla \cdot \boldsymbol{B} = 0 \end{cases} \quad (2.1)$$

方程(2.1)第一式是法拉第电磁感应定律的微分形式,$\boldsymbol{E}$ 是电场强度,$\boldsymbol{B}$ 是磁感应强度,它说明变化的磁场可以产生电场。第二式是安培环路定律在时变情况下的推广形式,$\boldsymbol{H}$ 是磁场强度,$\boldsymbol{J}$ 是导电媒质中的电流密度,$\boldsymbol{D}$ 是电位移,t 是时间。该方程说明,不仅传导电流可以产生磁场,而且变化的电场也产生磁场。第三式是有介质存在时电场的高斯定理,ρ 是自由电荷的体密度,该方程隐含了电荷间的作用力服从平方反比关系这一事实。第四式是磁通连续性方程,它说明磁力线是无头无尾的闭合曲线。

电磁场的基本物理量是电场强度 $\boldsymbol{E}$ 和磁感应强度 $\boldsymbol{B}$,它们都是可以直接感知的矢量,具有实在的物理意义。电场强度 $\boldsymbol{E}$ 和磁感应强度 $\boldsymbol{B}$ 可分别通过点电荷和小电流段的受力而感知、测量,它们都表示场的强度。电位移 $\boldsymbol{D}$ 和磁场强度 $\boldsymbol{H}$ 都是为了简化问题的分析而引入的辅助量,属于混合型矢量。$\boldsymbol{D}$ 混合了物质中的场强和极化强度，H 混合了物质中的场强和磁化强度，利用 D 和 H 可简化分析过程，起到了解决问题的桥梁作用。

由于在具体的场域中都存在一定的媒质（包括真空），所以要描述一具体的场域，仅有一般性的方程是不够的，还必须有场量满足的媒质方程。一般地，媒质中场矢量 D 和 E 之间、B 和 H 之间、J 和 E 之间都存在着确定的函数关系，这些关系取决于媒质的电磁性质。对于线性媒质，有

$$\begin{cases} D = \varepsilon E \\ B = \mu H \\ J = \sigma E \end{cases} \quad (2.2)$$

式中：ε、μ 和 σ 分别是媒质的介电常量、磁导率和电导率。在真空中 $\varepsilon = \varepsilon_0 = \frac{1}{36\pi} \times 10^{-9} \text{F/m}$，$\mu = \mu_0 = 4\pi \times 10^7 \text{H/m}$，$\sigma = 0$。在本书的后续章节中，如无特殊说明，均假定场中的媒质为与时间无关的线性媒质。进一步，如果线性媒质是各向同性和均匀的，那么参数 ε、μ 和 σ 分别成为与时间无关的三个标量。

麦克斯韦方程组中所有的电磁参量都是空间坐标和时间坐标的函数，场量随时间的变化形式取决于源函数 ρ 和 J 随时间的变化形式。工程上，为使时变电磁场表达简洁，且与雷达接收机中电压信号满足解析信号假设相配合，最常采用的一种电磁场是时谐电磁场。所谓时谐电磁场，就是其场矢量的各个分量均随时间按正弦函数或余弦函数规律变化的电磁场。

在时谐场的情况下，各场量均可表示为复数量。假定时间 t 以因子 $\exp\{-j\omega t\}$ 出现在场量中，从而可得到复数形式的麦克斯韦方程组如下：

$$\begin{cases} \nabla \times E(r) = j\omega B(r) \\ \nabla \times H(r) = J(r) - j\omega D(r) \\ \nabla \cdot D(r) = \rho \\ \nabla \cdot B(r) = 0 \end{cases} \quad (2.3)$$

此时，所有时谐物理量间的数学关系，均可转换成等效的复数物理量间的关系，转换时只需把式中的时间函数用对应的复量表示，而微分算子 $\partial/\partial t$ 则用 $-j\omega$ 代替。

在实际的电磁场问题中，往往存在两种不同媒质的交界面。由于在两不同媒质交界面处，媒质参数 ε、μ、σ 发生了突变，某些场矢量也会发生突变，因此在两不同媒质交界面处微分形式的场方程没有意义，只有积分形式的场方程有意义。在求解这种电磁场问题时，又必须应用两不同媒质交界面处场矢量之间的关系式来确定积分常数，因此必须研究不同媒质交界面处场矢量之间的关系。这种关系，在时变电磁场中就是时变场的边界条件。由麦克斯韦方程组的积分

形式可以推出边界条件,因此边界条件实质上是场方程在边界上所取的特殊形式。

时变电磁场边界条件的一般形式为[31]

$$\begin{cases} \boldsymbol{n} \times (\boldsymbol{E}_2 - \boldsymbol{E}_1) = 0 \\ \boldsymbol{n} \times (\boldsymbol{H}_2 - \boldsymbol{H}_1) = \boldsymbol{J} \\ \boldsymbol{n} \cdot (\boldsymbol{B}_2 - \boldsymbol{B}_1) = 0 \\ \boldsymbol{n} \cdot (\boldsymbol{D}_2 - \boldsymbol{D}_1) = \rho \end{cases} \quad (2.4)$$

式中:$\boldsymbol{n}$ 表示交界面的法向分量。上式说明在一般情况下,在两媒质交界面处电场 $\boldsymbol{E}$ 的切向分量和磁场 $\boldsymbol{B}$ 的法向分量都连续,而磁场 $\boldsymbol{H}$ 的切向分量和电位移 $\boldsymbol{D}$ 的法向分量均有突变,$\boldsymbol{H}$ 的切向分量的突变值正好等于交界面上的面电流密度值,而 $\boldsymbol{D}$ 法向分量的突变值正好等于交界面上的面电荷密度值。

在我们讨论的多数情况下,经常会碰到良介质与良导体的交界面,一般将其作为理想导体与理想电介质的交界面,由于理想电介质电导率 $\sigma = 0$,理想电介质内及其表面上没有传导电流,也没有自由电荷分布,又由于理想导体内电场、磁场均为零,其边界条件简化为

$$\begin{cases} \boldsymbol{n} \times \boldsymbol{E} = 0 \\ \boldsymbol{n} \times \boldsymbol{H} = \boldsymbol{J} \\ \boldsymbol{n} \cdot \boldsymbol{B} = 0 \\ \boldsymbol{n} \cdot \boldsymbol{D} = \rho \end{cases} \quad (2.5)$$

式中:$\boldsymbol{n}$ 为理想导体表面的外法向单位矢量;$\boldsymbol{E}$、$\boldsymbol{H}$、$\boldsymbol{B}$、$\boldsymbol{D}$ 为理想导体外侧理想媒质中的场矢量;ρ 和 $\boldsymbol{J}$ 为理想导体表面上的面电荷密度和面电流密度。

2.2.2 雷达目标的散射场

2.2.2.1 目标散射场

麦克斯韦方程虽然揭示了电磁场与激励的电流或电荷的关系,但对我们关心的入射场与散射场关系的揭示不够直观明了。本节即通过计算自由空间中的理想导体等效电流的散射,得到理想导体目标的散射磁场,找到对目标散射起主要作用的物理特性,帮助读者理解雷达目标特性的本质。

如图 2.1 所示,已知理想导体表面为 S,$\boldsymbol{n}$ 是表面 S 上的单位外法线矢量。总的电场和总的磁场为入射场与散射场之和,即

$$\begin{cases} \boldsymbol{E} = \boldsymbol{E}^i + \boldsymbol{E}^s \\ \boldsymbol{H} = \boldsymbol{H}^i + \boldsymbol{H}^s \end{cases} \quad (2.6)$$

由 2.2.1 节中的边界条件可知,在理想导体表面,有

$$\begin{cases} n \times E = n \times (E^i + E^s) \\ n \times H = n \times (H^i + H^s) = J \end{cases} \quad (2.7)$$

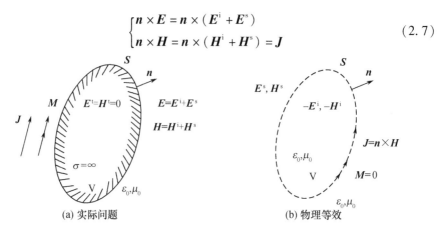

(a) 实际问题　　　　　　　　(b) 物理等效

图 2.1　理想导体散射的物理等效

假设当电磁波入射到理想导体目标时,将在目标表面 S 上的位置 x 处于 t 时刻激励电流 $J(x,t)$。利用感应定理(物理等效原理)[32]可知,等效的感应电流 J 是产生散射场的源。感应电流 J 表示为

$$n \times (H^i(r,t) + H^s(J(r',t))) = J(r,t) \quad (2.8)$$

因此关键需要计算感应电流。思路之一是近似上式左边的磁场,再来表示感应电流,进而得到散射场。

当目标为电大金属导体时,散射场的计算可以通过以下等效关系进行近似:

$$J(r,t) = n \times H = n \times (H^i + H^s) = 2n \times H^i \quad (2.9)$$

该近似也称为物理光学近似。但是,对于一般目标,物理光学近似不够准确,因为上式是在切平面近似条件下获得的。目标不够规则时,不能简单地认为散射场只是入射平面波产生的 H^i,在目标表面会产生多次反射。

下面来求解感应电流密度 J 的准确表达式。建立如图 2.2 所示的场点和源点的几何关系。其中, $R = r - r'$, $R = |R|$, $\hat{R} = R/R$。

引入矢量位函数 $H^s = \dfrac{1}{\mu} \nabla \times A$,考虑场点 P 为远场情况,有

$$\begin{aligned} A(r,t) &= \frac{\mu}{4\pi} \int_v \frac{J(r', t - R/c)}{R} dv' \\ \nabla \times A &= \nabla \times \frac{\mu}{4\pi} \int_v \frac{J(r', t - R/c)}{R} dv' \end{aligned} \quad (2.10)$$

其中

$$\begin{aligned} \nabla \times \frac{J(r', t - R/c)}{R} &= \nabla \left(\frac{1}{R}\right) \times J(r', t - R/c) + \frac{1}{R} \nabla \times J(r', t - R/c) \\ &= -\frac{\hat{R}}{R^2} \times J(r', t - R/c) + \frac{1}{R} \nabla \times J(r', t - R/c) \end{aligned}$$

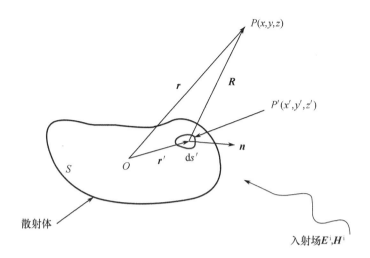

图 2.2　目标散射场计算几何关系示意图

令 $t' = t - R/c$，则上式第二项可表示为

$$\nabla \times J(r', t - R/c)$$
$$= \left(\frac{\partial}{\partial x}\hat{x} + \frac{\partial}{\partial y}\hat{y} + \frac{\partial}{\partial z}\hat{z}\right) \times J(r', t - R/c)$$
$$= \frac{\partial}{\partial t'}\left(\frac{\partial t'}{\partial x}\hat{x} + \frac{\partial t'}{\partial y}\hat{y} + \frac{\partial t'}{\partial z}\hat{z}\right) \times J(r', t - R/c)$$
$$= -\frac{1}{c}\frac{\partial}{\partial t'}\hat{R} \times J(r', t - R/c)$$

所以

$$H^s = \frac{1}{\mu} \nabla \times A = \nabla \times \frac{1}{4\pi}\int_v \frac{J(r', t - R/c)}{R} dv'$$
$$= \frac{1}{4\pi}\int_v \left(-\frac{\hat{R}}{R^2} \times J(r', t - R/c) + \frac{1}{R} \nabla \times J(r', t - R/c)\right) dv'$$
$$= \frac{1}{4\pi}\int_v \left(J(r', t - R/c) \times \frac{\hat{R}}{R^2} + \frac{1}{R} \nabla \times J(r', t - R/c)\right) dv'$$
$$= \frac{1}{4\pi}\int_v \left(J(r', t - R/c) \times \frac{\hat{R}}{R^2} + \frac{1}{R}\frac{1}{c}\frac{\partial}{\partial t'}J(r', t - R/c) \times \hat{R}\right) dv'$$
$$= \frac{1}{4\pi}\int_v \left(\frac{1}{R^2}J(r', t - R/c) + \frac{1}{R}\frac{1}{c}\frac{\partial}{\partial t'}J(r', t - R/c)\right) \times \hat{R} dv' \quad (2.11)$$

据此可知

$$J(r, t) = n \times H^i(r, t) + n \times \frac{1}{4\pi}\int_S \mathcal{L}_r\{J\}(r', t') \times \hat{R} ds' \quad (2.12)$$

其中
$$t' = t - R/c; \mathcal{L}_r\{J\}(r',t') = (R^{-2} + (Rc)^{-1}\partial/\partial t')J(r',t')$$

方程(2.12)是关于 J 的积分方程,理论上可解。散射场可以用表面电流 J 来表示,即

$$H^s(r,t) = \frac{1}{4\pi}\int_S \mathcal{L}_r\{J\}(r',t') \times \hat{R}\mathrm{d}s' \qquad (2.13)$$

既然散射场 $H^s(r,t)$ 为电流产生的响应场,测量它即可确定电流分布 J。这样,关于 S 的信息通过 J "编码"进了 H^s。一般来说, J 并非严格与 S 对应,要估计 S 还需要附加其他条件才行。

方程(2.13)也包括了目标组成部分之间相互作用产生的多次散射的贡献,当多次散射的贡献明显小于入射场直接激励的贡献时,便得到以下近似:

$$J(r',t') \approx J_{\mathrm{po}}(r',t') = \begin{cases} 2n \times H^i(r',t') & \hat{R}\cdot n > 0 \\ 0 & 其他 \end{cases} \qquad (2.14)$$

这就是物理光学近似。式(2.14)的物理光学散射场为

$$\begin{aligned}
H_{\mathrm{po}}(r,t) &= \frac{1}{4\pi}\int_S \mathcal{L}_r\{J\}(r',t') \times \hat{R}\mathrm{d}s' \\
&= \frac{1}{2\pi Rc}\int_{\hat{R}\cdot n>0} \hat{R}\cdot n \frac{\partial H^i(r',t')}{\partial t'}\mathrm{d}s' + O(R^{-2})
\end{aligned} \qquad (2.15)$$

其中积分区域严格限制在照明区域,并且假设目标尺寸相对于雷达到目标的距离 R 非常小,这时因子 R^{-1} 可以从积分中提出来。这种假设下可以不考虑 $O(R^{-2})$ 的影响,用照明区散射项即可。

从频域来看,入射场 $H^i(r,t) = H_0 \mathrm{e}^{\mathrm{j}(k\hat{R}\cdot r + kR - \omega t)}$ 具有的形式,其中 $k = \omega/c$。代入式(2.15)可得

$$H_{\mathrm{po}}(r,t;k) = -\frac{\mathrm{i}kH_0\mathrm{e}^{\mathrm{j}(2kR-\omega t)}}{2\pi R}\int_{\hat{R}\cdot n>0} \hat{R}\cdot n\mathrm{e}^{\mathrm{j}2k\hat{R}\cdot r'}\mathrm{d}s' \qquad (2.16)$$

实际目标大多数是电大尺寸目标,大部分区域表面光滑,曲率相对入射电磁波的波长变化微小,可以用驻定相位法来求解,这意味着电磁波可以看作是由一束束孤立的射线场构成,其行为可以用几何光学近似来处理,而由明暗边界构成的区域可能存在附加的散射。这些散射可进一步由几何绕射理论来描述。

2.2.2.2 几何光学近似[33]

电磁波工作频率越高,其传播行为与光波越相似。光波传播的反射、折射定律来源于费马原理。

1) 费马原理

几何光学领域中的问题可用费马原理来研究。费马原理认为,光线将沿着

光程为极值(极大值、极小值或稳定值)时的路径而传播。因此,费马原理确定了光线的路径或轨迹。如图 2.3 所示,假定空间内媒质的折射率为 $n(x,y,z)$,曲线 C 为从 A 点到 B 点的某一光学路径,ds 为曲线 C 上的微分长度元,则光线通过 ds 的光程 $d\psi$ 为

$$d\psi = nds \tag{2.17}$$

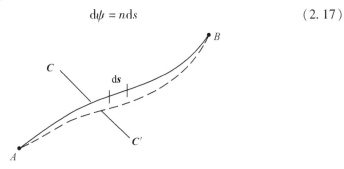

图 2.3 从 A 点到 B 点的路径示意图

沿路径 C 从 A 点到 B 点的总的光程为

$$\psi = \int_{C_{AB}} nds = \int_A^B nds \tag{2.18}$$

式中:积分路径是沿曲线 C 从 A 积分到 B。如果在 C 的近邻有另一条曲线 C' (图 2.3 中的虚线)也通过 A、B 两点,并设沿路径 $AC'B$ 的总光程为 ψ'。如果 ACB 是光线从 A 点到 B 点实际通过的路径,则根据费马原理,对于所有像 $AC'B$ 这样的邻近路径而言,ψ 或者比所有 ψ' 都小,或者比所有 ψ' 都大,或者与所有的 ψ' 都相等。

对于均匀媒质这一最简单情况,由于 n 为常数,光线的极值条件等于几何路径的极值条件,而两点之间的直线路径最短,由此可直接得出光在均匀媒质中沿直线传播的结论。

2) 几何光学强度定律

假定有一组射线围成如图 2.4 所示的一个射线管。因为几何光学认为光或电磁波能量是沿射线传播的,因此在射线管侧壁上没有能量流出或流入。这样,进入射线管一个端面的能量必须全部从另一个端面流出,于是可得出几何光学强度定律的数学表达式为

$$s_1 d\boldsymbol{A}_1 = s_2 d\boldsymbol{A}_2 \tag{2.19}$$

式中:s_1 和 s_2 表示射线管两端面上的坡印廷矢量,$d\boldsymbol{A}_1$ 和 $d\boldsymbol{A}_2$ 表示两端面的面积矢量,其方向沿端面的法线方向。上式表明了射线管内的能量守恒原理,它是计算几何光学场强的基础。

3) 几何绕射基本原理

几何光学只研究直射、反射和折射问题,而不能解释绕射现象。当几何光学

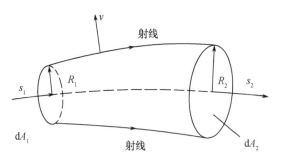

图 2.4　几何光学射线管

射线遇到任意一种表面不连续(例如边缘、尖顶)或者在向曲面入射时,将产生它不能进入的阴影区。按几何光学理论,阴影区的场应等于零,但是实际上阴影区的场并不等于零。这是由绕射现象造成的,而几何光学却不能解释这一现象。凯勒在1951年前后提出了一种近似计算高频电磁场的新方法。他把经典几何光学的概念加以推广,引入了一种绕射射线以消除几何光学阴影边界上场的不连续性,并对阴影区的场进行适当的修正。凯勒的这一方法称为几何绕射理论(GTD)[34]。绕射射线产生于物体表面上几何特性或电磁特性不连续之处,例如物体的边缘、尖顶和光滑凸曲面上与入射射线相切之点,如图2.5所示。绕射射线既可进入照明区,也可进入阴影区。因为几何光学射线不能进入阴影区,阴影区的场就完全由绕射射线来代表。这样,几何绕射理论就克服了几何光学在阴影区的缺点,也改进了照明区的几何光学解。

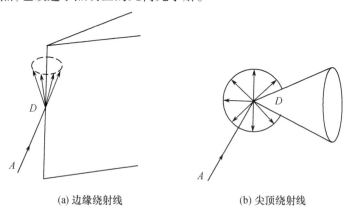

(a) 边缘绕射线　　　　(b) 尖顶绕射线

图 2.5　绕射和绕射射线

几何绕射理论假设绕射射线具有如下性质:
(1) 绕射射线的传播与几何光学反射和折射射线一样服从费马原理。
(2) 绕射射线的性质仅与表面上绕射点附近的几何外形以及物理性质有关,即绕射现象也是一种高频局部现象。

(3) 绕射线在传播过程中其振幅、相位和功率服从下列关系：
① 功率始终保持在一射线管束（或一射线带）之中；
② 沿绕射线路径的相位延迟决定于光程，它等于介质波数乘以距离；
③ 绕射射线代表的绕射场初值等于绕射点处的入射场乘以绕射系数。
根据上述基本假设，绕射场一般可表示为

$$E^d(s) = E^i(0) \cdot \overline{\overline{D}} A(s) \exp(jks) \qquad (2.20)$$

式中：$E^d(s)$ 为观察点处的绕射场强矢量；s 是沿绕射射线从绕射单元到远场观察点的距离；$E^i(0)$ 是绕射点处的入射波场强矢量（含振幅和相位）；$\overline{\overline{D}}$ 称为并矢绕射系数，它与入射波的极化和到达角、绕射单元的属性，以及绕射射线的方向等有关；$A(s)$ 是绕射场的扩散因子，它描述了绕射射线管的横截面在传播过程中的变化。几何绕射理论处理绕射问题的方法和步骤完全类似于几何光学中处理反射和折射的问题，绕射射线的轨迹由费马原理确定，扩散系数则由几何光学强度定律确定。

根据以上几何光学确定的散射场的行为可知，式(2.15)中的积分可进一步用目标表面 $\hat{R} \cdot n = -1$ 处点的散射来代替。目标的高频区一阶几何光学近似可表示为[33,175]

$$\boldsymbol{H}_{go;1}(\boldsymbol{r},t;k) \equiv \lim_{\text{large } k} \boldsymbol{H}_{po}(\boldsymbol{r},t;k) = -\frac{ik\boldsymbol{H}_0 e^{j(2kR-\omega t)}}{2\pi R}\sum_m A_m e^{j2k\hat{\boldsymbol{R}}\cdot\boldsymbol{r}_m} + O(k^0)$$

(2.21)

式中：A_m 代表点 $\boldsymbol{r}_m$ 局部邻域的积分贡献。

2.3 目标雷达成像——等效散射中心

2.3.1 等效散射中心的概念

为了理解为什么能够用等效的局部散射点的集合代替雷达目标，需要研究复杂形体目标物理光学场的电磁散射行为。常规的处理方式包括：目标上的光滑结构可以利用几何光学的射线技术来处理，对于分离的目标结构，一是看是否直接照射到，二是看其特征尺寸是否可比拟入射波波长（是否考虑谐振效应），大的复杂结构可由一组分离的子结构来代替，非理想导体可用阻抗边界条件来描述，介质散射体可用感应电流的体积分方程来处理。尽管处理方式不同，但其结果都可归于将目标的雷达散射模型看成是由多个散射中心所构成，且可用于确定 $\boldsymbol{H}^s$。下面以完纯导电圆柱体的物理光学后向散射[5]为例进行说明。

在如图2.6(a)所示的坐标系中,r'为原点O指向圆柱面上任一点的矢量,$\hat{r}$为原点O指向场点的单位矢量,n为圆柱面单位法向矢量,$\hat{\varphi}$和$\hat{\theta}$为沿方位与俯仰方向的单位矢量。

假设有一平面波入射到完纯导电圆柱体上,入射磁场为
$$\boldsymbol{H}^{\mathrm{i}} = \hat{\varphi} H_0 \exp(\mathrm{j}k\hat{\boldsymbol{r}} \cdot \boldsymbol{r}')$$

由物理光学近似可计算出其后向散射场为

$$\begin{aligned}
\boldsymbol{E}^{\mathrm{s}} &= -\frac{\mathrm{j}k\eta_0}{4\pi} \frac{\exp(-\mathrm{j}kr)}{r} \hat{\boldsymbol{r}} \times \int_{S'} 2(\boldsymbol{n}\times\boldsymbol{H}^{\mathrm{i}}) \times \hat{\boldsymbol{r}} \exp(\mathrm{j}k\hat{\boldsymbol{r}}\cdot\boldsymbol{r}')\mathrm{d}s' \\
&= \frac{\mathrm{j}k_0\eta_0 H_0}{2\pi} \frac{\exp(-\mathrm{j}kr)}{r} \sin\theta\hat{\theta} \int_{-l/2}^{l/2}\int_{\varphi-\frac{\pi}{2}}^{\varphi+\frac{\pi}{2}} \exp\{\mathrm{j}2k[a\sin\theta\cos(\varphi-\varphi') \\
&\quad + z'\cos\theta]\}a\mathrm{d}\varphi'\mathrm{d}z' \\
&= \frac{\eta_0 H_0 a\tan\theta}{4\pi} \frac{\exp(-\mathrm{j}kr)}{r} [\exp(\mathrm{j}kl\cos\theta) - \exp(-\mathrm{j}kl\cos\theta)] \\
&\quad \times \int_{\varphi-\frac{\pi}{2}}^{\varphi+\frac{\pi}{2}} \exp[\mathrm{j}2ka\sin\theta\cos(\varphi-\varphi')]\mathrm{d}\varphi'
\end{aligned} \tag{2.22}$$

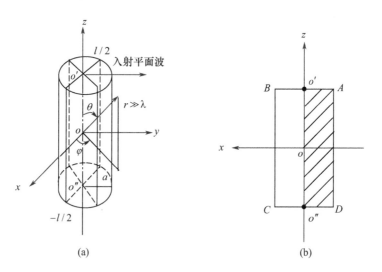

图2.6 平面波入射于圆柱体的坐标示意图及散射场对应的等效散射中心位置

式(2.22)最右边沿圆周的积分不易计算,但可以利用驻相法来近似地计算。令

$$I = \int_{\varphi-\frac{\pi}{2}}^{\varphi+\frac{\pi}{2}} \exp[\mathrm{j}2ka\sin\theta\cos(\varphi-\varphi')]\mathrm{d}\varphi' \tag{2.23}$$

并设 $x = \varphi - \varphi' + \dfrac{\pi}{2}$,则式(2.23)可化成

$$I = \int_0^\pi \exp[\mathrm{j}2ka\sin\theta\sin x]\,\mathrm{d}x$$

显然,式(2.23)中的驻相点为 $x_0 = \dfrac{\pi}{2}$,可利用驻相法积分公式

$$\int f(x)\exp[\mathrm{j}g(x)]\,\mathrm{d}x \approx \left[\dfrac{2\pi}{-\mathrm{j}g''(x_0)}\right]^{\frac{1}{2}} f(x_0)\exp[\mathrm{j}g(x_0)] \quad (2.24)$$

求得积分 I,近似为

$$I \approx \left[\dfrac{\pi}{\mathrm{j}ka\sin\theta}\right]^{\frac{1}{2}} \exp[\mathrm{j}2ka\sin\theta] \quad (2.25)$$

将式(2.25)代入式(2.22),最后得

$$E^s = \hat{\theta}\dfrac{E_0 a\tan\theta\exp(-\mathrm{j}kr)}{4\pi\, r}\left[\dfrac{\pi}{\mathrm{j}ka\sin\theta}\right]^{\frac{1}{2}}\exp(\mathrm{j}2ka\sin\theta)$$
$$\times[\exp(\mathrm{j}kl\cos\theta) - \exp(-\mathrm{j}kl\cos\theta)] \quad (2.26)$$

式中:$E_0 = \eta_0 H_0$ 为与入射场有关的幅度因子;a 为圆柱体的半径;l 为圆柱体的高;$k = 2\pi/\lambda$ 为波数。

由式(2.26)可见,圆柱体的后向散射场是以球面波 $\dfrac{\exp(-\mathrm{j}kr)}{r}$ 形式向外传播的,且该球面波由两部分组成。这两部分的相移都恰与圆柱体上的 A 和 D 两点与参考点 O' 和 O'' 的路程差有关,其后向散射场可以看成是由 A 和 D 点处的点散射源所产生的。

尽管入射电磁波照射了半个圆柱侧面,但其后向散射场却可以用金属圆柱上 A 和 D 等某些点处的点散射源产生的场来表示,这些点即为散射中心。需要指出的是,这些点处的点散射源并不是孤立存在的,而是等效而来的,它由目标散射中心附近的局部物理特性、几何结构以及入射波的性质所决定。

通过上面例子,对散射中心的概念有一个基本而清楚的认识。如果结合几何绕射理论,则散射中心的概念将更加形象化。实际上,根据凯勒几何绕射理论的局部场原理[34],在高频极限情况下,绕射场只取决于绕射点附近很小一个区域内的物理性质和几何性质,而和距绕射点较远的物体的几何形状无关。这与等效多散射中心的概念也是一致的。由此可以建立这样的雷达目标散射模型:在雷达的视野下,目标由多散射中心构成,从几何角度看,每个散射中心都相当于目标表面一些曲率不连续处与表面不连续处。从而也可以等效地认为,在高频区,目标散射不是全部目标表面所贡献的,而是可以用几个孤立散射中心来完全表征。

2.3.2 极化特性的考虑

显然,式(2.15)和式(2.21)未考虑去极化作用,即得到的近似散射场与入射场之间只有数量的增减,没有发生矢量方向的改变。如果要考察目标的极化特性,有必要引入更完整的散射模型。为了便于说明,下面简要介绍电磁波极化的基本概念。

各种物体在受到电磁波的照射后,其反射(散射)和透射的电磁波的极化状态,一般都不再与入射的电磁波相同。这种极化状态的变换现象称为退极化。雷达目标反射(散射)的退极化作用由目标的形状结构和材料所决定,目标的极化特性即它对各种极化波的退极化作用的统称。

当一种特定极化状态的雷达波照射到目标时,反射(散射)的极化状态就由入射波的极化状态和目标的极化特性二者所决定。极化散射矩阵 S 和 Müeller 矩阵描述了目标散射体对照射波极化状态的改变,具体来说,散射矩阵 S 描述了入射波和散射波的 Jones 矢量之间的关系,而 Müeller 矩阵则描述了入射波和散射波的 Stokes 矢量之间的关系。

以 S 矩阵为例,它将散射场 E^s 各分量和入射场 E^i 各分量联系起来,可表示为

$$E^s = SE^i \tag{2.27}$$

如果雷达发射源和接收源离目标足够远,则到达目标处的入射波和到达接收源处的散射波都可看成是平面波。因此,$[S]$ 是一个二阶矩阵,式(2.27)变成

$$\begin{bmatrix} E_1^s \\ E_2^s \end{bmatrix} = \frac{1}{\sqrt{4\pi r}} \begin{bmatrix} S_{11} & S_{12} \\ S_{21} & S_{22} \end{bmatrix} \begin{bmatrix} E_1^i \\ E_2^i \end{bmatrix} \tag{2.28}$$

式中:下标"1"和"2"表示一组正交极化分量。$[S]$ 的元素一般是复数,故又可写成

$$[S] = \begin{bmatrix} |S_{11}|\exp(j\phi_{11}) & |S_{12}|\exp(j\phi_{12}) \\ |S_{21}|\exp(j\phi_{21}) & |S_{22}|\exp(j\phi_{22}) \end{bmatrix} \tag{2.29}$$

在散射矩阵表达式(2.28)中定义的场量与雷达散射截面中的定义相同,但 $\sqrt{4\pi r}$ 的使用并不普遍,拉克(Ruck)[35]用

$$\begin{bmatrix} E_1^s \\ E_2^s \end{bmatrix} = \begin{bmatrix} S_{11} & S_{12} \\ S_{21} & S_{22} \end{bmatrix} \begin{bmatrix} E_1^i \\ E_2^i \end{bmatrix} \tag{2.30}$$

来表示散射矩阵,这种用法比较广泛。

对于光滑表面的目标,其去极化效果显然由积分方程(2.12)的多次作用来决定。对物理光学场的一阶修正,可通过对理想导体扩展空时积分方程的纽曼级数并截断二阶项来获得。通过这种方式可以看到,由光滑凸形目标产生的去极化作用正比于局部表面主曲率的差异。目标几何结构越复杂,获得严格极化解所需要的建模分析考虑的散射过程越多,计算也越复杂。此时,几何光学近似的简单方式难以满足分析极化特性的要求,方程(2.21)中的乘积 $\boldsymbol{H}_0 \cdot \boldsymbol{A}_m$ 被复矢量 $\boldsymbol{A}_{m;H_0}$ 所代替。

全极化雷达比单极化的要复杂得多,当前使用的多数雷达都限于单极化工作方式,人们时常会质疑这种复杂度的增加所提供的目标极化信息对识别的贡献是否值得。而目标与杂波去极化的差异性却是显而易见的,所以极化特性确实可用于目标背景杂波的抑制。

2.4 散射中心的提取——雷达成像[36]

雷达系统通常是用于测量目标距离和距离变化率的,而距离和距离变化率分别与时间和频率成线性关系,都可看作是关于时间 t 的变量。对于各向同性的点散射体目标模型,当雷达要测量这两个参数时,与目标反射场对应的雷达信号可表示为

$$s_{\text{scatt}}(t') = \rho s_{\text{inc}}(t'-t) e^{iw(t'-t)} \tag{2.31}$$

式中:t 和 v 是目标与雷达的距离(传播时间)和相对速度;ρ 是信号强度因子。下文以图2.7的雷达目标关系为例进行讨论。

2.4.1 相干接收

原始的雷达信号处理问题是噪声中的最优检测与估计问题,即从 $s_{\text{rec}}(t) = s_{\text{scatt}}(t) + n(t)$($n(t)$ 是概率密度为 $p_N(n)$ 的随机过程)中估计 $s_{\text{scatt}}(t)$。通常用最大似然估计方法将 $s_{\text{rec}}(t)$ 与由已知信号模型产生的理想信号序列进行比较,该信号模型是唯一的且没有关于目标的先验信息,以保证 $s_{\text{rec}}(t)$ 的统计特性只是由 $n(t)$ 的随机性所决定。则 $s_{\text{scatt}}(t)$ 的最大似然估计为

$$s_{\text{scatt}}^{\text{ML}}(t) = \arg \max_{s \in \text{模型空间}} p_N(s_{\text{rec}} - s) \tag{2.32}$$

通常的做法是将模型空间参数化以便于搜索 $s_{\text{scatt}}^{\text{ML}}(t)$。对于测量位置与速度的雷达系统,各向同性的点目标是很自然的模型化结果。雷达接收机噪声用高斯白噪声的统计特性建模,这样,上述方程中 t 和 v 的最大似然估计为

$$t, v = \arg \max_{t', v'} \text{Re}\{\eta(t', v')\} \tag{2.33}$$

其中

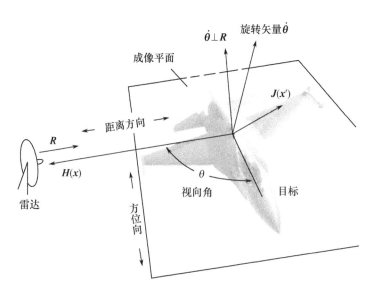

图 2.7　目标散射与成像几何关系

$$\eta(t,v) = \int_{\mathbb{R}} s_{\text{rec}}(t') s_{\text{inc}}^{*}(t'-t) e^{iw(t'-t)} dt' \qquad (2.34)$$

$\eta(t,v)$ 就是雷达相干接收机的输出,它通过将接收信号与参考信号进行比较来实现,其设计准则是获得最大的信噪比。值得注意的是相干处理要求接收信号与发射信号在相位上保持明确的关系。

对于传统的各向同性点散射模型来说,方程(2.31)中的信号强度因子 ρ 独立于 t,v 和目标姿态角,这也是方程(2.32)略去 ρ 影响的原因。而实际来自目标的雷达测量不满足各向同性点散射行为,早期用雷达散射截面(RCS)来研究和表征目标对姿态的依赖。但随着频率的升高和目标的复杂程度增加,这种简单模型的限制越来越明显。

根据前面的散射机理的分析,目标可以看作是由散射中心的集合所构成,它们可用于近似地确定 H_{scatt},这就是经典的雷达成像模型。忽略多次散射,方程(2.31)可推广为

$$s_{\text{scatt}}(t) = \int_{\mathbb{R}^2} \rho(t',v') s_{\text{inc}}(t'-t) e^{iw(t'-t)} dt' dv' \qquad (2.35)$$

形式。强度因子 ρ 为目标的反射率函数 $\rho(t',v'):\mathbb{R}^2 \to \mathbb{C}$,其含义是 $\rho(t,v) dt dv$ 正比于目标在以下范围内的反射场:距离在 $ct/2$ 和 $c(t+dt)/2$ 之间,速度在 v 和 $v+dv$ 之间。

2.4.2　雷达成像方程

一般来说,局部散射行为随入射场方向和频率发生变化,反射率函数实际上

依赖于 H^i，但是当入射方向和频率的范围受到严格限定时，可以认为雷达成像可近似忽略对这两个因素的依赖性。

雷达成像类似于参数估计，正如式(2.34)的形式。但是现在来自相干接收的数据一般来说不适合方程(2.31)的点目标模型。为了理解从相干接收机的视角观察扩展目标是什么样子，把模型式(2.35)代入式(2.34)中，有

$$\eta(t,v) = \int_{\mathbb{R}^2} \rho(t',v') \chi(t'-t, v-v') e^{i(v+v')(t'-t)/2} dt' dv' + 相关噪声项 \quad (2.36)$$

其中

$$\chi(t,v) \equiv \int_{\mathbb{R}^2} s_{\text{inc}}^*\left(t' - \frac{1}{2}t\right) s_{\text{inc}}\left(t' + \frac{1}{2}t\right) e^{-ivt'} dt' \quad (2.37)$$

式(2.36)即为成像方程，$\rho(t,v)$ 为目标函数，积分中的其他因子为成像核函数（点扩展函数）。由此可知，$\eta(t,v)$ 是 $\rho(t,v)$ 的估计，可表示为 $\hat{\rho}(t,v) = \eta(t,v)$。附加的噪声项在噪声过程与发射信号不相关时一般较小。

$\chi(t,v)$ 为雷达模糊函数，作为理想的成像核函数应具有下列形式 $\chi(t,v) = \delta(t)\delta(v)$，但实际上是做不到的，因为发射信号 $s_{\text{inc}}(t)$ 不能同时在时间维和速度维获得高分辨。其结果是雷达设计工程师需要根据雷达的用途在 t 和 v 的分辨能力之间进行权衡，雷达成像系统通常选择距离维度的高分辨。

2.4.3 一维成像

最简单的一种成像方式可通过选取 $\chi(t,v) \sim \delta(t)$ 使得方程(2.36)变为（忽略附加的噪声项）

$$\eta(t,v) \sim \int_{\mathbb{R}} \rho(t,v') dv' \quad (2.38)$$

以这种方式构成的像称为一维距离像，方程(2.38)将沿 v 的横向方向的数据按相同距离维进行叠加，最终形成 ρ 的距离剖面图，是关于距离变化的函数。

当然，$\chi(t,v) = \delta(t)$ 是高分辨距离像（简称 HRRP）的理想近似，实际获取距离像的信号建立在宽带雷达基础上，保证其拥有足够大的带宽。图 2.8 示出了 HRRP 雷达系统获得的"波音"727 民航客机一维距离像的例子，下面为飞机的顶视图（姿态由测量时刻所确定），数据采集的雷达参数为：中心频率 9.25GHz，带宽 500MHz，图中也标出了距离像与目标的大致对应关系。

由图中的对应关系可知，一维距离像中的峰值位置与强度可用于识别目标，属于目标的雷达特性。但因为距离像叠加了横向信息导致其敏感于目标姿态角，因此，利用距离像进行识别必须事先建立遍历目标姿态角的模板库，并获得尽可能准确的姿态角信息。

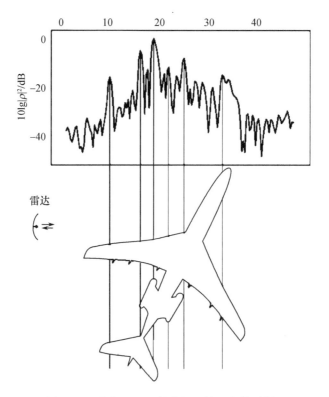

图2.8 "波音"727民航客机一维距离像示例

2.4.4 二维成像

单个雷达脉冲照射目标只能在纵向距离上获得高分辨能力,在横向距离维度上则需要利用一段时间内多个照射脉冲的相干回波,提取目标相对雷达视角的变化获得高的分辨率。应用最为典型的例子是合成孔径成像(SAR),用参数为目标姿态角 θ 的一族信号 $s_\theta(t)$ 去构建 $\chi_\theta(t,v)$,具体采用雷达平台运动的方式获得对目标照射姿态角的改变。而在逆合成孔径成像(ISAR)中,则利用目标自身的转动来获得姿态角的变化。当目标可看作刚体旋转时,SAR 和 ISAR 是等价的(成像几何与杂波影响不在考虑之列)。在"合成孔径"内,不同姿态角的脉冲数据得以进行相参处理,可以提取目标转动的速度,即获得了式(2.36)中速度维的分辨能力。

假设雷达向目标发射可获得 HRRP 的脉冲串 $s(t-jT)$,$j=1,2,\cdots,\Theta$,脉冲之间的时间间隔为 T(T 已知,即为脉冲重复周期),再假设目标作为刚体以常速旋转,转速为 $\dot{\theta}$,构成目标的散射分量在转角范围内各向同性(即在孔径内 $\Delta\theta = (\Theta-1)T\dot{\theta}$ 独立于 θ),则第 j 个脉冲照射时对应的旋转目标函数为 $\rho_\theta(t,v)=$

$\rho(t\cos\theta_j + \alpha^{-1}v\sin\theta_j, -\alpha t\sin\theta_j + v\cos\theta_j)$，其中 $\theta_j = jT\dot\theta$，$\alpha = \dot\theta\omega_0$ 为尺度因子。由此，方程(2.36)变为

$$\eta_{\theta_j}(t,v) = \int_{\mathbb{R}^2} \rho(t'\cos\theta_j + \alpha^{-1}v'\sin\theta_j, -\alpha t'\sin\theta_j + v'\cos\theta_j)$$
$$\times \chi(t-t', v-v') e^{i(v+v')(t'-t)/2} dt' dv' \quad (2.39)$$

将 HRRP 的理想取值 $\chi(t,v) = \delta(t)$ 代入上式，得目标在姿态角 θ_j 时的高分辨距离像为

$$\eta_{\theta_j}(t,v) = \int_{L(t;\theta_j)} \rho(t',v') dl \quad (2.40)$$

式中：dl 是沿 $L(t;\theta_j) = \{(t',v') | t'\cos\theta_j + v'\cos\theta_j = t\}$ 的弧长微分。

显而易见，方程(2.40)是 ρ 的 Radon 变换，反映了合成孔径成像与层析重建的关系。ρ 的二维估计可以从数据 $\{\eta_{\theta_j}, j=1,2,\cdots,\Theta\}$ 中利用多种求逆方法获得，比如卷积-逆投影算法[14,37]。

图2.7给出了雷达成像的投影结构关系，目标旋转矢量 $\dot{\boldsymbol{\theta}}$ 垂直于 $\boldsymbol{R}$ 定义了成像平面的法线方向，ISAR 是 $\rho(t,v)$ 在此平面上的投影，纵向和横向相当于 t 和 v 轴方向。图2.9为"波音"727客机刚起飞时的 ISAR 图像[38]，飞机距离雷达约5.5km，雷达测量时飞机正在缓慢地转向，雷达工作参数同图2.8，成像数据采集的时间较短(几秒)，对应的转角孔径 $\Delta\theta \approx 2°$。

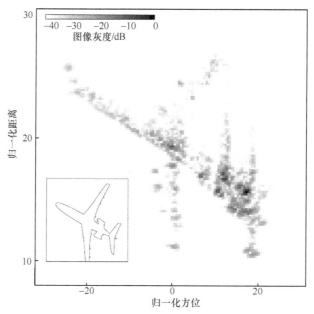

图2.9 "波音"727客机 $|\rho(t,v)|^2$ 的图像，小图为飞机成像时的姿态

可以预见,随着成像维度及分辨率的增加,成像结果对目标等效散射中心的展现越清晰,越有利于其数量和结构的提取。

2.5 雷达目标的频谱特性

雷达照射运动目标或目标上的运动部件都会产生相应的多普勒频率,是对目标识别具有潜在贡献的特征信息。产生多普勒调制的源头不只一个,除了目标整体的运动外,其组成部件之间的相对运动比如调姿、振动等都会对多普勒调制有所贡献。对于目标识别来说,我们所关注的是与目标运动中体现出的固有属性联系紧密的雷达特性。特别对高速运动目标来说,探求附加多普勒调制特性与目标固有属性的对应关系,是提取目标识别特征的基础。为说明问题的方便,下面以飞机动力构件工作时散射波的频谱特性和空间目标的微动特性为例,阐述雷达目标的频谱特性。

2.5.1 飞机的雷达回波频谱特性[39]

对于飞机目标来说,其动力构件产生的多普勒频谱反映了动力构件运动的固有特性,具有较好的唯一性和稳定性。特别是直升机,其桨毂和旋翼与雷达信号作用提供了周期特点的可辨识频谱,可以成为特征提取的对象。由图2.10可见,主旋翼叶片的调制特征易于提取和识别。对于常规飞机发动机的调制谱(简称JEM)来说,它主要由旋转发动机压缩部分与电磁波相互作用所产生,这也是雷达沿飞机鼻锥方向照射的可见部分,是飞机接近过程中识别的典型应用场景。调制谱对于推断发动机类型作用明显。

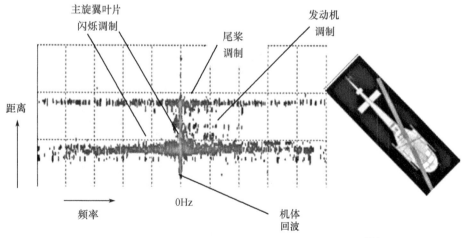

图2.10 直升机距离——多普勒图像中的频率调制分量[39]

2.5.1.1 JEM 产生机理

对于喷气发动机来说,其作用是通过固连在主轴上的多级叶片的高速旋转,将空气吸入并压缩进燃烧室。通常叶片旋转速度达到数千转每分,从外面向内部看(图2.11),每级叶片数目不断增加,而尺寸趋于减少,但旋转速度相同,以保证空气持续地被压缩进更小的空间。

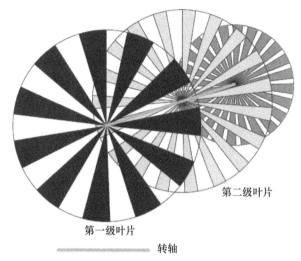

图 2.11 从前面看喷气发动机多级旋转叶片示意图

雷达信号首先照射到第一级压缩叶片,每个叶片的反射经过叠加形成第一级的反射。一部分入射信号穿过第一级叶片到达第二级,再次形成反射。随着入射深度的增加,信号由于遮挡和反射叶片尺寸的减小而越来越弱,多数情况下用于 JEM 识别的反射信号至多考虑到第二级、第三级压缩叶片即可。

2.5.1.2 JEM 频谱:发动机转速

鉴于电磁波与发动机作用相对复杂,难以准确建模,我们可以从物理机制出发,去理解所产生的调制频谱,进而揭示其与发动机叶片数目乃至叶片级数的关系。假设在雷达照射期间,与飞机的相对视角、发动机转速均无明显变化,这样发动机每个旋转周期产生的反射信号的变化是相同的。就叶片来说,出于空气动力学的考虑,叶片平面一般不在旋转平面内,导致在转动中不断改变相对雷达的视角,从而产生幅度的周期性变化。在转动过程中,叶片一会儿靠近雷达,一会儿远离雷达,从而产生了连续变化的多普勒效应。每个叶片在旋转中反射信号的幅度和相位都发生连续变化,雷达接收到的是所有叶片反射信号矢量叠加的结果,其时域信号的信号形式是相当复杂的,但其变化必然随着发动机的旋转重复出现。因此,发动机反射信号的低频频谱分量主要由旋转速度对应的频率及其谐波成分所构成。

再来考察第一级所有叶片产生的反射信号特性。如图 2.12 所示,假设每级叶片数目相同,都有 N 个叶片,且沿转轴对称分布。这样,反射特性每经过 $1/N$ 个转动周期都会被重复,因为当叶片转动到相邻叶片位置时,对雷达来说其散射特性是相同的(见图中的位置 1 和位置 2)。

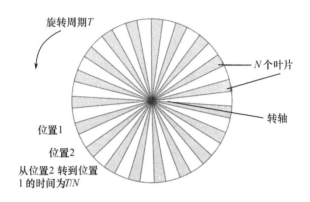

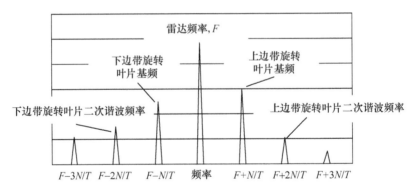

图 2.12 发动机第一级叶片及 JEM 谱特性

这样,雷达信号重复的时间间隔为 T/N,其时域信号经傅里叶变换产生的 JEM 频谱具有的 N/T 频率间隔,如图 2.12 所示。单级叶片谱包含多个分量 F_n,且

$$F_n = \pm \frac{Nn}{T} \tag{2.41}$$

式中:n 为频率分量的序号。

每个频率分量处的频谱细节由实际叶片尺寸、形状和姿态所决定。由此可知,第二级叶片的反射也具有类似的特点,其频谱分量由叶片数量所决定,但会增加与第一级叶片相互作用的成分。总的反射信号的频谱由多个"梳状"边带

谱所构成,从低端的发动机旋转周期谐波分量,到高端的相邻叶片对称性产生的谐波分量。典型的 JEM 谱如图 2.13 所示。

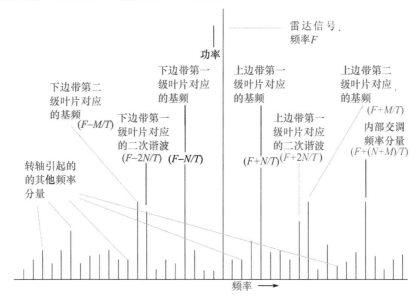

图 2.13 涡扇发动机飞机典型的 JEM 频谱结构

对雷达测量来说,获得 JEM 信号最重要的指标参数是频率测量精度,其前提一是要保证足够的目标照射驻留时间,二是要求在 JEM 频带范围内保持足够低的载波相位噪声。

通过对 JEM 谱的分析,可以获知飞机动力构件的相关特征和参数,从而建立了雷达测量域与目标部件固有属性之间的关系,是识别飞机目标的有效雷达特性。

2.5.2 空间目标微动的雷达特性

雷达微多普勒效应在原理上与经典的多普勒效应类似,均是目标运动在电磁回波中的一种有效反映。所以我们在一定程度上可以认为目标微动是产生微多普勒效应的根本原因。与传统的多普勒研究主要关注于目标质心的轨道运动不同,微多普勒将更多地涉及其复杂的姿态运动。

分析目标特性,可以从测量域直接寻找其表征量,也可以透过测量域的现象找到其产生的物理规律,用支配现象的物理量来表征。对于刚体目标的微动,其频域的调制现象受目标的动力学规律所支配,因此,探求描述动力学规律的表征量更具有说服力。

弹道导弹等具有微动特性的空间目标多为刚体目标,根据刚体姿态动力学原理，其将在受地球中心引力场和一定瞬时初始冲量矩的作用下，产生绕目标固定轴的旋转运动[40]，如自旋、进动、章动等。在该过程中，刚体目标微动产生的动能可以认为保持不变，而且其大小将取决于目标的初始动能。由于质点相对于空间任意一转动轴的旋转动能可以表示为 $E = mv^2/2$，质点线速度 $v = \omega r$（m 为质量大小，ω 为旋转角速度，r 为质点到转动轴的距离），因此其动能也可以表示为 $E = m\omega^2 r^2/2 = I\omega^2/2$。其中 $I = mr^2$ 称为转动惯量，用于描述目标绕轴旋转时的惯性大小，是刚体目标质量分布的固有属性之一。由于惯量属性是空间刚体目标固有的、守恒的特征，并且其与雷达观测条件无关，因此，如果能建立微动频率与目标转动惯量的关系，就找到了目标雷达特性的有效表征参数。下面以空间目标为例说明其微动特性及其表征量。

空间目标微动惯性模型[41]

空间目标自旋、进动、章动等典型微动方式都可以被视为绕其质心或固定轴向的旋转运动，因此根据对旋转动能和角动量的分析可知，目标微动状态与自身惯量特征之间存在着密切的联系。

考虑到目标的运动状态都是相对于某一坐标空间而言，所以首先引入两类直角坐标系，即目标本体坐标系和惯性坐标系。如图 2.14 所示，dm 是空间目标 A 的任意一质量微元；$OXYZ$ 为目标本体坐标系，其原点 O 位于目标质心，三个坐标轴分别沿着刚体横、纵轴方向满足右手坐标系法则。$OXYZ$ 坐标系固定于目标主体，因此将会随着其微动而发生旋转；$OX_cY_cZ_c$ 为惯性坐标系，在目标微动过程中相对于惯性空间保持不变。不考虑目标质心存在平动，则 $OX_cY_cZ_c$ 与 $OXYZ$ 之间只存在旋转关系。图中 $\boldsymbol{\omega}$ 为目标的角速度矢量。

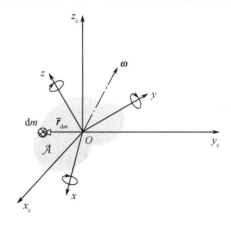

图 2.14　刚体姿态动力学涉及的一般性坐标系

在航天器动力学研究中，为了分析方便，通常取目标本体坐标系 $OXYZ$ 的坐标轴与其相应的主惯量轴重合。本章也将该坐标设置方式用于微动惯性模型分

析之中,所以此时的惯量矩阵 $\boldsymbol{I}$ 为

$$\boldsymbol{I} = \begin{bmatrix} I_x & 0 & 0 \\ 0 & I_y & 0 \\ 0 & 0 & I_z \end{bmatrix} \tag{2.42}$$

设 t 时刻的瞬时角速度矢量为 $\boldsymbol{\omega}(t) = (\omega_{xt}, \omega_{yt}, \omega_{zt})^{\mathrm{T}}$,则目标的角动量为

$$\boldsymbol{H} = \boldsymbol{I} \cdot \boldsymbol{\omega} = \begin{bmatrix} I_x & 0 & 0 \\ 0 & I_y & 0 \\ 0 & 0 & I_z \end{bmatrix} \begin{bmatrix} \omega_{xt} \\ \omega_{yt} \\ \omega_{zt} \end{bmatrix} = \begin{bmatrix} I_x \omega_{xt} \\ I_y \omega_{yt} \\ I_z \omega_{zt} \end{bmatrix} \tag{2.43}$$

在此基础上,结合目标运动信息引入其角动量和旋转动能的数学表达式。空间目标在 t 时刻的角动量为

$$H = \sqrt{\boldsymbol{H}^{\mathrm{T}} \cdot \boldsymbol{H}} = \sqrt{I_x^2 \omega_{xt}^2 + I_y^2 \omega_{yt}^2 + I_z^2 \omega_{zt}^2} \tag{2.44}$$

对应的目标在 t 时刻的旋转动能为

$$T = \frac{1}{2} \boldsymbol{\omega} \cdot \boldsymbol{H} = \frac{1}{2} (I_x \omega_{xt}^2 + I_y \omega_{yt}^2 + I_z \omega_{zt}^2) \tag{2.45}$$

空间目标自旋、进动、章动等典型微动方式(图 2.15)都可以被视为绕其质心或固定轴向的旋转运动,因此根据上述对旋转动能和角动量的分析可知,目标微动状态与自身惯量特征之间存在着密切的联系。考虑到目标本体坐标系 $OXYZ$ 三轴指向仅受右旋法则的限制,所以为了方便后续分析,不妨设其对应的转动惯量满足 $I_x \geq I_y \geq I_z$。

对处于外层空间的自由刚体目标而言,其仅受地球引力场的作用,所以此时欧拉动力学方程[42]可以表示为

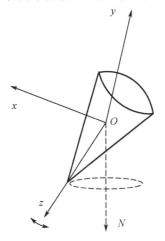

自旋:目标只绕 Oz 轴自旋,等效于 Oz 和 ON 的夹角为 $0°$。
进动:目标自旋同时绕 ON 轴锥旋,且 Oz 和 ON 的夹角保持不变。
章动:目标自旋和锥旋的同时,Oz 和 ON 的夹角不断变化。

图 2.15 空间目标微运动示意图

$$\begin{cases} I_x \dot{\omega}_{xt} + (I_z - I_y) \omega_{yt} \omega_{zt} = 0 \\ I_y \dot{\omega}_{yt} + (I_x - I_z) \omega_{xt} \omega_{zt} = 0 \\ I_z \dot{\omega}_{zt} + (I_y - I_x) \omega_{xt} \omega_{yt} = 0 \end{cases} \quad (2.46)$$

方程组(2.46)是完全可积的[43]，所以将其各子式分别乘以 $2\omega_{xt}$、$2\omega_{yt}$、$2\omega_{zt}$ 后进行叠加，可以得到 $I_x \omega_{xt}^2 + I_y \omega_{yt}^2 + I_z \omega_{zt}^2$ 等于常数。同理，若对各子式乘以 $2I_x \omega_{xt}$、$2I_y \omega_{yt}$、$2I_z \omega_{zt}$ 并进行相同处理，则可证明 $I_x^2 \omega_{xt}^2 + I_y^2 \omega_{yt}^2 + I_z^2 \omega_{zt}^2$ 为常数。结合式(2.44)和式(2.45)，该结果从数学推理角度表明此时空间目标满足旋转动能守恒和角动量守恒。其在物理意义上则可以理解为这是由于目标在微动过程中不受外力矩作用而造成的结果。因此，设空间目标的初始旋转角速度矢量为 $\boldsymbol{\omega}_0 = (\omega_{x0}, \omega_{y0}, \omega_{z0})^T$，则其旋转动能和角动量可确定为

$$T = \frac{1}{2}(I_x \omega_{x0}^2 + I_y \omega_{y0}^2 + I_z \omega_{z0}^2) \quad (2.47)$$

$$H = \sqrt{I_x^2 \omega_{x0}^2 + I_y^2 \omega_{y0}^2 + I_z^2 \omega_{z0}^2} \quad (2.48)$$

在此基础上，通过对式(2.46)的微分方程组进行积分运算[44,45]可知，空间目标的瞬时旋转角速度可以表示为以时间 t 为自变量，关于转动惯量、旋转动能和角动量的解析函数，其结果分为如下两种情况：

当 $H^2 > 2I_y T$ 时，有

$$\begin{cases} \omega_{xt} = \omega_x(t) = \sqrt{\dfrac{H^2 - 2I_z T}{I_x(I_x - I_z)}} \mathrm{dn}(\varepsilon t, k) \\ \omega_{yt} = \omega_y(t) = \sqrt{\dfrac{2I_x T - H^2}{I_y(I_x - I_y)}} \mathrm{sn}(\varepsilon t, k) \\ \omega_{zt} = \omega_z(t) = \sqrt{\dfrac{2I_x T - H^2}{I_z(I_x - I_z)}} \mathrm{cn}(\varepsilon t, k) \end{cases} \quad (2.49)$$

其中

$$\varepsilon = \sqrt{\dfrac{(H^2 - 2I_z T)(I_x - I_y)}{I_x I_y I_z}}, \; k = \sqrt{\dfrac{(I_y - I_z)(2I_x T - H^2)}{(I_x - I_y)(H^2 - 2I_z T)}} \quad (2.50)$$

当 $H^2 < 2I_y T$ 时，有

$$\begin{cases} \omega_{xt} = \omega_x(t) = \sqrt{\dfrac{H^2 - 2I_z T}{I_x(I_x - I_z)}} \mathrm{dn}(\varepsilon t, k) \\ \omega_{yt} = \omega_y(t) = \sqrt{\dfrac{H^2 - 2I_z T}{I_y(I_y - I_y)}} \mathrm{sn}(\varepsilon t, k) \\ \omega_{zt} = \omega_z(t) = \sqrt{\dfrac{2I_x T - H^2}{I_z(I_x - I_z)}} \mathrm{cn}(\varepsilon t, k) \end{cases} \quad (2.51)$$

其中

$$\varepsilon = \sqrt{\frac{(2I_xT - H^2)(I_y - I_z)}{I_xI_yI_z}}, k = \sqrt{\frac{(I_x - I_y)(H^2 - 2I_zT)}{(I_y - I_z)(2I_xT - H^2)}} \quad (2.52)$$

在式(2.49)和式(2.51)中，sn(εt, k)、cn(εt, k)和dn(εt, k)为Jacobi椭圆函数；k为Jacobi椭圆函数的模，且$0 < k < 1$。作为一种特殊情况，即当$k = 0$时，上述三种Jacobi椭圆函数将分别简化为正弦三角函数、余弦三角函数和常数1。根据Jacobi椭圆函数的性质[46]可知，其均为周期函数。

利用三维空间的旋转关系，空间目标任意两种姿态之间的微动变化都可以通过连续三次的绕轴转动来实现，由此可以得到，空间目标姿态角($\phi(t)$, $\theta(t)$, $\psi(t)$)与其旋转角速度(ω_{xt}, ω_{yt}, ω_{zt})的变换关系为

$$\begin{aligned} \omega_{xt} &= \dot{\theta}(t)\sin\psi(t) - \dot{\phi}(t)\sin\theta(t)\cos\psi(t) \\ \omega_{yt} &= \dot{\theta}(t)\cos\psi(t) - \dot{\phi}(t)\sin\theta(t)\sin\psi(t) \\ \omega_{zt} &= \dot{\psi}(t) - \dot{\phi}(t)\cos\theta(t) \end{aligned} \quad (2.53)$$

式中：$\dot{\phi}(t)$、$\dot{\theta}(t)$、$\dot{\psi}(t)$分别表示相应的姿态角速度。

结合目标角动量在不同坐标空间的旋转关系[45]，可以求解出

$$\theta(t) = \arccos\frac{I_z\omega_{zt}}{H} \quad (2.54)$$

$$\psi(t) = \arctan\frac{I_y\omega_{yt}}{I_x\omega_{xt}} \quad (2.55)$$

相应的章动角速度和自旋角速度则分别为

$$\dot{\theta}(t) = \frac{(I_x - I_y)\omega_{xt}\omega_{yt}}{\sqrt{H^2 - I_z^2\omega_{zt}^2}} \quad (2.56)$$

$$\dot{\psi}(t) = \left(\frac{2I_zT - I_z^2\omega_{zt}^2}{H^2 - I_z^2\omega_{zt}^2} - 1\right)\omega_{zt} \quad (2.57)$$

由式(2.53)也可得到进动角速度。可以根据雷达测量得到的目标回波序列提取反映微动旋转的频谱特征，基于上式获得其微动参数。这种微动特性构建的基础为：空间目标在t时刻的微动姿态完全可由其转动惯量特征参量所描述，也就是说，空间目标的雷达微动特性表现为直接测量的频谱特征，但其承载的信息和据此推求目标物理特性的方向是转动惯量。

2.6 其他雷达目标特性

前面主要阐述了常用的雷达目标特性，当关注目标散射场在不同测量域所呈现的特点时，其特性表现是多种多样的。从时域角度看，有高分辨率一维距离

像;从频率角度看,为多普勒频率调制特征;从极化域角度看,为极化散射矩阵。从时间 – 频率(角度)联合域来看,为距离 – 多普勒二维成像。从时间 – 极化联合域来看是瞬态极化响应(TPR)。值得说明的是目标特性对入射信号频率的依赖关系,不同的情况其特点相差较大。如果是构成材质不一样的目标,在宽带接收条件下非线性特性就需要予以考虑。下面简单讨论一下同一目标对不同的雷达频率呈现不同的雷达特性,因为这是分析雷达目标特性的基础。

首先引入一个表征由波长归一化的目标特征尺寸大小的参数——ka 值,即

$$ka = 2\pi a/\lambda \tag{2.58}$$

式中:$k = 2\pi/\lambda$ 称为波数;a 是目标特征尺寸,通常取目标垂直于雷达视线横截面最大尺寸的1/2。

根据 ka 值的大小,可以将目标散射分为三种方式。将 $ka < 0.5$ 的区域称为瑞利区(Rayleigh Region),$0.5 \leq ka \leq 20$ 的区域称为谐振区(Resonant Region),而 $ka > 20$ 的区域则称为光学区(Optical Region)。

目标特性与导体球 RCS 随频率的变化规律(图 2.16)类似。对处于谐振区的目标,其散射特点是在特征尺寸维度上的振荡性起伏变化,因为目标或其组成单元尺寸与入射信号波长可比拟,类似于一个个的天线阵子,总的散射由这些等效振子辐射的矢量干涉叠加所构成。另外,特征尺寸维度不仅反映了固定尺寸目标频域上的起伏特性,而且对一般目标来说,因其并非像球体那样各向同性,姿态角的改变会改变投影尺寸,由此也将反映固定频率在姿态角域的起伏特性。对处于光学区的目标,RCS 主要由其形状和表面粗糙度所决定。对于光滑凸形导电目标,其 RCS 常近似为雷达视线方向的轮廓截面积,当然,如果存在不连续结构,即引起额外的散射中心,会导致 RCS 增大。光学区目标散射特性虽然对频率的依赖减弱,但对复杂结构目标来说,对姿态角的敏感性增强,这是因为复杂目标随姿态的变化导致雷达视线的投影轮廓与不连续结构都可能产生明显变化的缘故。

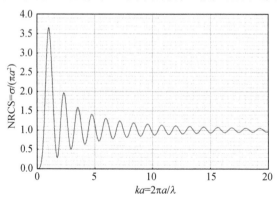

图 2.16　导电球目标 RCS 与波长的关系曲线[25]

第 3 章
雷达目标特征提取与分类识别

从雷达测量数据中提取目标的辨识特征,并根据特征的辨识度和聚散性设计相应的分类准则,是雷达目标识别的重要内容。特征提取应该是伴随着目标电磁散射机理和散射特性分析过程的,需要根据具体的应用背景来考虑。因此,本章主要阐述若干典型的具有一定物理意义的特征参数提取技术,介绍常用的基于样本学习的分类器设计方法,并利用 MSTAR 数据给出一个地面车辆目标识别的例子。

3.1 雷达目标特征提取

雷达按照空间分辨能力通常可分为低分辨雷达和高分辨雷达。目标在不同体制雷达的回波中会展现出不同的特性,故特征提取方法也不尽相同。在雷达目标识别领域,具有物理意义的特征对于目标特性分析和识别而言更有价值。因为这种特征一般具有可解释性,可望与人的经验和理解方式相吻合,从而可以将人积累的经验和知识作为先验的方式注入到目标识别过程中,以尽量降低目标识别对学习样本的依赖,并提高识别的稳健性。特别地,基于可解释特征的目标识别,不仅能判别目标是或不是某种类型,而且能揭示为什么如此,从而为目标识别提供更多的证据,这也正是目标识别由空间划分走向特性认识的一条重要途径。在第 2 章中,已经介绍了雷达回波中蕴含的目标电尺寸、目标极化特性、与运动调制相关的物理特性以及表征局部结构的散射中心特性等,本章将从不同的雷达体制出发,介绍一些典型的具有物理意义的特征参数提取模型与方法,以便于在特征提取环节将相关的雷达目标识别知识注入到目标识别过程。

3.1.1 低分辨雷达特征提取

低分辨雷达的信号带宽较小,距离分辨率较低,目标尺寸通常小于一个距离分辨单元。其回波体现的主要是目标整体的电磁散射能力和动态特性,如目标的回波波形特征、雷达散射截面(RCS)及其序列特征、运动调制产生的多普勒特征等。例如,大型舰船和小型快艇,其 RCS 就会有明显区别。同时,由于二者的稳定程度不同,回波波形也会体现出不同的凹口和扭动特征等(详见第 7 章)。对于空间目标,RCS 序列反映了目标尺寸、形状等结构特征以及运动特性等,是进行目标鉴别与属性分析的重要雷达目标特征。对于导弹、坦克等具有进动特性或含旋转部件的目标,回波中会出现微多普勒调制效应,从中可提取目标固有的运动特征参数,可为目标鉴别和分类提供依据。

在此,以空间目标为例说明 RCS 序列所蕴含的目标特性,并介绍几种常见的辨识特征。

3.1.1.1 几何特征提取

对于大多数实际目标,其光学区(目标尺寸远大于雷达工作波长)的逆向散射图具有多瓣特性。多瓣特性是由于目标相对雷达视线的角度发生变化时,由各散射中心子回波信号之间的干涉现象所引起的。目标随姿态角变化的后向散射图在给定工作频率下是不依赖观测条件的,其变化规律由目标的几何形状及尺寸决定。对于简单形体的目标,根据其散射图的固有瓣状特征就可以推断其形状,进而根据 RCS 镜像点分析其尺寸。利用物理光学法推导的简单形体 RCS 公式,可用来对形体尺寸进行估计。这一方法对于简单形体的目标是可行的,如圆柱体、圆锥体、柱锥组合体等,尤其适合分析火箭末级类目标[1]。

以圆柱体形状的目标为例[47],根据物理光学近似,在柱体母线法线方向上的有效散射面积为

$$\sigma_{\mathrm{m}} = \frac{\pi D L^2}{\lambda} \tag{3.1}$$

式中:D 为圆柱体底面直径;L 为圆柱体的高度。从柱体轴开始计算的入射角为 θ 时,柱体侧面的有效散射面积(图 3.1)为

$$\sigma = \sigma_{\mathrm{m}} \sin\theta \left[\frac{\sin(kL\cos\theta)}{kL\cos\theta} \right]^2 \tag{3.2}$$

式中:$k = 2\pi/\lambda$,λ 为雷达工作波长。可见在 $kL\cos\theta = n\pi$ 的点上 $\sin(kL\cos\theta) = 0$。

考虑离 RCS 主瓣峰值最近的 RCS 极小点($n=1$,即第一极小点)对应的角度为 $\hat{\theta}$,则目标长度估计值为

$$\hat{L} = \frac{\lambda}{2\cos\hat{\theta}} \tag{3.3}$$

目标的直径估计值为

$$\hat{D} = \frac{\sigma_{\mathrm{m}} \cdot \lambda}{\pi \hat{L}^2} \tag{3.4}$$

第 3 章 雷达目标特征提取与分类识别

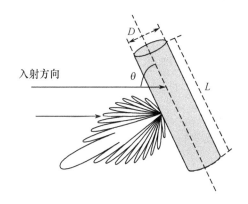

图 3.1 圆柱体目标后向散射系数示意图

利用该方法对俄罗斯圆柱体雷达标校星 RADCAT(主体形状为圆柱体,长度为 2.40m,直径为 1.20m)的 RCS 序列进行处理,得到圆柱体目标长度估计值为 2m,直径估计值为 1.4m,可见这一估计结果与理论值较为吻合[1]。

3.1.1.2 序列周期特征提取

空间目标典型的姿态有三轴稳定姿态、自旋稳定姿态和翻滚姿态。其中三轴稳定卫星的 RCS 序列不具有周期性。翻滚姿态是一种失效姿态,其 RCS 序列具有周期性,但周期一般较大。自旋稳定空间卫星具有较快的自旋角速度,一般为几十转至一百多转每分。根据不同工作状态的卫星在 RCS 序列周期性的特点不同,只要对空间目标的 RCS 周期做出准确的判别,就可为空间目标姿态的分析和推断提供基础。

周期性的判别和检验方法通常以周期图为工具,利用序列的相关分析和周期图峰值检验可提取序列的周期。但是由于随机噪声的影响,周期图可能会出现虚假峰值,需作进一步的判定。为了实现精确有效的 RCS 周期估计,在此介绍一种基于多重自相关的周期提取方法[48]。该方法首先利用多重自相关函数对 RCS 序列进行滤波,提取信号中的周期分量,然后利用 F 检验法,对周期性进行判别并提取周期特征参数。

对于测量信号 $\{x_n\}$,其自相关函数定义为

$$R_{xx}(m) = \lim_{N \to \infty} \frac{1}{2N+1} \sum_{n=-N}^{N} x_n x_{n+m} \qquad (3.5)$$

假设信号 $x_n = s_n + u_n$,其中 $\{s_n\}$ 为周期信号,$\{u_n\}$ 为噪声,则 $\{x_n\}$ 的自相关函数可写为

$$R_{xx}(m) = \lim_{N \to \infty} \frac{1}{2N+1} \sum_{n=-N}^{N} x_n x_{n+m}$$

$$= \lim_{N \to \infty} \frac{1}{2N+1} \sum_{n=-N}^{N} (s_n + u_n)(s_{n+m} + u_{n+m})$$

$$= R_{ss}(m) + R_{su}(m) + R_{us}(m) + R_{uu}(m)$$
(3.6)

对于周期信号 $\{s_n\}$，由于 $s_n = s_{n+T}$，所以其自相关函数为

$$R_{ss}(m) = \lim_{N \to \infty} \frac{1}{2N+1} \sum_{n=-N}^{N} s_n s_{n+m}$$

$$= \lim_{N \to \infty} \frac{1}{2N+1} \sum_{n=-N}^{N} s_n s_{n+m+T}$$

$$= R_{ss}(m+T)$$
(3.7)

由此可以看出周期信号的自相关函数也是以 T 为周期的，而对于 $R_{su}(m)$ 和 $R_{uu}(m)$，它们会随着 $m \to \infty$ 衰减为 0。由此可见自相关函数是经过二阶平滑得到的统计量，对信号混有的噪声进行了滤波，利用信号和噪声、噪声和噪声的不相关特性，达到提高信噪比的目的。从另一个角度讲，自相关函数使函数的周期性得到增强，对非周期序列进行抑制，所以对 RCS 序列进行多重自相关，就可以初步提取函数的周期性，便于后期处理。图 3.2 显示了 RCS 序列及其多重自相关处理结果。可以观察到，对一个含有噪声的周期性 RCS 序列，经过三次自相关处理后，已经变成了明显的周期函数，有利于后续处理。

通过多重自相关处理，序列的周期性已很好地显示出来。为了自动提取和辨识目标周期，可以利用 F 检验法得到更精确的周期判决，具体步骤如下：

(1) 假设 RCS 序列 $\{x_n\}$ 隐含有长度为 $l(2 \leq l \leq N/2)$ 的周期规律，$r = [N/l]$ 为不超过 N/l 的最大整数。对序列做如下分组：

$$x_{ij} = x_{i+(j-1)l}$$
(3.8)

式中：$i = 1, 2, \cdots, l; j = 1, 2, \cdots, [N/l]; 1 \leq i + (j-1)l \leq N$。

(2) 计算效应平方和 S_A 和误差平方和 S_e：

$$S_A = r \sum_{i=1}^{l} (x_{i\cdot} - \overline{x})^2$$
(3.9)

$$S_e = \sum_{i=1}^{l} \sum_{j=1}^{r} (x_{ij} - x_{i\cdot})^2$$
(3.10)

式中：$x_{i\cdot} = \frac{1}{r} \sum_{j=1}^{r} x_{ij}; \overline{x} = \frac{1}{N} \sum_{i=1}^{l} \sum_{j=1}^{r} x_{ij}$。

(3) 利用 S_A 和 S_e 计算 F 检验统计量：

$$F = \overline{S}_A / \overline{S}_e$$
(3.11)

式中：$\overline{S}_A = S_A/(l-1), \overline{S}_e = S_e/(N-l)$。

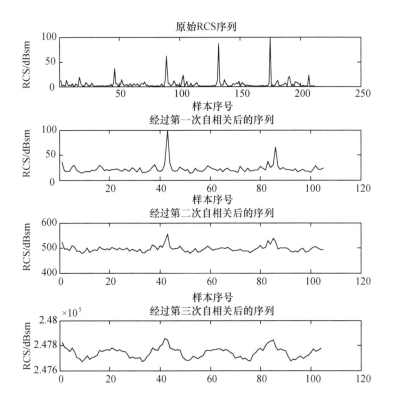

图 3.2 原始 RCS 序列及其自相关函数

对于给定的显著性水平 α,根据统计量 F 的分布可计算相应的判决门限 F_α。若 $F > F_\alpha$,则判决 l 为原序列的一个周期,否则就判决在该显著性水平下不存在该周期。若存在多个 l 对应的统计量超过判决门限,就选取数值最大统计量对应的周期数为序列周期。

3.1.2 高分辨雷达特征提取

高分辨雷达通常发射瞬时或时间合成的高分辨信号,获得目标的一维距离像,体现了目标散射特性在雷达视线上的一维投影。一维距离像序列经过相位校正和横向的多普勒分辨,即可生成二维雷达图像。高分辨雷达成像的一个重要目的就是在空间上将目标的局部结构分辨开,而散射中心正是描述了雷达目标在高频区的散射行为[5,49],体现了目标的局部结构,具有较为明确的物理意义。因此,这里重点介绍基于一维距离像和 SAR 图像的散射中心特征提取技术,以及由此衍生的若干几何特征。

3.1.2.1 高分辨距离像特征提取

1) 散射中心提取

一维距离像作为目标的一种特征信号,实际上也可直接作为特征量使用,这在早期的目标识别方法中比较常见[50]。由于距离像维数很高,同时具有平移敏感性和姿态敏感性,要获得好的效果对样本库的容量有较高的要求。因此,通过特征提取来降低数据的维数,是雷达目标识别的常用处理手段。散射中心就是一种重要的电磁特征。

根据第 2 章雷达目标宽带特性的描述以及雷达成像原理可以知道[50],雷达的频域观测与目标的散射率函数构成一个傅里叶变换对。对于静止目标,在不同等效频率下的观测回波可写为

$$y_n = \sum_{k=1}^{K} \sigma_k \exp\{-\mathrm{j}2\pi f_k \cdot n\} + e_n, n = 0,1,\cdots,N-1 \quad (3.12)$$

式中:y_n 为频域观测;σ_k 为第 k 个散射中心的强度;$f_k = \Delta f \dfrac{2r_k}{c}$ 为信号分量的频率,r_k 为第 k 个散射中心到雷达的径向距离,Δf 为频率采样间隔;e_n 为零均值方差为 σ^2 的高斯白噪声。

显然,回波观测序列 $\{y_n\}$ 与目标的散射强度 $\{\sigma_k\}$ 之间构成了傅里叶变换对,直接对 $\{y_n\}$ 作逆傅里叶变换即可获得相应的一维距离像

$$x_m = \sum_{n=0}^{N-1} y_n \exp\left\{\mathrm{j}2\pi \frac{n}{N}m\right\} \quad (3.13)$$

直接在实一维距离像 $|x_m|$ 中进行峰值搜索,也可获得散射中心位置和幅度的估计,只是精度不高,与谱线的间隔有关。同时,由于噪声和旁瓣的影响,容易出现伪峰或遗漏。因此,利用一维距离像数据提取散射中心时通常采用参数化的估计方法,如极大似然估计法、MUSIC 算法、ESPRIT 算法等[51,52]。

(1) 极大似然估计法。极大似然估计法思路直观,当观测噪声为独立同分布的高斯噪声时,极大似然估计与最小二乘是等价的,即求解一个非线性最小二乘模型

$$\min_{\sigma_k, f_k} \sum_{n=0}^{N-1} \left| y_n - \sum_{k=1}^{K} \sigma_k \exp\{-\mathrm{j}2\pi f_k \cdot n\} \right|^2 \quad (3.14)$$

式中:K 为预设的散射中心数目,亦即模型阶数。为方便计,令 $\boldsymbol{y} = (y_0, y_1, \cdots, y_{N-1})^\mathrm{T}$ 表示观测矢量,$\boldsymbol{x} = (\sigma_1, \sigma_2, \cdots, \sigma_K)^\mathrm{T}$ 表示散射中心幅度矢量,$\boldsymbol{A} = [a_{nk}]_{N \times K}$ 为设计矩阵,$a_{nk} = \exp\{-\mathrm{j}2\pi f_k \cdot n\}$,$\boldsymbol{e} = (e_0, e_1, \cdots, e_{N-1})^\mathrm{T}$ 表示观测噪声矢量,则式(3.12)可写为

$$\boldsymbol{y} = \boldsymbol{A}\boldsymbol{x} + \boldsymbol{e} \quad (3.15)$$

由于矩阵 $\boldsymbol{A}$ 是待估参数 $\boldsymbol{f}=(f_1,f_2,\cdots,f_K)^{\mathrm{T}}$ 的非线性函数,因此,式(3.15)是一个条件线性参数模型,散射中心幅度矢量的最小二乘估计为

$$\hat{\boldsymbol{x}}_{\mathrm{LS}} = (\boldsymbol{A}^{\mathrm{H}}\boldsymbol{A})^{-1}\boldsymbol{A}^{\mathrm{H}}\boldsymbol{y} \qquad (3.16)$$

于是模型式(3.14)可转化为

$$\min_{f} \| [\boldsymbol{I} - \boldsymbol{A}(\boldsymbol{A}^{\mathrm{H}}\boldsymbol{A})^{-1}\boldsymbol{A}^{\mathrm{H}}]\boldsymbol{y} \|_{2}^{2} \qquad (3.17)$$

获得模型式(3.17)的最优解 $\hat{\boldsymbol{f}}_{\mathrm{LS}}$ 后,即可将其代入式(3.16)得到各散射点的幅度估计。由于真实的散射中心数目是未知的,若 K 值选择过小,则模型不能充分表示观测数据,会把部分信号当成噪声;若选择过大,则会导致过拟合,影响参数估计的精度。因此,模型阶数 K 同样需要从数据中估计出来,以实现拟合残差和模型复杂性的折中。常用的模型定阶准则有 AIC 准则[53]、MDL 准则[54]等,其通用形式为

$$K_{\mathrm{opt}} = \arg\min_{K} J(K) = \arg\min_{K} \{\ln\hat{\sigma}^2 + C \cdot K\} \qquad (3.18)$$

式中:$\hat{\sigma}^2$ 为模型残差;C 是与不同准则有关的系数。前一项代表模型的拟合程度,后一项表示模型的复杂程度。

(2) ESPRIT 估计法。一般来说,直接求解式(3.17)仍是比较困难的,因为会涉及多维参数优化问题。事实上,式(3.12)的观测模型具有特殊结构,是一个指数和的形式。考虑到差分方程的通解即具有指数和形式,因此可从信号延迟 – 相关的角度实现散射中心电磁特征的提取。在此介绍一种信号处理中常用的特征分解法,即 ESPRIT 方法[55]。

记 $\boldsymbol{y}(n)=(y_n,y_{n+1},\cdots,y_{n+L-1})^{\mathrm{T}}$,$\boldsymbol{e}(n)=(e_n,e_{n+1},\cdots,e_{n+L-1})^{\mathrm{T}}$,则

$$\begin{cases} \boldsymbol{y}(n) = \boldsymbol{A}\boldsymbol{x} + \boldsymbol{e}(n) \\ \boldsymbol{y}(n+1) = \boldsymbol{A}\boldsymbol{\Phi}\boldsymbol{x} + \boldsymbol{e}(n+1) \end{cases} \qquad (3.19)$$

其中 $\boldsymbol{\Phi} = \mathrm{diag}\{[\mathrm{e}^{-\mathrm{j}2\pi f_1},\mathrm{e}^{-\mathrm{j}2\pi f_2},\cdots,\mathrm{e}^{-\mathrm{j}2\pi f_K}]^{\mathrm{T}}\}$ 表示旋转算符,$L>K$。于是,分别计算信号矢量的自相关和延迟互相关可得

$$\begin{cases} \boldsymbol{R}_1 = \mathrm{E}[\boldsymbol{y}(n)\boldsymbol{y}^{\mathrm{H}}(n)] = \boldsymbol{A}\boldsymbol{P}\boldsymbol{A}^{\mathrm{H}} + \sigma^2\boldsymbol{I} \\ \boldsymbol{R}_2 = \mathrm{E}[\boldsymbol{y}(n)\boldsymbol{y}^{\mathrm{H}}(n+1)] = \boldsymbol{A}\boldsymbol{P}\boldsymbol{\Phi}^{\mathrm{H}}\boldsymbol{A}^{\mathrm{H}} + \sigma^2\boldsymbol{Z} \end{cases} \qquad (3.20)$$

式中:$\boldsymbol{P}=\mathrm{E}\boldsymbol{x}\boldsymbol{x}^{\mathrm{H}}$ 表示信号的功率,$\boldsymbol{Z}$ 是一个特殊的矩阵

$$\boldsymbol{Z} = \begin{bmatrix} 0 & 0 & \cdots & 0 \\ 1 & 0 & \ddots & 0 \\ \vdots & \ddots & \ddots & \vdots \\ 0 & \cdots & 1 & 0 \end{bmatrix} \qquad (3.21)$$

对 $\boldsymbol{R}_1$ 进行特征分解,可获得其最小特征值 $\lambda_{\min}=\sigma^2$,于是可构造新的一对矩阵

$$\begin{cases} \boldsymbol{C}_1 = \boldsymbol{R}_1 - \sigma^2\boldsymbol{I} = \boldsymbol{A}\boldsymbol{P}\boldsymbol{A}^{\mathrm{H}} \\ \boldsymbol{C}_2 = \boldsymbol{R}_2 - \sigma^2\boldsymbol{Z} = \boldsymbol{A}\boldsymbol{P}\boldsymbol{\Phi}^{\mathrm{H}}\boldsymbol{A}^{\mathrm{H}} \end{cases} \qquad (3.22)$$

设 γ、u 分别为矩阵束 $\{C_1, C_2\}$ 的广义特征值和对应的特征矢量，则
$$[C_1 - \gamma C_2]u = 0 \tag{3.23}$$

由于
$$C_1 - \gamma C_2 = APA^H - \gamma AP\Phi^H A^H = AP[I - \gamma \Phi^H]A^H \tag{3.24}$$

因此式(3.23)有非零解则要求矩阵 $I - \gamma \Phi^H$ 亏秩，这说明 $e^{-j2\pi f_k}(k=1,2,\cdots,K)$ 都是矩阵束 $\{C_1, C_2\}$ 的广义特征值。也就是说，通过对矩阵束进行特征分解，得到单位圆上的广义特征值即可求得散射中心对应的位置参数[52]。

2）距离像几何特征提取

从一维距离像中除了可以提取散射中心特征外，还可进一步获得其他的几何特征，如目标距离像长度、峰值数目、峰值间距离等[56,57]，在此基础上可以对目标的几何结构作一定的分析。从距离像中提取目标的特征，首先需要将目标在距离像中所占的距离单元区分出来，这本质上是一个一维信号分割问题。前述的参数化散射中心提取方法本身就同时实现了目标与噪声单元的分离，因此后续的衍生特征提取比较直观，在此不再详述。但是，参数化散射中心提取的结果更容易受到噪声的干扰，信号模型与目标散射特性的匹配程度也会对估计结果产生影响。同时，参数化方法处理的通常都是复数据。在此，以舰船目标为例，简要介绍基于实距离像的几何特征提取方法。

直观上讲，要把目标的散射中心从噪声及杂波背景中分离出来，可以从观测数据或距离像中预先估计背景噪声的功率参数，据此构造判决门限。这也就是目标检测中复合假设检验的思想。先假定目标距离像序列已经完成了包络对齐和非相干平均等预处理，得到的是一定观测时间内的平均距离像，记作 $\bar{x} \triangleq (\bar{x}_0, \bar{x}_1, \cdots, \bar{x}_{N-1})^T$。于是，平均距离像可写为观测模型

$$\bar{x}_n = \begin{cases} w_n, & 0 \leq n < n_0 \\ s_n + w_n, & n_0 \leq n < n_0 + L \\ w_n, & n_0 + L \leq n < N \end{cases} \tag{3.25}$$

式中：s_n 为目标信号；w_n 为噪声；$U_0 = [n_0, n_0 + L - 1]$ 表示目标信号所占据的区域，$U_1 = [0, n_0 - 1] \cup [n_0 + L, N - 1]$ 表示噪声所在的区域，如图3.3所示。根据中心极限定理，经过平均处理后的噪声单元回波可以近似认为服从正态分布且相互独立，即 $w_n \sim N(\mu, \sigma^2)$。由于目标信号的确切形式是未知的，广义似然比检验难以直接应用，因此以"3σ"控制原则为基础，建立简洁的门限判别法。此时，需要知道噪声的分布参数，即均值和方差。当已知噪声单元集合 $\tilde{U}_1$ 后，根据参数估计理论可知均值和方差的估计量可写为 $\hat{\mu} = \dfrac{1}{|\tilde{U}_1|} \sum_{n \in \tilde{U}_1} \bar{x}_n$，$\hat{\sigma}^2 =$

$\frac{1}{|\tilde{U}_1|} \sum_{n \in \tilde{U}_1} (\bar{x}_n - \hat{\mu})^2$,其中$|\tilde{U}_1|$表示集合$\tilde{U}_1$的势。根据虚警$P_f$即可获得判别门限为

$$\text{Th} = \hat{\mu} + \sqrt{\hat{\sigma}^2} \cdot Q^{-1}(P_f) \quad (3.26)$$

其中$Q(x) = \int_x^{+\infty} \frac{1}{\sqrt{2\pi}} \exp\left\{-\frac{1}{2}t^2\right\} dt$表示标准正态分布的右尾函数。此时,问题转化为如何寻找噪声单元集合$\tilde{U}_1$。关于目标信号,没有太多先验知识可用,因为其确切形式和出现的位置都是未知的。在此,可利用目标信号区域和噪声区域回波幅度的分布特性进行区分。由图3.3可以看出,噪声区域的回波较为平坦,而目标区域则不均匀,用熵函数作为判别特征可望较好地区分目标与噪声区域。

首先假设目标所在的区间长度不超过距离窗总长度的一半,即$L < N/2$。然后,将整个观测数据$\bar{x}$划分为四等份,分别记为$\bar{x}^{(0)}, \bar{x}^{(1)}, \bar{x}^{(2)}, \bar{x}^{(3)}$,其中必然有一段全为噪声。为了找出该部分,可以计算每一段数据的熵,记为$h_k = H(\bar{x}^{(k)}) = -\sum_{\bar{x}_i^{(k)} \neq 0} \bar{x}_i^{(k)} \log_2(\bar{x}_i^{(k)})$,则噪声区域对应的序号为

$$k_0 = \underset{k}{\arg\max}\, h_k \quad (3.27)$$

于是,数据$\bar{x}^{(k_0)}$即所求的噪声段,对应的区域即$\tilde{U}_1$,从而可以按式(3.26)估计噪声参数及判别门限。

获得噪声数据段后,从该数据区域的两个端点出发,利用式(3.26)分别向两边进行单元检测,直到找到各自的第一个超过门限的距离单元(检测时在越过原始数据端点时需进行模N循环),这两个单元即目标信号回波的左右边界,从而完成一维距离像的分割。图3.3给出了某舰船目标一维距离像处理结果,其中的横向虚线为估计的门限。

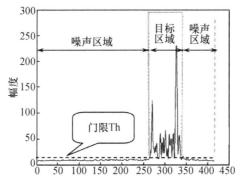

图3.3 一维距离像目标与噪声区域划分

根据回波边界,可截取出目标的回波信号,从而提取出目标在雷达视线上的投影长度。对于舰船目标,利用跟踪数据可估计出目标的航向,再结合目标投影长度即可估计出舰船目标的长度特征。此外,不同类型的目标结构有差异,从而距离像波形也存有差异。例如,舰船目标的驾驶舱(民船)或舰桥部分(非民船)通常具有较大的后向散射能力,因此从目标距离像的质心、最高峰位置可以提取出目标的若干结构特征,结合先验信息可用于目标属性分析和判别。

3.1.2.2 SAR 图像特征提取

SAR 图像特征提取按处理对象分包括两种:一是基于幅度图像的特征提取;二是基于复图像的特征提取。从幅度图像提取的特征中有相当部分是从光学图像借鉴过来的,如目标几何特征(如目标区域的面积、长宽比等)、对比度特征、矩特征等[58]。

1) 幅度图像特征提取

在此以 SAR 舰船目标局部结构特征提取为例进行阐述[59]。在特征提取之前,对于 SAR 图像有多个预处理的环节,如图像分割、目标检测、目标鉴别等。这里从舰船目标的 ROI 切片图像开始处理,在获取 ROI 切片之前的若干处理环节可参考相应的 SAR 图像处理文献,在此不再详述[60,61]。典型舰船目标的 ROI 切片如图 3.4 所示。

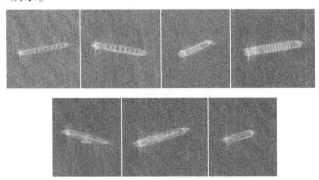

图 3.4 典型舰船目标 SAR 图像切片

在获得 ROI 切片后,首先利用基于空间关系势能函数的隐马尔可夫随机场方法对其进行目标提取(基本方法见第 4 章)[62],以获得目标区域,用二值图像 $I(x,y)$ 表示。在这里需要注意的是,舰船目标通常出现一些二面角、三面角等强散射体,从而在图像中形成较明显的旁瓣,如果直接对原始图像进行目标提取操作,很有可能会将旁瓣一起检测出来。

提取出目标区域后,采用 Radon 变换投影最小熵法估计舰船目标的姿态角(即目标指向角)。具体说来,就是给定一个旋转角后,将目标图像进行旋转并向水平轴投影;然后计算投影曲线的熵。当旋转角与目标在图像中的姿态角相差90°时,投影曲线最尖锐,从而熵最小。因此,利用最小熵法可以较好地估计出舰船目标在 SAR 图像中的姿态角 φ。

获得角度估计后,即可提取目标的最小闭合矩形(图 3.5)。常用的方法是最小覆盖法[63],即旋转目标,构造一个边与坐标轴平行的矩形,并从中选取面积最小者作为最小闭合矩形。但是这种提取方法容易受到旁瓣的影响。在此我们采用加权最小二乘法,一定程度上能降低旁瓣的影响。首先假设舰船目标的主轴用直线 $y = ax + b$ 来表达,其中 $a = \tan\varphi$,b 是待估参数,且可用如下优化模型获得:

$$\hat{b} = \arg\min_{b \in \mathbb{R}} \sum_i \sum_j \frac{|ax_i + b - y_j|}{\sqrt{a^2 + 1}} \cdot I(x_i, y_j) \tag{3.28}$$

目标主轴与二值图像相交于两点,由这两点可以作两条与主轴垂直的长度为 w 的等长线段,从而形成一个矩形。记 R_w 表示该矩形所包含的区域,Ω 表示目标区域,即

$$\Omega = \{(x, y) \mid I(x, y) = 1\} \tag{3.29}$$

定义矩形区域中目标像素所占的比例为

$$P(w) = \frac{|R_w \cap \Omega|}{|R_w|} \tag{3.30}$$

式中:$|A|$ 表示集合 A 的势。随着矩形宽度 w 的增大,$P(w)$ 的值也相应变化。在此,将 $P(w)$ 的稳定点处作为 w 的估计值,即

$$\hat{w} = \arg\min_{w_i} J(w_{i+1}) = |P(w_{i+1}) - P(w_i)| \tag{3.31}$$

图 3.5 显示了某舰船目标的最小闭合矩形提取结果。

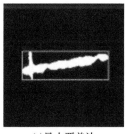 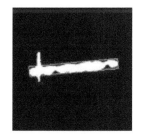

(a)最小覆盖法　　　　　　　　(b)加权最小二乘

图 3.5　舰船目标最小闭合矩形提取

获取了目标主轴和最小闭合矩形,就可以估计出目标的长度、宽度、长宽比、面积、周长等特征。下面重点探讨其他的结构特征提取。在此之前,我们先直观地审视商船目标在 SAR 图像中的结构特性,如图 3.6 所示。

从图 3.6 可以看出,商船目标的驾驶舱通常位于船尾,且与船身容易形成二面角,因此在 SAR 图像中会产生较亮的区域;货船上的货舱均匀分布,大的平板

(a)货船　　　　　　　　　　　　　(b)油轮

图3.6　典型商船及同类型目标SAR图像(见彩图)

在SAR图像中形成黑的区域,货舱之间的间隙处容易形成边缘绕射和多次反射,这种不连续处将在SAR图像中形成亮线,而且具有较强的周期性;油轮中轴有输油管线,因此容易产生亮线。

为了进一步从散射机理验证上述分析,建立了一个货船目标的三维CAD模型,并利用高频计算方法获得了目标的模拟SAR图像,如图3.7所示。从左至右依次为目标CAD模型、模拟SAR图像以及SAR图像在主轴上的投影曲线(起伏曲线,而平坦的曲线是其多项式拟合结果)。

  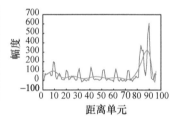

图3.7　典型货船CAD模型及其模拟SAR图像(见彩图)

从图中可以看出,货船的SAR图像确实符合上述关于散射机理的分析,在船尾也存在有较强的散射区。这也是从SAR图像的投影曲线中提取船尾的一个重要特征。其基本思想是:首先从多项式拟合曲线中找到最大值点及最近的波谷位置,即可获得驾驶舱对应的区域,同时也辨别出了船尾的位置;同理,从船头的方向执行相似的操作,可辨别出船头的区域。从投影曲线中去掉目标的船头和船尾区域,即可进一步提取更精细的局部周期性结构特征。

舰船目标周期性结构的提取过程中,首先将船头船尾之间的区域对应的投影曲线减去之前拟合得到的多项式曲线,获得残差信号;然后,对残差信号进行傅里叶变换,利用"3σ"原则对信号频谱中可能的离散谱线进行检测,图3.8显示了典型货船和油轮目标SAR图像在主轴上投影的残差曲线((a)图)及其幅度谱((b)图)。当存在显著的谱线时,将该样本作为候选货船样本,利用3.1.1节所述的多重自相关法作进一步的周期检测。通过多重自相关显著性检验的样本,判别其为货船类目标,并利用多重自相关函数提取SAR图像中的亮线(图3.9),为目标类型的确认提供进一步的证据;否则,判断其为非货船类目标。针对非货船类目标样本,可提取其他显著性的可识别特征(如油管等)用于进一步的判别,在此不再详述。

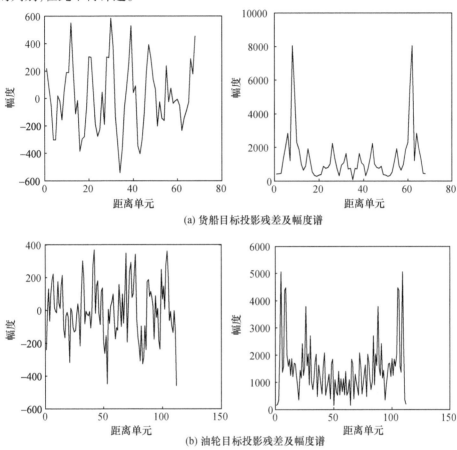

(a) 货船目标投影残差及幅度谱

(b) 油轮目标投影残差及幅度谱

图 3.8 典型商船 SAR 图像投影残差及其幅度谱

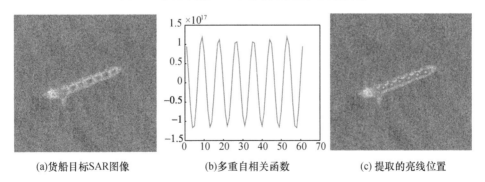

(a) 货船目标SAR图像　　(b) 多重自相关函数　　(c) 提取的亮线位置

图 3.9 货船目标 SAR 图像的亮线提取(见彩图)

2）复图像特征提取

由于 SAR 散射机理与光学图像的散射机理存在差异,因此有部分从光学图像继承而来的特征在 SAR 图像目标识别中不一定奏效。由于 SAR 是相干成像方式,相位信息也十分重要,因此复图像能蕴含更多的目标信息,尤其是散射中心信息。与一维距离像不同,二维雷达图像提供了散射点的横向位置信息,有利于将目标上的散射中心进一步孤立开,并提取相应的特征参数。我们知道,散射中心提取与散射中心模型紧密相关。目前,针对二维 SAR 图像有两种比较流行的散射中心模型:理想点散射中心模型和属性散射中心模型。

理想点散射中心模型比较简单,它认为目标上所有的散射中心都是散射特性不随频率和方位角改变的点散射中心。此时,将一维情况下的谐波参数估计方法做适当推广,就可用于理想点散射中心模型特征参数提取。属性散射中心模型将雷达目标看作由平板、三面角、二面角、圆柱、顶帽等典型几何体组成的复杂结构,利用散射特性随频率和方位的依赖因子表征对应结构的形状、长度以及姿态等。与理想点散射中心模型相比,属性散射中心模型能够更加精确、全面地描述目标的电磁散射,包含了更丰富的目标结构信息,有利于雷达目标识别,但是属性散射中心的提取也更加复杂。

(1) 属性散射中心模型。属性散射中心模型是 Randolph L. Moses 等基于几何绕射理论(GTD)和物理光学(PO)理论解提出的描述高频区复杂目标散射的参数模型[64]。在雷达波照射下,目标的归一化散射场可写为

$$\widetilde{E}(f,\phi) = \sum_{i=1}^{p} S_i(f,\phi)\exp\left\{\frac{-\mathrm{j}4\pi f}{c}(x_i\cos\phi + y_i\sin\phi)\right\} \quad (3.32)$$

式中:f 为频率;c 为电磁波传播速度;ϕ 为电磁波入射方位角;x_i、y_i 分别为第 i 个散射中心的距离向和方位向位置;幅度 $S_i(f,\phi)$ 是一个与频率和角度有关的系数,它由对应散射中心的几何形状、结构和指向信息决定。

根据几何绕射理论,目标散射强度对频率的依赖可通过 $(\mathrm{j}f)^{\alpha}$ 来描述,其中 α 为 $1/2$ 的整数倍。另外,Randolph L. Moses 等认为目标散射强度对方位角的依赖可分为两种情况:对诸如三面角等的反射以及边缘绕射等"局部"散射机理,它们的散射幅度是一个方位角的慢变化函数,可用一个衰减的指数函数描述:

$$S_i(f,\phi) = A_i\exp(-2\pi f\gamma_i\sin\phi) \quad (3.33)$$

式中:A_i 为散射中心的幅度,参数 γ_i 并没有明确的物理意义。另一方面,对诸如平板反射、二面角反射以及圆柱反射等分布散射机理,它们的幅度对方位角的依赖包括 $\mathrm{sinc}(x) = \dfrac{\sin(x)}{x}$ 函数因子,即

$$S_i(f,\phi) = A_i\mathrm{sinc}\left(\frac{2\pi f}{c}L_i\sin(\phi - \phi'_i)\right) \quad (3.34)$$

式中:L_i是分布散射中心的长度,ϕ'_i是它的指向角。

将局部散射中心和分布散射中心中的不同因子组合起来,得到式(3.35)的散射模型表达式:

$$\widetilde{E}_i(f,\phi;\boldsymbol{\theta}_i) = A_i \left(\frac{\mathrm{j}f}{f_c}\right)^{\alpha_i} \cdot \exp\left\{\frac{-\mathrm{j}4\pi f}{c}(x_i\cos\phi + y_i\sin\phi)\right\}$$
$$\cdot \operatorname{sinc}\left[\frac{2\pi f}{c}L_i\sin(\phi-\phi'_i)\right] \cdot \exp(-2\pi f\gamma_i\sin\phi) \quad (3.35)$$

如果目标包括 K 个散射中心,则其总散射场可表示为

$$E(f,\phi;\boldsymbol{\theta}) = \sum_{i=1}^{K} \widetilde{E}_i(f,\phi,\boldsymbol{\theta}_i) + e(f,\phi) \quad (3.36)$$

式中:$e(f,\phi)$为观测噪声;$\boldsymbol{\theta} = [\boldsymbol{\theta}_1^\mathrm{T}, \boldsymbol{\theta}_2^\mathrm{T}, \cdots, \boldsymbol{\theta}_K^\mathrm{T}]^\mathrm{T}$;$\boldsymbol{\theta}_i = [x_i, y_i, \alpha_i, \gamma_i, \phi'_i, L_i, A_i]^\mathrm{T}$,$A_i$ 为复幅度,α_i 为频率依赖因子,当 $L_i = \phi'_i = 0$ 时,对应局部散射中心,γ_i 表示散射中心对方位角的依赖性,当 $\gamma_i = 0$ 时,表示分布散射中心,它对方位角的依赖由物理长度 L_i 和指向角 ϕ'_i 表征。

在获得不同频率 f_n 和不同入射方位角 ϕ_m 下的散射场 $E(f_n,\phi_m)$ 后,结合模型(3.36)即可对散射中心参数 $\boldsymbol{\theta}$ 进行估计。

(2) 参数估计方法。当观测噪声为高斯白噪声时,从原理上可由式(3.36)获得参数的极大似然估计,即求解优化问题

$$\min_{\boldsymbol{\theta}} \sum_{n=0}^{N-1} \sum_{m=0}^{M-1} \left| E(f_n,\phi_m) - \sum_{i=1}^{K} \widetilde{E}_i(f_n,\phi_m,\boldsymbol{\theta}_i) \right|^2 \quad (3.37)$$

由于参数 $\boldsymbol{\theta}$ 的维数比较高,直接搜索难度较大,因此通常考虑对参数进行解耦。对每一个散射中心而言,其频域响应不具有局部特性,而是充满整个空间频率的区域,但是它在图像域是具有局部凝聚特性的。因此,可以考虑在图像域进行参数解耦,将模型(3.37)对应的高维的复杂参数优化问题转化为若干个简单的低维优化问题。具体来说,先将 SAR 成像算子作用于观测模型(3.36)的两边,则生成的 SAR 图像可表示为

$$\boldsymbol{I}(x_n,y_m) = \sum_{i=1}^{K} \boldsymbol{I}_i(x_n,y_m;\boldsymbol{\theta}_i) + \bar{e}(x_n,y_m) \quad (3.38)$$

式中:$\boldsymbol{I}_i(x_n,y_m;\boldsymbol{\theta}_i)$ 表示第 i 个散射中心对应的子图像,对于给定的参数 $\boldsymbol{\theta}_i$ 它是确定的;图像域误差 $\bar{e}(x_n,y_m)$ 的统计特性也是明确的,由频域噪声的方差和成像算子共同确定。由于散射中心是孤立的,它们在图像域也是按区域分布的,是各自子图像的叠加。因此,可在图像域实现参数解耦,降低非线性模型优化的复杂性。在此,我们给出其基本思路,细节可参见文献[60]。

① 首先,对 SAR 图像 $\{\boldsymbol{I}(x_n,y_m)\}$ 进行区域分割,得到幅度最强的、包含若干散射中心响应的、能量最高的区域 R_1,记该区域的图像为 $\bar{\boldsymbol{I}}_1(x_n,y_m)$,并确定

散射中心数目和散射中心类型；

② 确定区域 R_1 中散射中心的参数初值，并利用极大似然法从子图像 $\bar{I}_1(x_n, y_m)$ 中估计区域 R_1 中散射中心参数 $\hat{\boldsymbol{\theta}}_{(R_1)}$；

③ 利用 $\hat{\boldsymbol{\theta}}_{(R_1)}$ 重构相应的散射中心在图像域的响应 $\boldsymbol{I}_{(R_1)}(x_n, y_m)$，从原始图像中减去该响应获得剩余图像 $\boldsymbol{I}^1(x_n, y_m) = \boldsymbol{I}(x_n, y_m) - \boldsymbol{I}_{(R_1)}(x_n, y_m)$；

④ 对剩余图像执行上述的分割、参数估计、图像重构操作，并获得相应的剩余图像，直至满足终止条件（剩余图像能量低于给定门限），输出相应的散射中心参数估计结果。

3.2 分类识别方法

3.2.1 基本原理

分类识别就是将待识别样本与参考样本进行比较辨认的过程。其中参考样本是事先利用传感器对被识别对象进行测量并提取相应的特征参数后建立起来的。分类识别包括分类器设计和分类判决两个主要步骤。分类器设计指的是利用参考样本在特征空间建立相应的划分准则，形成不同的区域，并使得在该准则下同类别的参考样本划入同一个区域，而不同类别的样本划入不同的区域。分类判决指的是利用上述准则将待识别样本划入到某个区域并赋予其类别标号的过程。具体到雷达目标识别而言，就是通过综合利用雷达目标特性、识别特征以及有用的先验知识做出判决，确定目标的属性、类型或身份。本节将从模式识别和样本学习的角度阐述分类识别的基本原理和方法。

设目标类型有 c 类，分别为 $\omega_j(j=1,2,\cdots,c)$。利用特征提取方法获得的特征矢量用 $\boldsymbol{x} \in \mathbb{R}^n$ 表示，$P(\omega_j)$ 表示第 j 类目标 ω_j 出现的先验概率，$p(\boldsymbol{x}|\omega_j)$ 表示类条件概率密度函数，反映了各种类型的目标在特征空间的分布特性。分类识别就是要根据上述概率密度函数确定分类规则。但是，这些概率密度函数通常是未知的，我们面临的是如何从给定的样本中获得分类规则，即分类器设计问题。其基本思想就是从样本中学习出决策界面函数，该函数将特征空间划分为若干不相交的区域，不同的区域代表不同的类别。获得待识别的样本后就利用决策界面判断该样本所属的区域，从而完成样本的分类判别。

记 $\{\boldsymbol{x}_i^{(k)}: i=1,2,\cdots,N_k\}_{k=1}^c$ 为目标样本集，其中 $\boldsymbol{x}_i^{(k)}$ 表示第 k 类目标的第 i 个样本，图 3.10 给出了 $c=2$ 时的示意图。分类器设计就是在特征空间中建立分类界面或决策函数（如 $f(\boldsymbol{x})$ 和 $g(\boldsymbol{x})$），将两类目标的特征样本尽量分隔开。根据分类准则和分类方法的不同，决策界面可能是线性的，也可能是非线性的。

对于待识别的样本 $\boldsymbol{x}$，判决规则如下

$$\begin{cases} f(\boldsymbol{x}) < 0, & \boldsymbol{x} \in \omega_1 \\ f(\boldsymbol{x}) > 0, & \boldsymbol{x} \in \omega_2 \end{cases} \quad (3.39)$$

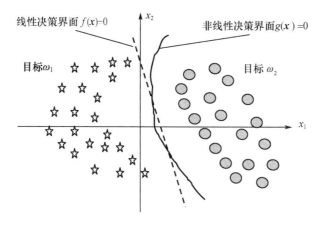

图 3.10　两类目标分类示意图

注 3.1　决策函数的形成过程通常称为学习过程，用于产生决策函数的特征样本称为训练样本。决策函数并不一定总是显式的表达式，如最近邻法就是直接通过训练样本实现分类的。

3.2.2　典型的分类器设计方法

在目标识别领域，已经有许多分类器设计方法来形成决策界面。这些方法都是基于不同的设计思想发展起来的。比较常用的方法主要有模板匹配和统计识别。

3.2.2.1　模板匹配

模板匹配是目标识别领域中最早使用且最简单的分类方法之一。对于每一类目标 ω_j，首先从训练样本 $\{\boldsymbol{x}_i^{(k)}: i = 1, 2, \cdots, N_k\}_{k=1}^c$ 中构造出一定数目的模板，记为 $\{\boldsymbol{T}_l^{(k)}: l = 1, 2, \cdots, M_k\}_{k=1}^c$，并用这些模板作为该类目标的代表。在获得待识别样本 $\boldsymbol{x}$ 后，利用某种相似性度量（如距离度量）将待识别样本与各个模板进行匹配，即计算

$$k_x = \arg \min_{\substack{1 \leq l \leq M_k \\ 1 \leq k \leq c}} d(\boldsymbol{x}, \boldsymbol{T}_l^{(k)}) \quad (3.40)$$

最后即可判决待识别样本 $\boldsymbol{x}$ 为第 k_x 类目标，即 $\boldsymbol{x} \in \omega_{k_x}$，完成分类识别过程。

在模板匹配方法中，有模板的形成、相似性度量的定义、高效的匹配方法等

几个重要的因素需要细致考虑。通常,增加一些额外信息如目标姿态角等可提高模板匹配识别的效率和性能。但是,要获得好的识别性能,需要建立较完备的模板库,计算的时间复杂性和存储的空间复杂性要求较高。

3.2.2.2 统计识别

从本质上讲,统计识别都是利用了各类的分布特征,即直接或间接利用类概率密度函数、后验概率密度函数等进行分类识别。根据对密度函数的了解程度,统计识别通常包括 K 近邻法、线性判别法、贝叶斯分类法等。

1) K 近邻法

K 近邻法较为直观,对于待识别的目标样本 $\boldsymbol{x}$,首先从训练样本集 $\{\boldsymbol{x}_i^{(k)}:i=1,2,\cdots,N_k\}_{k=1}^c$ 中选出与 $\boldsymbol{x}$ 最近的 K 个样本。在这 K 个样本中,具有相同类别标号的样本组成一个子集,最后将样本数最多的子集的类别标号赋予 $\boldsymbol{x}$ 作为分类结果。

2) 线性判别法

所谓线性判别法,就是在特征空间构造线性函数,使之能最大限度地将训练样本分隔开,其决策函数可写为 $f(\boldsymbol{x})=\boldsymbol{w}^{\mathrm{T}}\boldsymbol{x}+w_0$。考虑两类目标,记 $\varOmega=\{\boldsymbol{x}_j^{(m)}:j=1,2,\cdots,N_m;m=1,2\}$ 表示两类目标的观测样本集,$\widetilde{\varOmega}=\{(1;\boldsymbol{x}_j^{(m)}):\boldsymbol{x}_j^{(m)}\in\varOmega,j=1,2,\cdots,N_m;m=1,2\}$ 表示增广观测样本集,$\tilde{\boldsymbol{x}}_j^{(m)}=(1;x_j^{(m)})$ 表示第 m 类目标的第 j 个增广样本,则增广权矢量 $\tilde{\boldsymbol{w}}=(w_0,\boldsymbol{w}^{\mathrm{T}})^{\mathrm{T}}$ 可通过感知机算法求解如下不等式组获得:

$$\begin{cases}(\tilde{\boldsymbol{w}})^{\mathrm{T}}\boldsymbol{x}_j^{(1)}>0 & j=1,2,\cdots,N_1\\(\tilde{\boldsymbol{w}})^{\mathrm{T}}\tilde{\boldsymbol{x}}_j^{(2)}\leqslant 0 & j=1,2,\cdots,N_2\end{cases} \quad (3.41)$$

于是,分类规则可写为

$$\begin{cases}\boldsymbol{x}\in\omega_1\leftrightarrow f(\boldsymbol{x})\leqslant 0\\\boldsymbol{x}\in\omega_2\leftrightarrow f(\boldsymbol{x})>0\end{cases} \quad (3.42)$$

3) 贝叶斯分类法

贝叶斯分类法需要知道各类目标特征矢量的分布特性。设待分类的目标类型有 c 类,分别为 $\omega_j(j=1,2,\cdots,c)$。记 $\{\mathcal{D}_j\}_{j=1}^c$ 表示特征空间的一个分划,该分划代表了一个分类函数,即 $\boldsymbol{x}\in\mathcal{D}_j$ 时判定 $\boldsymbol{x}$ 为 ω_j 类目标,而 $L(\omega_i,\omega_j)$ 表示将 ω_j 类目标判为 ω_i 类的损失,于是分类函数应当使分类风险最小化,即

$$\begin{aligned}\min R(\{\mathcal{D}_j\})&=\sum_{i=1}^c\sum_{j=1}^c L(\omega_i,\omega_j)\int_{\mathcal{D}_i}p(\boldsymbol{x}|\omega_j)\mathrm{d}\boldsymbol{x}P(\omega_j)\\&=\sum_{i=1}^c\int_{\mathcal{D}_i}\sum_{j=1}^c L(\omega_i,\omega_j)p(\boldsymbol{x}|\omega_j)P(\omega_j)\mathrm{d}\boldsymbol{x}\end{aligned} \quad (3.43)$$

式(3.43)的解实际上是贝叶斯决策。一般地取 $L(\omega_i,\omega_j) = \delta_{ij}$，即正确分类的损失为 0，错误分类的损失为 1。在此条件下首先考虑两类目标的识别问题，即 $c=2$。由于 $\mathcal{D}_2 = \mathbb{R}^n - \mathcal{D}_1$，于是式(3.43)可写为

$$\min R(\{\mathcal{D}_j\}) = \int_{\mathcal{D}_1} p(\boldsymbol{x}|\omega_2)P(\omega_2)\mathrm{d}\boldsymbol{x} + \int_{\mathcal{D}_2} p(x|\omega_1)P(\omega_1)\mathrm{d}\boldsymbol{x}$$
$$= P(\omega_1) - \int_{\mathcal{D}_1}[p(x|\omega_1)P(\omega_1) - p(\boldsymbol{x}|\omega_2)P(\omega_2)]\mathrm{d}\boldsymbol{x}$$

(3.44)

要使分类风险最小化，则要求式(3.44)中的积分函数非负，因此

$$\begin{cases} \mathcal{D}_1 = \{\boldsymbol{x}: p(\boldsymbol{x}|\omega_1)P(\omega_1) \geqslant p(\boldsymbol{x}|\omega_2)P(\omega_2)\} \\ \mathcal{D}_2 = \{\boldsymbol{x}: p(\boldsymbol{x}|\omega_1)P(\omega_1) < p(\boldsymbol{x}|\omega_2)P(\omega_2)\} \end{cases}$$

(3.45)

对于多类问题，可将其转化为多个二类问题，在此不再赘述。由式(3.45)可以看出分类问题实际上是一个最大后验概率(MAP)估计问题。当类先验概率未知时通常认为它们相等，此时分类问题退化为极大似然(ML)估计问题。

贝叶斯分类方法需要知道类先验概率和类条件概率分布。但是，在实际的目标识别过程中，这个条件是难以满足的，只能获得一定数量的观测样本。因此，常用的还主要是直接根据样本构造或者学习决策函数的方法，如线性分类器、神经网络分类器等，分类器的相关参数通过训练样本学习获得。神经网络结构的灵活性是其优点，同时也带来过学习的弱点，如何确定其拓扑结构也是一个复杂的问题，可以采用一些启发式的方法来处理。这种过学习问题出现的原因之一就是网络结构的复杂性使得其表示能力过于宽泛，即使经验风险为零，也难以保证期望风险较小。Vapnik 从函数集的复杂程度和统计学习的角度，提出了结构化风险最小的原则。支持矢量机[66]是实现该原则的一种方式，为模式识别的分类器设计提供了不同的思路。

3.2.3 基于模型的目标识别

前述的雷达目标识别方法中，如何获得分类决策函数或界面是核心，通常采用样本学习的方法。基于学习的方法本质要求具有大样本，因为从小样本中估计密度函数本身就是一个不适定问题。要解决不适定问题或降低其难度，需要利用先验知识或外部信息。模型是将外部知识引入目标识别的一种途径，因为模型是对目标局部结构或其他特性进行限制和约束的一种手段，可降低对样本容量的依赖。下面以 SAR 图像目标识别为例探讨基于模型的目标识别方法[62]。

目标识别技术是 SAR 图像判读的核心内容，目前也是制约 SAR 情报处理系统效率的关键问题。对于 SAR 图像而言，复杂的成像工作条件(OC)，导致 SAR 目标图像具有多样性和易变性。这种特性可用图 3.11 的结构树来描述。

工作条件包含目标、雷达和环境三个方面的因素。就目标而言,每个目标包含不同的型号,每个型号又会出现不同的变体,如目标损坏、覆盖、结构和连接部件的变化,这些均会引起 SAR 图像或者特征的变化。同时,雷达成像参数包括俯仰角、方位角、极化方式、噪声水平、分辨率等因素也会对 SAR 图像和特征产生重要的影响。除此之外,还必须考虑目标周围的环境变化,如六自由度的姿态、遮挡、连接、背景、伪装、欺骗,电磁干扰以及电子对抗等因素。这种多变的工作条件使得 SAR 图像也是多样和易变的,仅就 20 个目标而言,工作条件的不同就会使 SAR ATR 的问题空间维数成亿次的爆炸性增长,所以一般难于获得目标在同一条件下的大量随机图像样本来分析目标特征。这种小样本和多变条件是 SAR 图像目标特征提取和分析面临的主要困难。

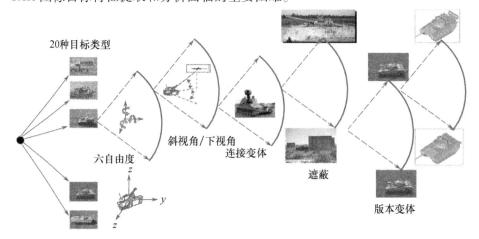

图 3.11　SAR ATR 扩展工作条件影响因素(见彩图)

为了解决 SAR ATR 在高维扩展工作条件下遇到的问题,DARPA 和空军研究实验室(AFRL)联合发起了著名的 MSTAR 计划[67,68],即运动和静止目标获取与识别(Moving and Stationary Target Acquisition and Recognition)计划,MIT 林肯实验室、Sandia 国家实验室、Wright 实验室、Alphatech、SAIC 等多家研究机构和企业也共同参与了这项计划。MSTAR 计划的目标是构建新一代基于模型的 SAR ATR 系统,其处理流程如图 3.12 所示。整个过程分为聚焦(FOA)、初始化搜索空间和假设检验三个部分。聚焦模块完成目标检测和鉴别的功能,从大场景 SAR 图像中提取出感兴趣目标的位置和图像切片;然后索引(Index)模块提取图像切片的特征对目标进行粗分类,获得目标的可能类型、方位角等信息,为后续的进一步处理提供初始的假设空间;最后,特征预测、特征提取、特征匹配以及搜索四个模块组成了 PEMS 环路,对索引模块得到的初始假设进行细化和验证。

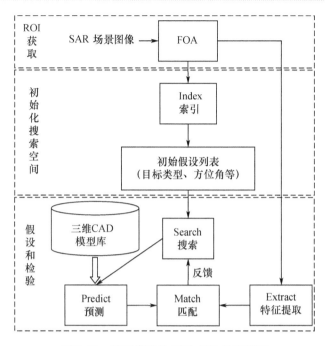

图 3.12　基于模型的 SAR ATR 处理流程

PEMS 环路是基于模型的 SAR ATR 系统的关键环节。在此过程中，搜索模块根据索引输出的初始假设（在第 4 章将详细阐述目标索引方法），引导预测模块，在目标三维 CAD 模型和高精度电磁计算软件的支持下，实时（或近实时）地预测目标在初始假设条件下的 SAR 目标特征；特征提取模块从 ROI 中提取目标 SAR 特征；两个模块输出的特征进入匹配模块，匹配模块计算预测特征与测量特征之间的相似性度量，结果反馈回搜索模块中；搜索模块根据匹配模块的反馈对目标假设进行推理、修正，并指导预测模块重新进行预测。如此重复，直至找到最佳匹配的目标类型和状态。

可以看出基于模型的 SAR ATR 方法从两方面解决高维扩展工作条件带来的问题：①利用目标三维 CAD 模型和高精度电磁计算软件预测目标在不同工作条件的 SAR 特性，以适应扩展工作条件下目标 SAR 特性的变化；②采用从索引到搜索的层次化、自适应的目标假设空间搜索机制替代简单的遍历搜索，从而大大降低系统反应时间，并且有利于提高目标的区分能力。

基于模型的 SAR ATR 正是通过这种方式提高了对扩展工作条件的适应能力，使 SAR ATR 技术向前迈进了一大步。当然，基于模型的 SAR ATR 也还存在诸多问题，离真正解决真实世界复杂环境条件下的 SAR ATR 还存在很大的差距。目前基于模型的 SAR ATR 系统只能对开阔背景中的中大尺寸目标取得较好的识别效果，而对中等以上复杂背景、尺寸较小或状态变化较大的目标识别效果不太理想,主要原因包括目标三维 CAD 模型和真实世界背景环境建模的精度、电磁散射特性以及目标与环境相互作用的预估精度、层次化的假设空间搜索机制对扩展工作条件的失配导致的失效等。

如何充分考虑目标、环境以及传感器等各种因素带来的变化,这需要新的视角、新的体系框架。近年来,人工智能和信息科学的进步也催生了一些新的解决途径,如认知雷达、基于知识的雷达信号与信息处理等。SAR ATR 也属于雷达信号与信息处理范畴,基于知识的雷达信号与信息处理为解决 SAR ATR 困境指出了一条可行思路。内容将在第 4 章进行详细阐述。

3.3 样本驱动的目标识别举例

本节以 MSTAR 计划中的地面车辆目标数据为基础,介绍基于模板匹配的 SAR 图像目标识别方法,包括模板库生成、图像匹配分类以及相应的实验等。在此之前,假定图像切片已经完成了目标分割和方位角估计。

3.3.1 MSTAR 数据库介绍

MSTAR 计划的 SAR 实测数据是 SAR ATR 研究和测试的标准数据[67]。本节采用 MSTAR 公共数据集中的 T72 坦克、BMP2 装甲运兵车、BTR70 装甲运兵车(图 3.13)三类目标进行实验。表 3.1 列出了 MSTAR 的主要成像参数,俯仰角 17°下的图像用于训练,15°下的图像用于测试。表 3.2 列出了三类目标不同型号下的训练与测试样本数(每类的样本是在不同方位角下的 SAR 切片图像),其中 T72 有 sn_132、sn_812 和 sn_s7 三种型号,BMP2 有 sn_c21、sn_9566 和 sn_9563 三种型号。

表 3.1 MSTAR 地面静止军事战术机动目标主要成像参数

成像方式	聚束式 SAR
波段	X
极化方式	HH
带宽	0.591GHz
成像窗函数	−35dB 的 Taylor 窗
俯仰角	15°、17°
方位角	覆盖 0°~360°,间隔约 1°
分辨率	0.3m×0.3m
图像大小	128×128 像素

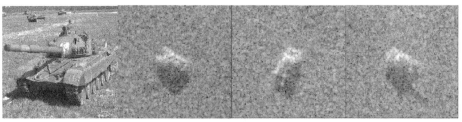

(a) T72目标及其SAR图像

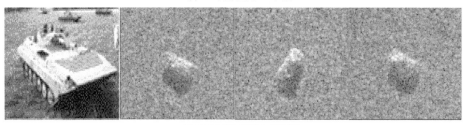

(b) BMP2目标及其SAR图像

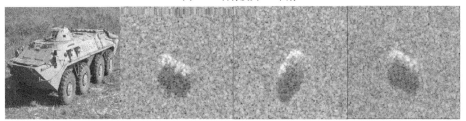

(c) BTR70目标及其SAR图像

图 3.13　T72、BMP2 和 BTR70 三类目标光学图像与不同方位角下的 SAR 图像（见彩图）

表 3.2　T72、BMP2 和 BTR70 三类目标的训练和测试样本数

用途	目标类别	俯仰角	目标型号	各型号样本数	各类目标样本总数
训练	T72	17°	sn_132	232	232
	BMP2	17°	sn_c21	233	233
	BTR70	17°	sn_c71	233	233
测试	T72	15°	sn_132 sn_812 sn_s7	196 195 191	582
	BMP2	15°	sn_c21 sn_9566 sn_9563	196 296 195	587
	BTR70	15°	sn_c71	196	196

3.3.2 模板库生成

与光学图像相比,SAR 图像对目标姿态变化更加敏感,同一目标在不同姿态下的 SAR 图像有很大区别。每类目标需要依据姿态角划分形成多个模板。姿态角的划分既要考虑 SAR 图像的姿态敏感性,尽可能细致地覆盖姿态角,同时也要考虑节省模板数据库存储空间,提高 ATR 算法运算效率。在此,以每 5°为间隔,取 ±5°范围内的 SAR 切片图像,构建模板。

1)直接平均法

通常的算法对同一姿态角区内的 SAR 目标切片图像直接作平均得到平均模板,过程如下:

将每个姿态角区内 SAR 切片图像按姿态角大小排序,第一幅 SAR 切片图像作为初始模板,接下来的 SAR 切片图像首先利用二维最大相关法与当前模板配准进行平移校正,校正后的图像与当前模板作加权平均更新当前模板,重复上述流程直至该姿态角区内的所有 SAR 切片图像处理完毕。

2)旋转平均法

直接平均法在形成平均模板时仅考虑姿态角区内各 SAR 切片图像的二维平移变换,而未考虑旋转变换。实际上,对 ±5°的姿态角区,各 SAR 切片图像由旋转造成的影响是不容忽视的。如对尺寸为 L 的目标,则方位角相差 5°的两幅 SAR 观测图像上对应点的距离约为

$$\frac{L}{2}\sqrt{(1-\cos 5°)^2 + \sin^2 5°} \tag{3.46}$$

折合成像素为

$$\frac{L}{2}\sqrt{(1-\cos 5°)^2 + \sin^2 5°}/\Delta r \tag{3.47}$$

其中 Δr 为 SAR 图像分辨率,对 MSTAR 数据 $\Delta r = 0.3\text{m}$。当 $L = 5\text{m}$ 时,该距离对应的像素值为

$$\frac{L}{2}\sqrt{(1-\cos 5°)^2 + \sin^2 5°}/\Delta r \approx 0.727 \tag{3.48}$$

可见,旋转效应会在模板中产生一定的模糊。因此在形成模板时需考虑旋转变换造成的影响。对于训练数据,各 SAR 切片图像的方位角已知,因此可以在平均之前将姿态角区内的各 SAR 切片图像旋转到同一方位角,这个方位角通常选择为角区的中心,然后利用最大相关法进行平移校正并取平均。

图 3.14(a)和(b)分别给出了两种方法得到的 T72 sn_132 目标在 [10°,20°] 角区内的模板。对比可以看出,旋转平均法得到的模板更清晰。

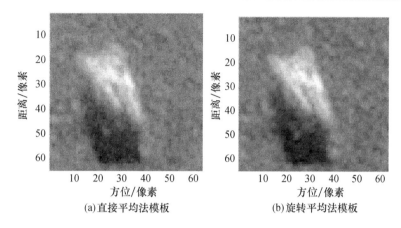

图 3.14 T72 sn132 在角区[10°,20°]的模板(见彩图)

3.3.3 匹配识别

基于模板的 SAR 目标识别将测试样本与模板之间进行匹配,匹配程度最高的模板对应的类别作为测试样本所属的类别。扩展工作条件下的测试样本受到目标状态、环境、传感器参数等因素的影响,这些因素有的需要在测试样本与模板的匹配算法设计中考虑,如 SAR 传感器在俯仰和方位上的不同造成 SAR 图像的旋转平移变换等。

1) 最小平方误差(MSE)准则

识别过程实际上是通过测量样本与模板之间的相似性确定样本所属类别。常用的相似性度量是特征空间定义的某类距离,如欧氏距离、马氏距离和 Housedoff 距离等。另外还可以采用相关的方法或测试样本矢量与模板矢量之间的夹角进行相似性度量。典型的算法采用的是 MSE 准则。

记 $\boldsymbol{T}_{ij} = [T_{ij}(x,y)]$ 为第 $j(j=1,2,\cdots,J)$ 类目标第 $i(i=1,2,\cdots,I)$ 个姿态角区的模板图像,令

$$\overline{T}_{ij}(x,y) = \frac{w_{ij}(x,y)T_{ij}(x,y)}{\sum_x \sum_y w_{ij}(x,y)T_{ij}(x,y)} \quad (3.49)$$

式中:$\overline{T}_{ij}$ 为第 j 类样本第 i 个姿态角区的功率归一化模板,归一化的意义在于减小雷达动态范围的影响;w_{ij} 为对应于模板 $\boldsymbol{T}_{ij}$ 的二进制掩模矩阵。

令 s 为测试 SAR 切片图像,利用最大相关法与 $\overline{T}_{ij}$ 进行二维平移对准后得到 s_{opt},记

$$\overline{s}_{\text{opt}}(x,y) = \frac{w_{ij}(x,y)s_{\text{opt}}(x,y)}{\sum_x \sum_y w_{ij}(x,y)s_{\text{opt}}(x,y)} \quad (3.50)$$

$\bar{s}_{opt}$ 为 $s_{opt}(x,y)$ 的功率归一化图像。则识别过程通过搜索下式完成：

$$(i_0,j_0) = \underset{i,j}{\mathrm{argmin}}(\sum_x \sum_y |w_{ij}(x,y)(\bar{T}_{ij}(x,y) - \bar{s}_{opt}(x,y))|^2) \quad (3.51)$$

由此，判决测试 SAR 图像 s 属于第 j_0 类目标。

2) 含旋转变换的 MSE 准则

上述的 MSE 准则存在的一个问题是未能考虑到不同方位角引起的旋转变换。前一小节所述，5°的方位角误差对尺寸为 $L=5\mathrm{m}$ 的目标 SAR 图像造成的影响较大，一般不能忽略。针对该问题，本小节在 SAR 幅度图像的匹配过程中考虑不同方位角引起的旋转平移变换。此外，对车辆目标，可以从 SAR 图像切片中粗略地估计目标的姿态，目标的姿态角粗估计也可以作为先验信息用于 SAR 幅度图像的匹配。

令 $g(x,y)$ 为参考 SAR 切片图像，$f(x,y)$ 为测试 SAR 切片图像。理想情况下，考虑旋转平移变换，则二者的关系可表示为

$$f(x,y) = g(x',y') \quad (3.52)$$

式中：$\begin{bmatrix} x' \\ y' \end{bmatrix} = \begin{bmatrix} \cos\theta & \sin\theta \\ -\sin\theta & \cos\theta \end{bmatrix} \begin{bmatrix} x \\ y \end{bmatrix} + \begin{bmatrix} t_x \\ t_y \end{bmatrix}$。令 $a=\cos\theta, b=\sin\theta$，且 $a^2+b^2=1$，则在理想情况下有

$$f(x,y) = g(ax+by+t_x, -bx+ay+t_y) \quad (3.53)$$

同时，考虑到参考 SAR 图像与测试 SAR 图像之间的动态范围差异，则最终的变换模型为

$$cf(x,y) + d = g(ax+by+t_x, -bx+ay+t_y) \quad (3.54)$$

实际中，参考图像与测试图像来源不同，故需要考察二者之间的差异。令

$$E = \sum_x \sum_y (cf(x,y) + d - g(ax+by+t_x, -bx+ay+t_y))^2 \quad (3.55)$$

则式(3.55)度量了参考 SAR 图像与测试 SAR 图像在指定几何变换参数条件下的差异，通过最小化 E 可以估计相应的几何变换参数。

对式(3.54)等号右边进行一阶泰勒展开得

$$\begin{aligned} & g(ax+by+t_x, -bx+ay+t_y) \\ & \approx g(x,y) + (ax-x+by+t_x)g_x + (-bx+ay-y+t_y)g_y \end{aligned} \quad (3.56)$$

将式(3.56)代入式(3.55)，可得

$$\begin{aligned} & cf(x,y) + d - g(ax+by+t_x, -bx+ay+t_y) \\ & \approx cf + d - g + xg_x + yg_y - (xg_x+yg_y)a - (yg_x-xg_y)b - t_xg_x - t_yg_y \\ & = z - \boldsymbol{w}^T\boldsymbol{\alpha} \end{aligned}$$

$$(3.57)$$

式中：$\boldsymbol{w} = (xg_x+yg_y, yg_x-xg_y, -f, -1, g_x, g_y)^T, z = -g + xg_x + yg_y, \boldsymbol{\alpha} = (a, b, c,$

$d, t_x, t_y)^T$。故式(3.55)可写为

$$E(\boldsymbol{\alpha}) = \sum_{x,y} \| z - \boldsymbol{w}^T \boldsymbol{\alpha} \|^2 \qquad (3.58)$$

于是,通过最小化 $E(\boldsymbol{\alpha})$ 可以估计出几何变换参数 $\boldsymbol{\alpha}$。将式(3.58)对 $\boldsymbol{\alpha}$ 求微分并令其为零可得

$$\frac{\partial E}{\partial \boldsymbol{\alpha}} = \sum_{x,y} -2\boldsymbol{w}(z - \boldsymbol{w}^T \boldsymbol{\alpha}) = \boldsymbol{0} \qquad (3.59)$$

从而几何变换参数的估计量为

$$\hat{\boldsymbol{\alpha}} = \left(\sum_{x,y} \boldsymbol{w}\boldsymbol{w}^T \right)^{-1} \sum_{x,y} z\boldsymbol{w} \qquad (3.60)$$

由于 $a^2 + b^2 = 1$,所以需要对变换参数估计量的前两维进行归一化,即

$$\frac{\hat{\alpha}_1}{\sqrt{\hat{\alpha}_1^2 + \hat{\alpha}_2^2}} \rightarrow \hat{\alpha}_1, \frac{\hat{\alpha}_2}{\sqrt{\hat{\alpha}_1^2 + \hat{\alpha}_2^2}} \rightarrow \hat{\alpha}_2 \qquad (3.61)$$

3) 目标姿态角信息的运用

由于目标姿态角的不同,使得 SAR 图像之间存在旋转变换,旋转角即参考 SAR 图像与测试 SAR 图像的姿态角之差。将测试图像进行匹配处理的前提是找到对应姿态角下的 SAR 图像。由于参考 SAR 图像的姿态角一般是已知的,而测试 SAR 图像的姿态角也能够进行粗略估计。例如对车辆目标,大部分文献给出的姿态角估计误差在 ±10° 左右。

显然,这些姿态角先验信息可以用于 SAR 图像的匹配,其用处有两个方面:一是为匹配算法提供了一个比较准确的初值;二是当匹配算法给出的变换参数出现较大偏差时,可以利用方位角先验信息对其进行修正。

(1) 当得到测试 SAR 切片图像的姿态角粗估计 $\hat{\theta}_t$ 后,可初始化旋转角 $\theta_0 = -(\hat{\theta}_t - \theta_r)$,其中 θ_r 为参考 SAR 切片图像中的目标姿态角。根据旋转角 θ_0,对参考 SAR 切片图像进行旋转得到 $g_0(x,y)$。对测试 SAR 切片图像与 $g_0(x,y)$ 作二维相关,根据最大相关法估计二维平移量 (t_x, t_y) 及 c、d。再根据 (t_x, t_y)、c、d 对 $g_0(x,y)$ 作二维平移,得到参考 SAR 切片图像的迭代初值 $g_0(x,y)$,同时也得到了几何变换参数 $\boldsymbol{\alpha}$ 的初值。

(2) 在 SAR 幅度图像匹配算法的迭代过程中,当旋转角估计超出方位角先验信息给出的范围时,可以通过截断估计对其进行修正。这相当于对方位角先验信息得到的旋转角先验估计进行矩形窗均匀概率分布建模。

4) 匹配算法

综上所述,考虑旋转平移变换的 SAR 幅度图像匹配算法主要步骤如下:

(1) 初始化:根据测试 SAR 切片图像对目标姿态角进行粗估计,得到姿态

角的初始估计量 $\hat{\theta}_t$,初始化旋转角 $\theta_0 = -(\hat{\theta}_t - \theta_r)$。根据旋转角 θ_0,对参考 SAR 切片图像进行旋转得到 $g_0(x,y)$。对测试 SAR 切片图像与 $g_0(x,y)$ 作二维相关,根据最大相关法估计二维平移量 (t_x, t_y) 及 c、d。再根据 (t_x, t_y) 对 $g_0(x,y)$ 作二维平移,得到参考 SAR 切片图像的迭代初值 $g_0(x,y)$,同时得到几何变换参数 $\boldsymbol{\alpha}$ 的初值 $\boldsymbol{\alpha}_0$。

(2) $n=1, g=g_0$。

(3) 估计 g 在各像素点处的数值偏微分 g_x、g_y,计算 $z = -g + xg_x + yg_y$,$\boldsymbol{w} = (xg_x + yg_y, yg_x - xg_y, -f, -1, g_x, g_y)^{\mathrm{T}}$,由式(3.60)更新 $\boldsymbol{\alpha}$,根据 $\boldsymbol{\alpha}$ 更新 g。

(4) $n = n+1$,如果 $n > N$,则跳至(3),否则结束。

3.3.4 目标识别实验

1) 图像匹配效果

下面利用 MSTAR 数据验证上述 SAR 幅度图像匹配方法的有效性。如图 3.15 所示,(a)图、(b)图为 T72 sn_132 在俯仰角 15°条件下的两幅 SAR 切片图像,其对应的方位角均为 19.7907°。(c)图、(d)图分别给出了常规方法和含旋转变换方法的匹配结果,可以看出后者较好地校正了方位角差异引起的旋转变换。为了进一步比较两者的差异,(e)图、(f)图分别给出了两种匹配方法得到的剩余图像。其中剩余图像定义为测试图像与参考图像的差。为了显示的需要,对剩余图像的幅度进行了 100 倍放大。从图中可以看出,考虑旋转变换的 SAR 图像匹配得到的剩余图像包含的目标能量更小。

2) 基于图像匹配的识别效果

下面利用 MSTAR 数据实验验证基于 SAR 幅度图像匹配的目标识别的有效性。这里以俯仰角 17°下的 SAR 切片图像作为训练样本,俯仰角为 15°下的 1365 个 SAR 切片图像作为测试样本。训练样本、测试样本所涉及的目标类型和型号包括 BMP2 的 9563、9566 和 c21,BTR70 的 c71,T72 的 132、812 和 s7。训练模板由前述方法得到,共有 504 个切片模板。表 3.3 和图 3.16 给出了不考虑旋转变换的 MSE 准则匹配识别结果。

表 3.3 MSE 准则匹配识别正确率

	BMP2	BTR70	T72	识别率
BMP2	570	9	8	570/587 = 97.1%
BTR70	4	192	0	192/196 = 98%
T72	34	9	539	539/582 = 92.6%
平均正确识别率		1301/1365 = 95.31%		

表 3.4 和图 3.17 给出了考虑旋转变换的识别结果。

参考SAR图像　　　　　　　　待测试SAR图像

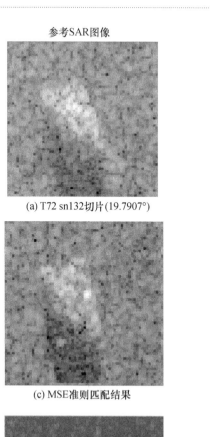

(a) T72 sn132切片(19.7907°)　　(b) T72 sn132切片(10.7907°)

(c) MSE准则匹配结果　　(d) 含旋转变换的MSE准则匹配结果

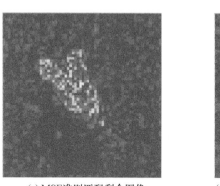
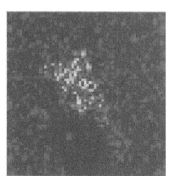

(e) MSE准则匹配剩余图像　　(f) 含旋转变换的MSE准则剩余图像

图 3.15　SAR 幅度图像匹配比较

表 3.4　含旋转变换的 MSE 准则匹配识别正确率

	BMP2	BTR70	T72	识别率
BMP2	576	2	9	576/587 = 98.1%
BTR70	3	193	0	193/196 = 98.47%
T72	12	1	569	569/582 = 97.77%
总识别率	1338/1365 = 98.02%			

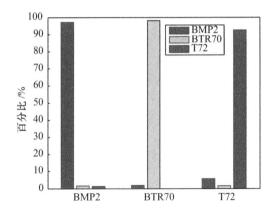

图 3.16　MSE 准则匹配识别效果图

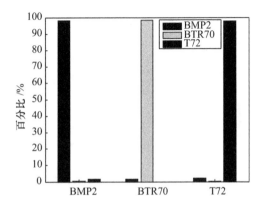

图 3.17　含旋转变换的 MSE 准则匹配识别效果图

从识别结果的比较来看,考虑旋转变换引起的失真后再进行图像匹配,能在一定程度上提高目标识别正确率。

第 4 章
空间结构关系约束的 SAR 目标分割与索引

在基于模型的 SAR 目标识别方法中,聚焦(FOA)环节需要从 SAR 图像中将目标区域分割出来,即目标分割。SAR 目标分割是利用图像中各像素幅度的分布特性及其空间依赖关系来提取出目标区域的过程;目标索引则是目标识别尤其是基于模型的目标识别过程中形成初始目标假设的过程,目的是提高目标假设空间的搜索效率。

空间结构关系用于描述目标自身结构特点以及目标与环境的依赖关系。这类空间结构关系来源于人们对目标散射机理的认识和该领域的经验知识,可对目标的存在性及其自身状态产生约束,这种约束的表现形式可以是以等式或不等式为代表的硬约束,也可以是以概率统计模型为代表的软约束。利用好这种空间结构关系,可提高信息处理的效率和精度。本章将以 SAR 图像中地面车辆目标分割和索引为例,阐述空间结构关系的运用方法。其中,前者利用的是目标与阴影之间的空间位置关系,后者使用的是局部结构及其相互间的位置关系。

4.1 SAR 目标分割的贝叶斯模型

目标分割,是 SAR 图像目标识别的前置环节,目的是从图像中提取出目标区域[60]。目标分割可降低背景噪声的影响,提高特征提取的精度。在通常的目标分割方法中,既有基于单像素检测的分割技术,也有考虑空间邻域信息的提取方法以及考虑目标形状的方法等[69-73]。

鉴于 SAR 图像灰度具有较强的起伏特性,目前主流的 SAR 图像目标分割方法都是以统计学方法为基础的。在统计框架下考虑 SAR 图像目标分割不仅能够较好地考虑 SAR 图像灰度的起伏,而且有利于引入纹理、边缘等辅助信息和区域连通性以及目标形状等先验知识,从而减少 SAR 图像目标分割的不确定性。

在经典的贝叶斯统计框架下,SAR 图像目标分割可以表述为最大后验概率

估计问题。对给定的目标 SAR 图像 Y（$M \times N$ 矩阵），第 i 个像素的标号为 x_i（$x_i \in [1 = 阴影, 2 = 背景, 3 = 目标]$），第 i 个像素的图像灰度 y_i 的概率分布取决于其标号 x_i，记为 $p(\cdot | x = x_i)$。记标号场为 $X = [x_{11},\cdots,x_{1N};x_{21},\cdots,x_{2N};\cdots;x_{M1},\cdots,x_{MN}]$，根据观测图像 Y 估计标号场 X 的最大后验概率估计（MAP）为

$$X = \underset{X}{\mathrm{argmax}} P(X|Y) \tag{4.1}$$

根据贝叶斯原理，$P(X|Y) = P(Y|X)P(X)/P(Y) \propto P(Y|X)P(X)$，式（4.1）的最大后验概率估计可以写成

$$\hat{X} = \underset{X}{\mathrm{argmax}} P(Y|X)P(X) = \underset{X}{\mathrm{argmax}}(\log P(Y|X) + \log P(X)) \tag{4.2}$$

式（4.2）的最大后验概率估计实际上包含似然函数项 $P(Y|X)$ 和先验概率项 $P(X)$ 两项，似然函数项蕴涵 SAR 图像的观测信息（这里主要是图像灰度），先验概率项描述标号场的先验约束信息，如区域局部及全局的连通性、区域形状等。当不考虑先验概率项时，式（4.2）的最大后验概率估计变为最大似然估计

$$\hat{X} = \underset{X}{\mathrm{argmax}} P(Y|X) \tag{4.3}$$

针对最大似然估计得到的分割结果，可利用形态学滤波[74]和区域增长方法[75,76]等进行后处理，以满足区域连通性对标号场 X 的约束。式（4.2）的最大后验估计模型则通过正则化项引入先验知识对标号场的约束，在分割效果上一般要优于形态学滤波、区域增长方法等后处理方法，如马尔可夫随机场方法等[70]。

在统计分割方法中，杂波统计模型是基础。背景杂波的统计建模已经有大量的相关研究，文献[77]对此进行了梳理和总结。对均匀的背景区域，一些经验分布如瑞利（Rayleigh）分布、对数正态（Log-Normal）分布、Gamma 分布、Weibull 分布、K 分布具有较好的拟合效果。目标区域主要是目标的电磁散射，对地面车辆这样的人造目标，其 SAR 图像灰度通常具有很大的动态范围，统计分布有较长的拖尾。阴影区域不含雷达回波，主要是受系统噪声的影响。当考虑窄带高斯白噪声时，阴影区域的图像灰度应当是高斯白噪声的包络，即服从瑞利分布，分布参数可从图像中估计。为方便起见，记 $p(y|\sigma^2) = \dfrac{y}{\sigma^2}\exp\left\{-\dfrac{y^2}{2\sigma^2}\right\}$ 表示分布参数为 σ^2 的瑞利分布密度函数，当 $\sigma^2 = \sigma_s^2, \sigma_b^2, \sigma_t^2$ 时分别表示阴影、背景和目标区域对应的密度函数。

在目标、阴影和背景区域图像灰度的统计分布已知的条件下，SAR 目标图像的分割结果可由式（4.3）获得。由于在标号场 X 已知的条件下，各个像素的灰度 y_i 可以看作是相互独立的，因此 $P(Y|X) = \prod_i p(y_i|x_i)$，这时式（4.3）的最大似然估计转化为若干独立子模型的最大似然估计

$$\hat{x}_i = \underset{x_i}{\max} p(y_i|x_i) \tag{4.4}$$

对地面目标 SAR 图像分割,$x_i \in [1 = 阴影, 2 = 背景, 3 = 目标]$,所以式(4.4)可以写成如下的形式:

$$\hat{x}_i = \begin{cases} 1 & p(y_i|x_i=1) > p(y_i|x_i=2) 且 p(y_i|x_i=1) > p(y_i|x_i=3) \\ 2 & p(y_i|x_i=2) \geq p(y_i|x_i=1) 且 p(y_i|x_i=2) \geq p(y_i|x_i=3) \\ 3 & p(y_i|x_i=3) > p(y_i|x_i=1) 且 p(y_i|x_i=3) > p(y_i|x_i=2) \end{cases} \quad (4.5)$$

对于式(4.5)所示的判决准则,阴影及目标的虚警率 P_{f_s}、P_{f_t} 是两个较为重要的性能指标,它们分别指的是将背景单元判别为阴影或目标像素的概率。进一步考虑先验概率项时,先验知识可以由马尔可夫随机场(MRF)模型很好地描述。MRF 模型认为当前像素的标号与它的邻域相关,在此采用二阶 MRF 邻域结构,如图 4.1 所示。

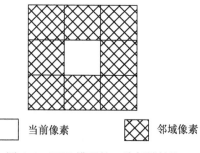

图 4.1 MRF 模型的二阶邻域结构

根据 Hammersley-Clifford 定理,分割标号场 X 是邻域结构 V 下的一个马尔可夫随机场,当且仅当 $P(X=\omega)$ 服从吉布斯(Gibbs)分布:

$$P(X=\omega) = \frac{1}{Z}\exp\{-U(\omega)\} = \frac{1}{Z}\exp\left\{-\sum_i V_{\partial i}(\omega)\right\} \quad (4.6)$$

这里的 Z 为归一化常数,即

$$Z = \sum_\omega \exp\{-U(\omega)\} \quad (4.7)$$

式(4.6)中:∂i 为第 i 像素的邻域;$V_{\partial i}(\omega) = \gamma \sum_{j \in \partial i}(\omega_i \neq \omega_j)$ 为 ω 在第 i 像素处的势能,表示第 i 像素的标号与其邻域不一致的程度;$U(\omega) = \sum_i V_{\partial i}(\omega)$ 为总的能量函数,表示标号场 ω 的平滑程度。

当考虑分割标号场 X 的 MRF 先验约束时,式(4.2)的最大后验分割成为下面的 MRF 分割:

$$\hat{X} = \underset{X}{\mathrm{argmax}} P(Y|X)P(X) = \underset{X}{\mathrm{argmax}}(\log P(Y|X) + \log P(X))$$
$$= \underset{X}{\mathrm{argmax}}\left(\sum_i \log p(y_i|x_i) - U(X)\right)$$
$$(4.8)$$

式(4.8)忽略了与 X 无关的常量 $\log Z$。

式(4.8)是一个高维非凸的优化问题,可以用 ICM(Iteratived Conditional Models)、确定性退火、模拟退火、MPM(Maximizer Posterior Marginals)[70]以及图分割[78]等方法求解。

在最大似然分割中,需要知道阴影、背景及目标的分布参数 $\sigma_s^2, \sigma_b^2, \sigma_t^2$,这是比较困难的。通常是根据参考杂波背景单元获得分布参数 σ_b^2 的极大似然估计,然后利用阈值分割方法分割出阴影和背景,即像素值 $y_t < T_s$ 时判决为阴影,$y_i > T_t$ 时判决为目标。其中,判决门限 T_s 和 T_t 可利用背景的分布密度函数以及给定的 P_{f_s}、P_{f_i} 计算得到。这也是初始 CFAR 分割的基本过程。

图 4.2 给出了三类目标(T72、BMP2 和 BTR70)在 Rayleigh 分布假设下的 CFAR 分割结果,虚警 P_{f_s} 和 P_{f_i} 分别设为 0.001 和 0.05。由于相干斑噪声以及地物杂波的存在,SAR 图像灰度有很大的起伏,从而导致大量的误分割。误分割一方面表现为孤立的斑点噪声,另一方面,较大块区域的误分割造成目标、阴影的缺失和虚假目标。图 4.3 则显示了利用马尔可夫随机场(MRF)作为先验信息后得到的分割效果,其性能优于 CFAR 分割,但是目标与阴影之间仍然是分离的,原因在于这些方法只考虑了目标区、阴影区及杂波区等不同区域内部的统计特性和空间相关关系。

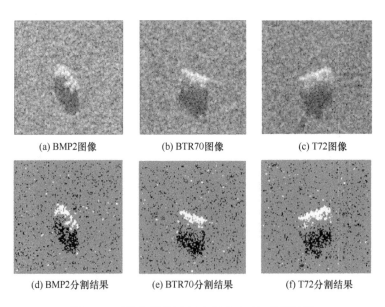

(a) BMP2图像　　(b) BTR70图像　　(c) T72图像

(d) BMP2分割结果　　(e) BTR70分割结果　　(f) T72分割结果

图 4.2　三类车辆目标 SAR 图像 CFAR 分割结果

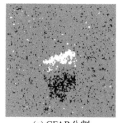 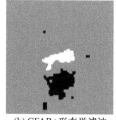 

(a) CFAR 分割　　　　(b) CFAR+形态学滤波　　　　(c) MRF 分割

图 4.3　CFAR、CFAR + 形态学滤波和 MRF 分割效果比较

4.2　SAR 图像中目标和阴影的空间关系知识及描述

典型的军用车辆目标,可以粗略地看作是由长方体形状的主体结构和一些附加的部件组成。基于这一简单合理的模型假设,我们从 SAR 成像几何着手分析车辆目标 SAR 图像中目标、阴影和背景相互之间的空间约束关系,并探讨定量描述这些空间关系的方法。

4.2.1　SAR 图像中目标和阴影之间的连通性

与光学成像模式不同,SAR 成像是斜距投影成像,如图 4.4(a)所示,场景的电磁散射沿与斜平面垂直的方向投影到斜平面并叠加。对受目标遮挡、电磁波不能到达的区域,其在斜平面上的投影图像灰度较小(如果不考虑系统噪声的影响,应该为零),表现为阴影。

根据 SAR 成像几何光学近似,目标被照射的部分与受目标遮挡的部分沿 SAR 视线方向(即距离向)是连通的,并且阴影在目标的远距离方向,如图 4.4(b)所示。考虑斜距投影造成的叠掩(Layover)效应[79,80],目标的散射可能投射到阴影区域,从而造成目标区域"侵蚀"阴影的现象,但这时目标和阴影沿距离向的连通关系并未改变,如图 4.4(c)所示。

实际上,SAR 图像中目标与阴影之间的这种连通性并不依赖目标的长方体结构,只要目标沿距离向分布连续且不包含悬空的部分,则目标和阴影的连通关系就能够成立。下面说明目标沿距离向分布不连续和存在悬空的情况。

图 4.5(a)说明了目标沿距离向分布不连续的情况。这时目标和阴影沿距离向交错分布。当目标的不连续部分间距增大时,甚至可能出现目标、阴影和背景交错分布的情况。显然这时上述目标和阴影之间的空间约束关系不能成立。飞机的机翼、尾翼和机身之间经常存在这种情况,如图 4.5(b)所示,某飞机的 SAR 图像(来自 SNL 公开数据)中目标、阴影和背景沿距离向交错分布。

图 4.6(a)说明了目标存在悬空的情况,这时取决于目标悬空的高度和 SAR

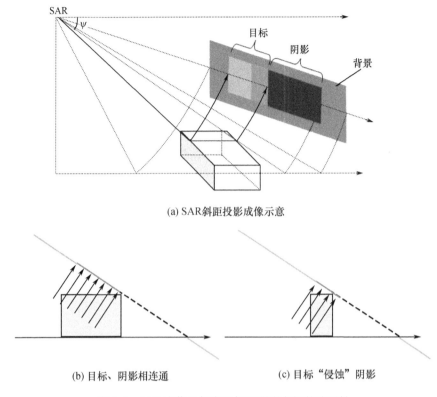

(a) SAR斜距投影成像示意

(b) 目标、阴影相连通　　(c) 目标"侵蚀"阴影

图 4.4　SAR 成像几何中目标和阴影之间的连通性

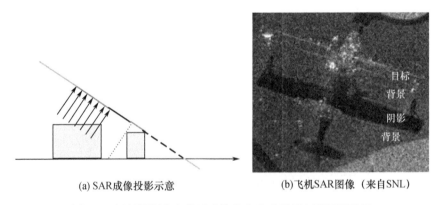

(a) SAR成像投影示意　　(b) 飞机SAR图像（来自SNL）

图 4.5　目标沿距离向的不连续分布造成目标与阴影不连通

观测俯仰角，在目标和它的阴影之间有可能出现背景杂波区域，从而破坏目标和它的阴影之间的连通关系。坦克悬空的炮管正是这种情况，如图 4.6(b) 所示，某坦克目标的 SAR 图像（来自 SNL 公开数据）中，炮管散射和它的阴影之间存在背景杂波。

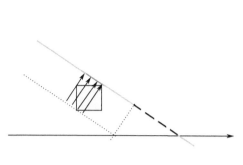 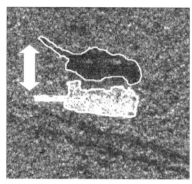

(a) SAR成像投影示意　　(b) 坦克SAR图像（来自SNL）

图4.6　目标悬空造成目标和阴影不连通

总之，地面车辆目标SAR图像中目标和阴影沿距离向应当是连通的，并且阴影在目标的远距离方向。坦克是典型的地面车辆目标，它包含一个悬空的炮管连接结构。在利用目标和阴影的连通关系时要仔细地考虑悬空炮管的影响。下面将利用这种空间位置关系来提高目标分割的性能。

4.2.2　空间关系势能函数

在此引入空间关系势能函数(SRPF)对SAR图像中目标和阴影之间的连通性进行描述。SRPF对SAR图像每个像素引入一个先验概率，对属于目标和阴影之间的像素，属于目标或阴影的先验概率较大，而属于背景的先验概率较小。

根据SRPF的这一定义，SRPF的计算包含两个步骤：首先定位目标与阴影之间的区域Ω，当得到该区域后，对属于和不属于该区域的像素赋予不同的先验概率，由此得到SRPF。

首先，利用CFAR分割得到初始的目标和阴影区域。由于CFAR分割存在斑点噪声，因此利用核密度估计方法估计初始目标和阴影的分布密度。根据初始目标和阴影的分布密度就可以确定Ω沿距离向和方位向的边界，具体过程如下：记初始目标和阴影的分布密度分别为P_t、P_s。对每个方位向分辨单元i，沿纵向搜索找到最大的分布密度P_t^i、P_s^i，及其对应的位置(i, rt_i)、(i, rs_i)作为目标和阴影在该方位向单元的质心，P_t^i、P_s^i度量了目标和阴影在第i个方位向单元存在的可能性。对P_t^i、P_s^i设置合理的门限可以得到Ω的方位向边界cr_l, cr_r。对每个方位向单元$i(i \in [cr\_l, cr\_r])$，rt_i、rs_i分别为Ω沿距离向的边界。

得到区域Ω后，SRPF可由下面的经验公式给出：

$$\mathrm{SRPF}(cr, r) = \begin{cases} [P(s), P(b), P(t)] & (cr, r) \in \Omega \\ [1/3, 1/3, 1/3] & \text{其他} \end{cases} \quad (4.9)$$

式(4.9)中 $P(s)$、$P(b)$、$P(t)$ 分别为目标和阴影之间的像素属于阴影、背景和目标的先验概率,根据目标和阴影的连通性,$P(s)>1/3, P(b)<1/3, P(t)>1/3$。

为了考虑区域 Ω 的不确定性,定义一个与 Ω 有关的函数(可以看作是对集合 Ω 的示性函数的扩展):

$$h_\Omega(cr,r) = \{[1+\exp\{-(cr-cr\_l)/\sigma^2\}]^{-1} + [1+\exp\{(cr-cr\_l)/\sigma^2\}]^{-1} - 1\}$$
$$\cdot \{[1+\exp\{-(r-rt_{cr})/\sigma^2\}]^{-1}$$
$$+ [1+\exp\{(y-rs_{cr})/\sigma^2\}]^{-1} - 1\} \tag{4.10}$$

对应式(4.10)中定义的 h_Ω,SRPF 也相应地修正为

$$\text{SRPF}(cr,r) = [P(s),P(b),P(t)] \cdot h_\Omega(cr,r) + [1/3,1/3,1/3] \cdot (1-h_\Omega(cr,r)) \tag{4.11}$$

图 4.7 给出了 SRPF 估计的一个示例。其中,图 4.7(a) 显示的是 MSTAR 数据集中 T72 的一幅 SAR 切片图像,图 4.7(b) 给出了 CFAR 分割的结果。图 4.7(c)、(d) 显示的分别是初始目标和阴影的分布密度。图 4.7(e)、(f) 分别是目标和阴影沿距离向的最大分布密度。由此可以得到 Ω 沿方位向和距离向的边界。图 4.7(g) 是依据式(4.10)给出的区域 Ω,其中 $\sigma=1$。得到 Ω 之后,SRPF 可由式(4.11)计算。

(a) T72SAR切片图像

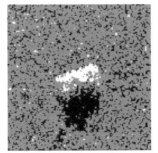
(b) CFAR 分割

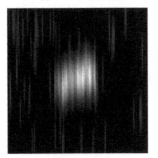
(c) 目标的分布密度

(d) 阴影的分布密度

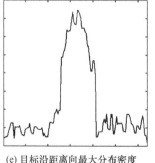 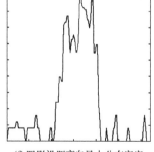

(e) 目标沿距离向最大分布密度　　(f) 阴影沿距离向最大分布密度

(g) 目标与阴影间的区域定位

图 4.7　空间关系势能函数(SRPF)估计

4.3　空间位置关系约束下的 SAR 目标分割方法

4.2 节针对地面车辆目标,详细分析了 SAR 图像中目标和阴影的空间关系,并利用空间关系势能函数描述这一空间关系知识。本节将该空间关系知识引入到 SAR 图像目标分割,通过 SRPF 增强目标与阴影之间的区域属于目标或阴影的趋势,从而减少目标、阴影分割缺失。

4.3.1　算法描述

MRF 分割能够在平滑斑点噪声的同时较好地保持目标和阴影的边缘,因此本节在 MRF 分割的基础上引入目标和阴影之间的空间关系,提出 SRPF-MRF 分割方法。

注意到 MRF 分割方法是在标号场 X 的先验 $P(X)$ 中加入 MRF 先验约束,这时最大后验分割写成

$$\hat{X} = \arg\max_{X} P(Y \mid X) \cdot \mathrm{MRF}(X) \tag{4.12}$$

SRPF-MRF 分割在此基础上进一步引入空间关系势能函数项(SRPF),这时

式(4.12)的最大后验分割变为

$$\hat{X} = \underset{X}{\mathrm{argmax}} P(Y|X) \cdot (\mathrm{MRF}(X) \cdot \mathrm{SRPF}(X)) \qquad (4.13)$$

对于势能函数项 $\mathrm{SRPF}(X)$，每个像素之间是相互独立的，而当给定标号 x_i 时，y_i 也可以看成相互独立的，因此式(4.13)进一步写成

$$\hat{X} = \underset{X}{\mathrm{argmax}} \prod (p(y_i|x_i) \cdot \mathrm{SRPF}(x_i)) \cdot \mathrm{MRF}(X) \qquad (4.14)$$

从式(4.14)可以看出，空间关系势能函数项可以并入到似然函数项，SPRF-MRF 分割只需要在 MRF 分割的基础上对似然函数项进行修正即可，由此带来的好处是：①现有的 MRF 分割方法可以很容易地扩展到 SRPF-MRF 分割方法；②SRPF-MRF 分割的计算量与 MRF 分割相比增加量很少。

根据式(4.14)和 MRF 分割流程，SRPF-MRF 分割方法包含以下四个步骤：①CFAR 粗分割得到目标、阴影和背景区域的初值；②根据 CFAR 粗分割的结果确定目标和阴影之间的区域，并由此计算空间关系势能函数；③将空间关系势能函数项引入似然函数项，进行 SRPF-MAP 分割，恢复目标和阴影之间由于被误分割为背景产生的缺失；④最后进行 MRF 平滑消除存在的斑点噪声。

以上四个步骤中，CFAR 粗分割、MRF 平滑和空间关系势能函数等已经在 4.1 节、4.2 节中作了介绍，下面讨论 SRPF-MAP 分割，随后结合 MRF 平滑的 ICM[70] 优化算法给出 SRPF-MRF 详细的算法步骤。

SRPF-MAP 分割考虑标号场 X 的先验 $P(X) = \mathrm{SRPF}(X)$，由下式给出：

$$\hat{X} = \underset{X}{\mathrm{argmax}} P(Y|X) \cdot \mathrm{SRPF}(X) \qquad (4.15)$$

对 $\mathrm{SRPF}(X)$，每个像素之间是相互独立的，而当给定标号 x_i 时，y_i 也可以看成相互独立的，因此式(4.15)写成

$$\hat{X} = \underset{X}{\mathrm{argmax}} \prod (p(y_i|x_i) \cdot \mathrm{SRPF}(x_i)) \qquad (4.16)$$

式(4.16)实际上可由下式求解：

$$\hat{x}_i = \underset{x_i}{\mathrm{argmax}} (p(y_i|x_i) \cdot \mathrm{SRPF}(x_i)) \qquad (4.17)$$

比较式(4.17)和式(4.4)，可知 SRPF-MAP 也可以转化为阈值分割，只是 SRPF-MAP 的阈值随像素的空间位置是变化的。

最后，结合 MRF 平滑的 ICM 优化算法，给出 SRPF-MRF 分割算法的详细步骤如下：

(1) 根据背景杂波参考单元估计瑞利分布参数 σ_b^2，对于给定的虚警概率 P_{f_s} 和 P_{f_t} 计算 CFAR 阈值门限 T_s 和 T_t，从而得到 CFAR 粗分割结果。进一步根据 CFAR 粗分割结果估计目标和阴影的瑞利分布参数 σ_t^2 和 σ_s^2。

(2) 根据 CFAR 粗分割的结果确定目标和阴影之间的区域，并由此计算空间关系势能函数 SRPF。

(3) 根据目标、阴影和背景区域的瑞利分布参数估计结果,以空间关系势能函数 SRPF 为基础,利用式(4.17)得到 SRPF-MAP 分割结果。初始化 $k=1$。

(4) 以距离向为主序,扫描整幅 SAR 切片图像,对每个像素 i,它的分割标号为 $\hat{x}_i = \underset{x_i}{\mathrm{argmax}} \left(\log p(y_i | x_i) + \log(\mathrm{SRPF}(x_i)) - \gamma \sum_{j \in \partial i}(x_i \neq x_j) \right)$。根据分割结果更新目标、阴影和背景区域的瑞利分布参数。

(5) 如果 $k \geq K$,输出分割结果,算法退出;否则,$k = k+1$,转至步骤(4)。

4.3.2 实验结果

利用 MSTAR 数据实验结果说明前述方法的有效性。图 4.8 给出了 SRPF-MRF 分割方法的一个示例。图 4.8(a) 显示了一幅 T72 的 SAR 切片图像。图 4.8(b)、(c) 分别给出了 MRF 分割和 SRPF-MRF 分割的结果。这里的优化算法为 10 次遍历的 ICM,虚警参数 $P_{f_s} = 0.2$,$P_{f_t} = 0.001$,MRF 超参数 $\gamma = 0.6$,空间关系势能函数的先验概率参数 $P(t)$、$P(s)$ 和 $P(b)$ 分别设为 12/25、12/25 和 1/25。显然 SRPF-MRF 方法分割的目标和阴影更加完整。

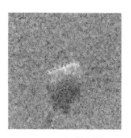  

(a) T72SAR切片图像　　(b) MRF分割结果　　(c) SRPF-MRF分割结果

图 4.8　MRF 分割和 SRPF-MRF 分割的效果比较

4.4　空间关系约束下的特征子结构

在基于模型的 SAR 图像目标识别方法中,目标索引是一个重要的环节。其准确程度和完备程度,决定了特性预估和目标识别的计算时间与匹配性能。SAR 图像目标索引过程中,通过提取目标的若干显著特征,结合人对目标结构特征的先验知识,可快速形成目标类型的初始假设。这对层次化的目标识别而言也是一种重要的手段。从信息利用的角度看,特征子结构综合了目标模型、观测实例、传感器知识以及专家知识等。它具有较高的语义层次,与人的视觉认知较为接近,便于引入人的认知规律以及人工干预。同时,特征子结构的特征维数一般较低,有利于扩展工作条件下的目标索引。在此,将结合一些实例说明

SAR 图像中的目标特征子结构,并以空间关系为先验约束对特征子结构的描述和提取进行探讨和研究,最后对特征子结构用于 SAR 目标索引的技术途径进行讨论和说明。

4.4.1 SAR 图像中的特征子结构

SAR 图像表现的是目标不同部位的电磁散射分布,从而间接地反映了目标的结构、材质等信息。下面结合 MSTAR 公开数据中一些实测 SAR 图像和文献中的例子,说明特征子结构及其在 SAR 目标索引中的应用。

图 4.9 所示为 T72 坦克的 3 幅 SAR 图像,从图中可以明显地看到一条高亮细长的线段,这些线段实际上对应着坦克的炮管结构。如果在 SAR 图像中能够有效地检测到炮管结构,那么就能够以很高的置信概率认为目标属于坦克,从而非常有利于车辆目标的索引。

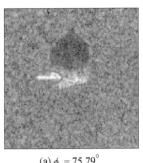  

(a) $\phi_0 = 75.79°$　　　　(b) $\phi_0 = 251.79°$　　　　(c) $\phi_0 = 253.77°$

图 4.9 SAR 图像中的炮管结构

图 4.10 所示为 SAIP 基于模板的目标识别[81]中 M35 卡车的光学照片和实测 SAR 图像。可以看出,M35 目标右下角的强散射是由卡车货箱的两个侧面和底部形成的三面角产生的,它具有比其他结构强得多的散射能量,可以用来作为卡车目标判别的依据之一。

(a)目标光学照片　　　　　　　　(b)目标SAR图像

图 4.10 M35 的局部点散射结构

Binford 等[82,83]对 BTR60 和 KTANK 两类车辆目标在不同方位角下的 SAR 图像提取散射中心,并配准重叠在同一图像中以分离车轮结构对应的散射点簇,分析车轮散射点簇随方位角的变化特性。结果表明,两类目标 SAR 图像中车轮结构在很大的方位角范围内具有稳定一致性,并且按照一定的距离间隔分布在 SAR 图像中近雷达距离主导边界上。根据车轮散射点的分布规律,提取出不同目标对应的车轮数量以及车轮间的间距作为特征,可以用于车辆目标的分类识别。

通过对大量 MSTAR 数据的观测和分析,发现 T72 坦克的 SAR 图像存在另外一类特定结构,如图 4.11 所示。从图中可以看到一种特殊的"钩子"结构。它分布在远距离的坦克后端,由其短边和部分长边形成一个"L"形。对比分析它的光学照片,认为"钩子"结构可能是由坦克上端粗大的炮塔对后部造成遮挡所成。在 MSTAR 的三类地面目标中,这种特殊的"钩子"结构只存在于坦克目标中,可以用于坦克目标的鉴别和索引。

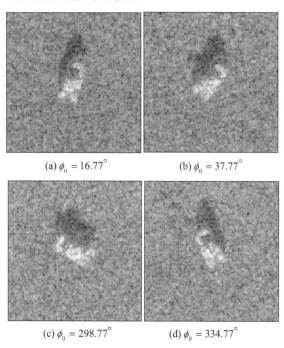

(a) $\phi_0 = 16.77°$ (b) $\phi_0 = 37.77°$

(c) $\phi_0 = 298.77°$ (d) $\phi_0 = 334.77°$

图 4.11 T72 SAR 图像中的"钩子"结构

除此之外,特征子结构还有其他的形式。从外源信息利用的角度来说,特征子结构综合了目标模型知识、传感器知识、领域专家知识以及观测等多方面的信息,而且本身也构成了一种知识——特征子结构知识。

特征子结构反映了目标的结构特点,是对目标的"关键字"描述(只是这里的"关键字"不是基于文字而是基于内容的),可以看作目标类型的标签。通过在未知类型目标的 SAR 图像中检测和提取特征子结构,可以对目标类型和状态进行推理。

4.4.2 特征子结构的描述和提取

特征子结构应用于 SAR 图像目标索引的一个关键问题在于特征子结构的描述。特征子结构的描述包括两个方面:一是特征子结构自身结构特点的描述,二是特征子结构与目标整体和其他结构的关系描述。

首先是特征子结构自身结构特点的描述。特征子结构在 SAR 图像中的表现主要可以分为四类:点、线、面和体。

1) 点

人造目标在 SAR 图像中最突出的表现就是局部点散射结构。图 4.10 中 M35 目标右下角的局部散射点结构是一个很好的例子,它可以用来作为卡车目标判别的主要依据之一。

这些局部点散射结构一般可由点散射中心近似。目标的特征子结构一般对应多个散射中心,不同的子结构在于不同的散射中心分布,当不考虑散射中心强度时,也就是散射中心对应的点集的分布。这时一切用于描述点集特征的方法都可以描述特征子结构,如几何不变矩[82]、谱方法[84]等。

2) 线

目标的很多子结构在 SAR 图像中表现为线型,如人造目标中大量存在的边、棱、二面角、圆柱等。图 4.9 中坦克炮管就是一个典型的例子,可以用一条直线描述炮管在 SAR 图像中的结构特点。图 4.12 给出的是一架运输机的 SAR 图像,从中可以清楚地看到机翼的棱形成的直线。

图 4.12　某飞机 SAR 图像中机翼的线型结构

目标和阴影在 SAR 图像中的轮廓线较好地定义了目标的结构,它们实际上可以看作二维平面上的曲线。很多二维曲线描述方法,如傅里叶链码[85]等可以描述目标和阴影的轮廓线。

3) 面

SAR 图像中局部区域散射强度的起伏描述了目标局部的散射能量分布,反映了目标局部的面结构,面能够描述点、线难以描述的复杂结构,如图 4.11 的"钩子"结构。

现有的图像灰度、纹理特征等描述方法都可以应用到这种面结构的描述。另外局部区域散射强度的起伏形成了二维曲面,二维曲面本身也存在其特有的描述方法。

4) 体

二维 SAR 图像也反映了一定的目标三维结构。文献[86,87]从阴影中提取目标的三维轮廓结构,如图 4.13 所示。

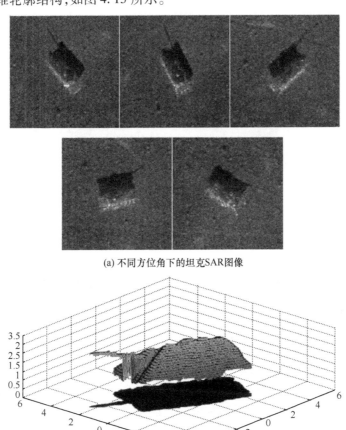

(a) 不同方位角下的坦克SAR图像

(b) 根据(a)提取的阴影重构得到的目标三维轮廓

图 4.13 从阴影中提取目标三维轮廓结构[86,87]

对规则的三维体结构,可以用参数化的方法描述,如圆柱、二面角的长度等。而对不规则的三维结构,如三维轮廓,一般需要利用三维曲面进行描述,这在计算机视觉领域也有较多的研究。

特征子结构反映的主要是目标的局部结构,因此特征子结构的描述还要考虑它与目标整体或全局的关系。基于模型的 SAR ATR 系统通过"特征回溯"间接地将观测 SAR 图像投影到三维 CAD 模型的空间坐标中,利用三维 CAD 模型对局部子结构进行描述。

现实中,大部分车辆目标主体可由长方体来近似,由此可建立比精细 CAD 模型更加抽象、同时对扩展工作条件具有更好适应能力的草图模型。根据与长方体主体的关系可以描述特征子结构。如炮管在 SAR 图像中除了其散射特点外,还在于它与长方体存在一定的空间位置角度关系。另外,在一定成像条件下,从长方体草图模型出发也可说明车辆目标在 SAR 图像中具有矩形轮廓,矩形轮廓是长方体草图模型在二维 SAR 成像平面的反映。矩形轮廓为特征子结构的描述提供了上下文信息,通过约束特征子结构与矩形轮廓的关系(可以是定量的,也可以是模糊的、不确定的),可以描述特征子结构。例如,"钩子"和"凹口"特征子结构在矩形轮廓的短边附近,如图 4.14 所示。

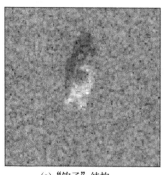
(a) "钩子"结构

(b) "凹口"结构

图 4.14　矩形轮廓上下文信息用于特征子结构描述(见彩图)

不同的特征子结构根据其特点及描述方法的不同具有相应的特征子结构提取方法,在本章后续的论述中我们将针对具体的例子详加阐述。此外,从目标模型出发对特征子结构进行预测,也可为特征子结构的描述与提取提供思路。文献[88-90]从目标的光学图像出发,根据领域专家知识指出不同视角条件下主要散射中心的分布,由此构造特征子结构进行目标识别。

4.4.3　特征子结构应用于 SAR 目标索引

所谓目标索引,是指通过一些显著的特征或结构对目标类型做出一定的推断,尤其常用于基于模型的目标识别中。由此,可以形成初始目标假设。在后续的电磁预估过程中就能够减少模型假设空间的维度,提高目标特征搜索和匹配的效率。

特征子结构通常是某类目标特有的或能够有效与其他目标区分的局部结构,从这个概念出发,特征子结构可以划分为两类:第一类是为某些目标所特有、而其他目标没有的特征子结构,如坦克的炮管,这是坦克类目标特有的;第二类是某几类目标都有,但相互之间又有差别的特征子结构,如车辆目标的车轮结构,很多车辆目标均包含车轮,但是在车轮个数、尺寸上又有所差别。

我们称第一类特征子结构为显著特征子结构,当从 SAR 图像中检测到显著特征子结构时,就能够以很大的概率认为待索引目标为某类目标,这种目标索引技术称为基于显著特征子结构检测的目标索引。

对基于第二类特征子结构的 SAR 目标索引,一般采取模板匹配的方式。首先针对该特征子结构在不同目标类别中的差异,分别构建各自的特征子结构模板;从 SAR 图像中提取待分类目标的特征子结构,并与不同类目标的特征子结构模板进行匹配比较,根据匹配的相似性度量对待分类目标所属的目标类别进行判断。这种目标索引技术称为基于特征子结构匹配的目标索引。

有效的目标索引需要综合利用多方面的特征、信息等,特征子结构只是其中的一部分。下节将在贝叶斯框架下构建基于显著特征子结构检测和特征子结构匹配的目标索引判别式。为突出重点和基本概念,下面主要以炮管子结构为例,阐述基于显著子结构检测的目标索引技术。

4.5　SAR 目标索引判别式

在基于模型的 SAR ATR 系统处理流程中,索引的任务是快速地在目标高维假设空间中定位需要重点关注的区域,为后续的精细化处理(搜索)提供若干目标假设列表。从索引的概念我们可以看出索引实际上是一个粗筛选和粗分类的过程。

根据索引的概念,我们一般从三个方面评价索引结果:正确度(Correctness)、命中度(Exactness)和计算效率(Computational Efficiency)。正确度要求索引给出的目标假设以很高的概率 P_D 包含目标真实的类型和状态,$P_D \to 1$ 意味着索引的正确度越高。命中度则在索引结果的唯一性方面提出要求,索引给出的候选目标假设集合越小则命中度越高,这时后续细化、验证阶段要处理的目标假设就越少,因此索引的结果越有效。索引的任务是粗筛选和粗分类,因此索引往往需要考虑整个目标假设空间,这就对索引的计算效率提出了极高的要求。索引的三个评价指标之间不是相互独立的,正确度高往往意味着命中度会降低,要想在不降低正确度的条件下提升命中度,往往需要牺牲部分计算效率。因此面对实际问题时需要在这三者之间进行权衡。

本节根据 SAR 目标索引的概念,在贝叶斯框架下,考虑索引的正确度和命中度,推导了基于上下文先验知识、基于显著特征子结构检测的目标索引判别式。

4.5.1 SAR 目标索引的贝叶斯框架

记 $\Theta = \{C_1, C_2, \cdots, C_N\}$ 为备选目标类型的集合,Y 为 SAR 观测数据(图像或特征)。根据最大后验(MAP)准则,目标分类和识别将观测数据对应的目标类型判别为

$$C = \underset{C_n}{\operatorname{argmax}} P(C_n \mid Y) \tag{4.18}$$

式中:$P(C_n \mid Y)$ 为获得观测数据 Y 后目标类型为 C_n 的后验概率。

目标索引事实上相当于一个弱分类器,它不是要输出观测数据最可能对应的目标类型,而是要给出观测数据可能对应的多种目标类型,后续的模块利用更加精细的分类识别算法对这些目标类型进行细化验证。因此目标索引的输出结果为一个集合,而且是 Θ 的子集,不妨记为 A。

根据索引正确度的定义,

$$P_D = \sum_{C \in A} \overline{P}(C \mid Y) \tag{4.19}$$

式中:$\overline{P}(C \mid Y) = P(C \mid Y) \Big/ \sum_{C \in \Theta} P(C \mid Y)$ 为归一化后验概率,$P_D \to 1$ 意味着索引的正确度越高。显然当 $A = \Theta$ 时,$P_D = 1$。

P_D 事实上包含了检测概率的概念,相应地可以定义漏检概率 $P_e = 1 - P_D$,表示索引输出结果 A 不含目标真实类型(即输出结果 A 是无效的)的概率。$P_e \to 0$ 意味着索引的正确度越高。

命中度在索引结果的唯一性方面提出要求,索引输出结果 A 的元素个数越少,则命中度越高,索引的结果也就越有效。集合 A 元素的个数也称为集合的势,不妨记为 $\Psi(A)$。

目标索引的正确度和命中度通常是相互矛盾的,在相同条件下难以兼顾。一般可以从两方面构建目标索引判别式:一是在指定的正确度条件下,使命中度最高;二是在指定的命中度条件下使正确度最高。

第一种思路,指定的正确度条件一般是要求漏检概率 $P_e \leq \varepsilon (0 < \varepsilon < 1)$ 或检测概率 $P_D \geq 1 - \varepsilon$,命中度最高即最小化 $\Psi(A)$,这时的目标索引判别式为

$$\hat{A} = \underset{A \subseteq \Theta}{\operatorname{argmin}} \Psi(A)$$
$$\text{s.t.} \sum_{C \in A} \overline{P}(C \mid Y) \geq 1 - \varepsilon \tag{4.20}$$

式(4.20)的优化过程通常是对$\overline{P}(C_n|Y)$从大到小进行排序,排序的结果记为$\overline{P}(C_{n_k}|Y)$,取前K个使得$\sum_{k=1}^{K}\overline{P}(C_{n_k}|Y) \leq 1-\varepsilon$,则目标索引输出结果为$A=\{C_{n_1},C_{n_2},\cdots,C_{n_K}\}$。

第二种思路,指定的命中度条件一般是要求$\Psi(A) \leq R(1 \leq R \leq N)$,正确度最高即最大化$P_D$或最小化$P_e$,这时的索引判别式为

$$\hat{A} = \underset{A \subseteq \Theta}{\operatorname{argmax}}\left(\sum_{C \in A}\overline{P}(C|Y)\right)$$
$$\text{s.t.} \ \Psi(A) \leq R \tag{4.21}$$

式(4.21)的优化过程也是先对$\overline{P}(C_n|Y)$从大到小进行排序,排序的结果记为$\overline{P}(C_{n_k}|Y)$,直接取前R个备选类别,相应的目标索引输出结果为$\hat{A}=\{C_{n_1},C_{n_2},\cdots,C_{n_R}\}$。

4.5.2 基于上下文先验知识的 SAR 目标索引

根据贝叶斯原理,

$$P(C_n|Y) = P(Y|C_n)P(C_n) \Big/ \sum_n P(Y|C_n)P(C_n) \propto P(Y|C_n)P(C_n) \tag{4.22}$$

式中:$P(Y|C_n)$表示目标类型为C_n时观测数据Y的条件概率;$P(C_n)$表示某类型目标的先验概率项,一般是由领域专家根据目标与所处环境以及与其他目标的关系等上下文先验知识确定(见第5章)。

仅考虑上下文先验知识对目标的约束时,忽略条件概率项$P(Y|C_n)$,则式(4.22)中$P(C_n|Y) = P(C_n)$。将$P(C_n|Y) = P(C_n)$代入式(4.20)、式(4.21)得到基于上下文先验的目标索引判别式,

$$\hat{A} = \underset{A \subseteq \Theta}{\operatorname{argmin}} \Psi(A)$$
$$\text{s.t.} \sum_{C \in A} P(C) \geq 1-\varepsilon \tag{4.23}$$

$$\hat{A} = \underset{A \subseteq \Theta}{\operatorname{argmax}}\left(\sum_{C \in A} P(C)\right)$$
$$\text{s.t.} \ \Psi(A) \leq R \tag{4.24}$$

式(4.23)和式(4.24)的目标索引实际上就是取先验概率最大的K类备选目标类别构成备选集合A。

4.5.3 基于显著特征子结构检测的 SAR 目标索引

显著特征子结构是某一类或某几类目标所特有、而其他目标没有的特征子结构。典型的显著特征子结构如坦克的炮管结构,它是坦克类目标特有的,当检

测到炮管时可以基本认定目标为坦克而不是其他的车辆目标。

基于显著特征子结构检测的 SAR 目标索引从观测数据 Y 中判断某个显著特征子结构是否存在,根据该显著特征子结构的存在性定义观测数据来自不同类型目标的概率,即 $P(C_n | Y)$。

假设某个显著特征子结构 Z,它属于某一类或某几类目标(记为 Θ^Z,Θ^Z 为 Θ 的一个子集)所特有。如果从观测数据中检测出显著特征子结构 Z,则观测数据 Y 来自 Θ^Z,这时定义

$$P(C_n | Y) = \begin{cases} 1/\Psi(\Theta^Z), & C_n \in \Theta^Z \\ 0, & C_n \notin \Theta^Z \end{cases} \quad (4.25)$$

目标 SAR 特性对工作条件特别敏感,在 SAR 图像中可能只有在某些特定的条件下才能观测到坦克目标的炮管结构。因此未能从观测数据中检测到显著特征子结构 Z 不能就此说明观测数据不是来自 Θ^Z,这时定义 $P(C_n | Y) = 1/N$,N 为目标类型数目。此时不能对观测数据 Y 所属的目标类型作任何判断。

考虑显著特征子结构检测结果对目标的约束,得到基于显著特征子结构检测的目标索引判别式:

$$A = \begin{cases} \Theta^Z, & \text{检测到 } Z \\ \Theta, & \text{未检测到 } Z \end{cases} \quad (4.26)$$

4.6 基于炮管子结构检测的目标索引

坦克目标一个显著的结构特点是其延伸的炮管,而且在高分辨率 SAR 图像中,坦克的炮管结构在很多情况下都能够清晰地显现,这为 SAR 图像坦克炮管检测和提取提供了可能。当从 SAR 切片图像中检测到炮管结构时,我们就能以很高的置信水平判定该目标为某种坦克,从而为坦克目标的鉴别和索引提供一种可靠的、重要的依据。本节通过研究坦克炮管在 SAR 图像中的三种表现,分别给出三种 SAR 图像坦克炮管的检测方法,并且依据炮管检测的结果进行基于炮管显著特征子结构检测的车辆目标索引。

4.6.1 SAR 图像中坦克炮管的现象学分析

坦克炮管结构是与坦克主体具有特定位置关系的附加连接结构,通过观察和分析 MSTAR 数据中 T72 坦克的 SAR 图像,我们总结出坦克炮管在 SAR 图像中主要有三种表现:炮管结构强散射、阴影区域内的炮管弱散射和炮管阴影。

(1) 炮管结构强散射:如图 4.15 所示,当炮管与雷达视线方向近似垂直时,

炮管呈现展布式散射中心结构,在 SAR 图像中表现为一条高亮的线段。该线段延伸至车辆主体结构之外,并与车辆主体呈特定的几何关系。

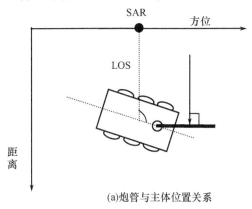 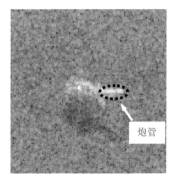

(a) 炮管与主体位置关系　　　　　　　　(b) 炮管结构强散射

图 4.15　炮管结构强散射及其存在条件

（2）阴影区域内的炮管弱散射:如图 4.16 所示,当炮管方向与雷达视线方向接近相同时,炮管结构的散射较弱,并且部分投射到阴影区域。由于阴影区域的 SAR 图像灰度值较低,炮管的弱散射局部信噪比较高,因此有可能检测出炮管结构。

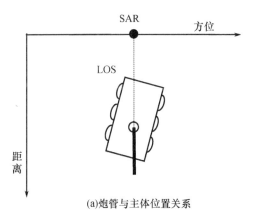 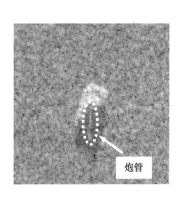

(a) 炮管与主体位置关系　　　　　　　　(b) 阴影中炮管结构弱散射

图 4.16　阴影区域内的炮管弱散射及其存在条件

（3）炮管阴影:沿雷达视线方向受到坦克目标遮挡的区域,在 SAR 图像上形成阴影,坦克目标主体和炮管连接结构都有对应的阴影。根据炮管不同的配置和方向,炮管阴影与车辆主体的阴影具有不同的几何关系。如图 4.17 所示,在很多情况下,车辆主体的阴影不能完全遮挡炮管的阴影,使得炮管阴影部分或完全地延伸至车辆主体阴影之外。这时,根据炮管阴影细长性的特点以及炮管阴影与车辆主体阴影的几何关系能够检测出炮管阴影。

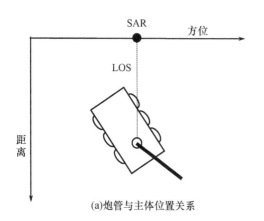
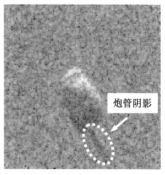

(a)炮管与主体位置关系　　　　　　　　(b)炮管阴影

图 4.17　炮管阴影及其存在条件

4.6.2　SAR 图像坦克炮管的检测和提取

根据坦克炮管在 SAR 图像中的三种不同的表现,下面分别给出相应的炮管检测和提取方法。

4.6.2.1　基于自身强散射的炮管结构提取

首先对包含车辆目标的 SAR 切片图像分割得到目标、背景和阴影三个部分。目标部分主要是车辆主体的散射以及可能存在的炮管结构强散射。在较小的俯仰角条件下,车辆主体在 SAR 图像中具有矩形轮廓。因此对分割得到的目标区域估计其矩形轮廓,从而提取车辆主体,相关方法见第 3 章。

一般地,炮管强散射会延伸到矩形轮廓之外,所以对矩形轮廓外的目标像素作 Hough 变换,将检测得到的直线作为备选线段。根据线段的长度、线段的方向以及线段与矩形轮廓的几何关系约束检测出真正的炮管强散射。

(1) 线段长度约束:炮管强散射对应的线段应具有一定的长度,具体值依赖于炮管延伸至车辆主体之外的部分在 SAR 成像斜平面的投影长度。

(2) 线段方向约束:炮管只有在与雷达视线方向接近垂直时才表现为高亮的线段,因此炮管强散射对应的线段应当与雷达视线接近垂直。

(3) 线段与矩形轮廓的几何关系约束:炮管强散射对应的线段一般与矩形轮廓的某边相交,并与该边所成的夹角比较大。

图 4.18 是图 4.15 的炮管强散射检测和提取的结果。给定的约束条件是:线段长度超过 5 个像素,线段与雷达视线方向的夹角大于 80°,线段与矩形轮廓的某边相交,并与该边所成的夹角大于 45°。

(a) 坦克SAR图像　　　　　　　　　(b) 提取的炮管结构

图 4.18　炮管强散射检测和提取结果示例

4.6.2.2　基于目标阴影区中弱散射的炮管结构提取

首先利用散射中心提取方法提取阴影区域内的目标弱散射中心。对这些散射中心进行直线拟合，根据阴影区域内的目标弱散射中心的个数、拟合程度的好坏、拟合线段的长度及与矩形轮廓的位置关系等约束检测出真正的炮管。

（1）弱散射中的数目：阴影区域内的目标弱散射中心的个数不少于 4 个，否则炮管检测的虚警会很高。

（2）直线拟合"好坏"程度：利用阴影区域内的目标弱散射中心到拟合线段的距离和与拟合线段长度的比值度量拟合"好坏"程度：该比值越小说明直线拟合程度越好。

（3）拟合线段长度约束：炮管弱散射对应的线段必须具有一定的长度。

（4）拟合线段与矩形轮廓的几何关系约束：炮管弱散射对应的线段一般延伸至矩形轮廓之外，与矩形轮廓的某边相交，并与该边所成的夹角比较大。

图 4.19 是图 4.16 中炮管弱散射检测和提取结果。给定的约束条件是：阴影区域内的目标弱散射中心的个数不少于 4 个，线段长度超过 5 个像素点，线段延伸至矩形轮廓之外，与矩形轮廓的某边相交，并与该边所成的夹角大于 45°。

(a) 坦克SAR图像　　　　　　　　　(b) 提取的炮管结构

图 4.19　阴影区域内的炮管弱散射检测和提取结果示例

4.6.2.3 基于自身阴影的炮管结构提取

炮管的阴影一般表现为从主体部分阴影延伸出的细长结构。因此首先利用形态学滤波对阴影轮廓进行平滑,得到主体部分阴影。除去主体部分阴影之后剩余的阴影像素点可能属于炮管阴影。对剩余的阴影像素点作 Hough 直线检测,定位可能的炮管阴影。最后利用炮管阴影的长度、细长性等约束检测出真正的炮管阴影。

(1)炮管阴影的长度约束:炮管阴影必须具有一定的长度,具体值依赖于炮管长度以及与车辆主体的几何关系。

(2)炮管阴影的细长性约束:以 Hough 直线检测得到的线段长度作为炮管阴影的长度,除去主体部分阴影之后的剩余阴影的面积除以炮管阴影长度作为炮管阴影的宽度,利用炮管阴影的长度与宽度的比值衡量炮管阴影的细长性约束,该比值越大则炮管阴影越细长。

图 4.20 是图 4.17 的炮管阴影检测结果。给定的约束条件是:炮管阴影的长度超过 5 个像素点,炮管阴影的长度与宽度的比值大于 2。

(a) 坦克SAR图像

(b) 提取的炮管阴影

图 4.20 炮管阴影检测和提取结果示例

4.6.3 基于炮管显著子结构检测的目标索引

炮管子结构是坦克目标的显著特征子结构,当从车辆目标 SAR 切片图像中检测出炮管子结构时,则该车辆目标以很大的概率属于坦克目标。根据 4.5.3 小节基于显著特征子结构检测的 SAR 目标索引,得到基于炮管显著子结构检测的目标索引:

对给定的观测 SAR 图像进行炮管子结构检测,目标索引结果为

$$A = \begin{cases} \Theta^{\text{坦克}}, & \text{检测到炮管} \\ \Theta, & \text{未检测到炮管} \end{cases} \tag{4.27}$$

式中 $\Theta^{\text{坦克}}$ 表示 Θ 中坦克类目标的集合。另外还可以根据炮管子结构检测结果

进一步定义 $P(Y|C_n)$，以便于与其他来源的信息进行组合索引。

4.7 MSTAR 数据实验

4.7.1 炮管检测实验

MSTAR 公开数据集中包含三类目标，即 T72、BMP2 和 BTR70，这其中仅 T72 为坦克，且包含炮管子结构。我们首先通过人工判断选取包含炮管子结构的 SAR 切片图像。对这些 SAR 切片图像，利用 4.6 节给出的方法检测和提取其中的炮管结构。

图 4.21 给出了根据炮管强散射检测和提取炮管子结构的几个示例。第一行是 T72 SAR 切片图像，第二行是对应的炮管检测和提取结果。

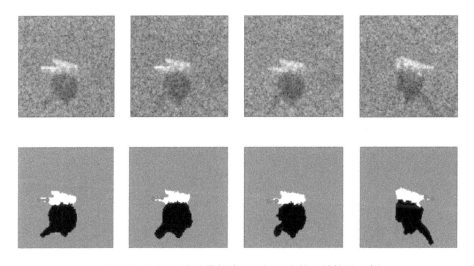

图 4.21 根据炮管强散射检测和提取炮管子结构的示例

图 4.22 给出了根据阴影区域内炮管弱散射检测和提取炮管子结构的几个示例。类似地，第一行是 T72 SAR 切片图像，第二行是对应的炮管检测和提取结果。

图 4.23 给出了根据炮管阴影检测和提取炮管子结构的几个示例。同样地，第一行是 T72 SAR 切片图像，第二行表示对应的炮管检测和提取结果。

表 4.1 给出了基于 MSTAR 公开数据集三类目标（分别是 T72、BMP2 和 BTR70）共 2987 幅 SAR 切片图像的炮管检测结果统计。此外对其中的 1273 个 T72 SAR 切片图像进行了人工炮管检测，检测结果见表 4.1 的 T72 的 manual 栏。

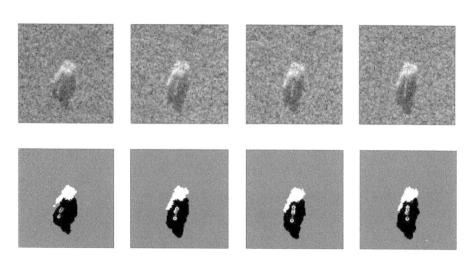

图 4.22 根据阴影区域炮管弱散射检测和提取炮管子结构的示例

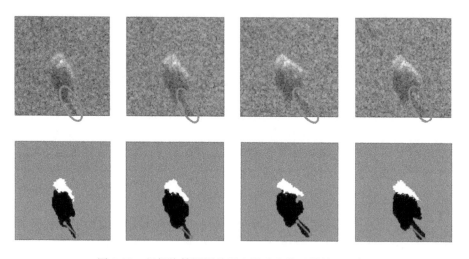

图 4.23 根据炮管阴影检测和提取炮管子结构的示例

以人工标注的结果为基准估计三种炮管检测方法的检测概率 P_D 分别为 49/50=98%、62/68≈91.2% 和 311/342≈91%。BMP2 和 BTR70 不含炮管结构，因此可以根据 BMP2 和 BTR70 两类目标的炮管检测结果估计三种炮管检测方法的虚警概率 P_f 分别为 (0+0)/(1285+429)=0%、(7+7)/(1285+429)=0.82% 和 (2+1)/(1285+429)=0.18%。较高的检测概率和低虚警率说明了炮管子结构检测对坦克目标索引的重要价值。

表 4.1 MSTAR 公开数据集炮管检测统计结果

	BMP2(1285)	BTR70(429)	T72(1273) machine	T72(1273) manual
炮管强散射检测	0	0	49	50
阴影区域炮管弱散射检测	7	7	62	68
炮管阴影检测	2	1	311	342

4.7.2 基于炮管子结构的 SAR 目标索引

针对 MSTAR 公开数据集的三类目标(T72、BMP2 和 BTR70)、俯仰角 15°条件下的 1365 个 SAR 切片图像,根据 4.6 节基于炮管子结构的 SAR 目标索引方法,表 4.2 给出了相应的目标索引结果。其中,A 是对某个测试 SAR 切片图像目标索引输出的可能类型的集合,当 A 包含测试图像真实类型时,则认为这是一次正确的索引。如表 4.2 中 587 个 BMP2 切片图像,对其中的 583 个测试图像都能够输出正确的索引结果。$\Psi(A)$ 表示索引结果的命中度,它是目标索引输出的测试 SAR 切片图像可能类型的个数,$\Psi(A)=1$ 表示 A 中仅包含一种类型,当 A 同时是一次正确的索引时,A 给出的就是测试 SAR 切片图像真实的类型。$\Psi(A)>1$ 说明目标索引的结果还包含其他目标类型。表 4.2 对 582 个 T72 测试 SAR 切片图像都给出了正确的索引,其中 200 个测试图像的索引命中度 $\Psi(A)=1$,其余 382 个的索引命中度 $\Psi(A)=3$。

表 4.2 基于炮管子结构的 SAR 目标索引统计结果

	正确索引	$\Psi(A)=1$	$\Psi(A)=2$	$\Psi(A)=3$
BMP2(587)	583	0	0	583
BTR70(196)	193	0	0	193
T72(582)	582	200	0	382

从表 4.2 可以计算平均索引正确度 $\overline{P}_D=(583+193+582)/1365\approx 99.5\%$,平均索引命中度为 $\overline{\Psi}(A)=(583\times 3+193\times 3+200\times 1+382\times 3)/(583+193+582)\approx 2.71$。

空间结构关系描述了目标各部分之间、目标与环境之间的依赖关系,在 SAR 图像目标分割和索引中有重要作用。将其用于目标分割,可避免车辆目标区域与阴影区域相互分离的现象,从而提高目标分割的性能。特别地,特征子结构作为空间结构关系的一种实例,在基于模型的 SAR 目标识别中对目标索引有重要意义,能快速形成目标初始假设,提高搜索的效率。从信息利用的角度看,如果将目标的多种特征结构结合起来运用,效果会更好。例如,将目标 SAR 图像中的稳定散射中心子结构提取出来并将其与炮管子结构相结合,在贝叶斯框架下进行融合处理,则目标索引的性能可进一步得到提高。当然,特征子结构只是空间结构关系的一种表现形式,因此本章对于空间结构关系的运用可看作是知识运用的一种雏形,真正实现基于知识的雷达目标识别,还需要在理论层面进行深入的研究和探讨,包括知识的内涵、知识的表示、知识的推理和知识的运用等,详见第 5 章。

第 5 章
知识辅助的雷达目标识别

一方面,复杂的识别应用场景导致的扩展工作条件使得单纯依靠雷达测量数据提取特征进行识别难以奏效[91,92];另一方面,还有大量的、难以量化但对识别处理又有明显信息增量的知识和经验未被机器系统利用。事实上,目标识别问题既依赖应用场景,也依赖信息利用抽象的层次,它是对目标本身以及目标与环境等各种关系的综合反映,因此,单纯从雷达数据提取特征的角度很难对目标进行充分且准确的描述,必须引入特征以外的信息才能有效识别目标[93]。

引入知识辅助处理是应对上述问题的可行途径。知识的引入能够有效沟通跨领域的异质信息,实现多种来源信息的一致处理;通过引入知识辅助,能够有效刻画复杂数据中隐含的本质规律,简化目标描述,提升目标识别效能。因此,本章以此为出发点对知识辅助的雷达目标识别进行阐述。

5.1 雷达目标识别中的知识概念与内涵

在雷达目标识别的研究中,需要全面考虑的因素有雷达、目标及其所处环境。由于雷达工作状态的变化,目标类型、结构、运动状态的多样性以及目标所处环境的复杂性,使得可用于雷达目标识别的数据具有高维度、异构特点[91]。希望利用有限的样本数据,建立高维样本空间与有限目标类别之间映射关系来实现目标识别,是异常困难的。要克服样本不足、分类器适应能力弱的问题,一个重要的技术途径就是增加额外的信息,如目标、队形结构模型的构成关系信息、目标与阴影间约束关系信息等。这些信息的加入,直接的作用是缩小目标识别解空间的范围,提高识别结果的可靠性和处理效率。我们将这些关系信息统称为雷达目标识别领域知识。

5.1.1 信息处理领域中知识的基本含义

关于什么是知识(Knowledge)的问题,从古埃及时代开始就已经被很多哲学家探讨过了。想要找到一种高度抽象的知识定义是相当困难的。然而,通常情况下,知识可以被认为是"使我们认识世界的有意义资源"[94]。知识理论研究知识如何定义世界、知识如何编码、以及知识如何推理等问题。相似的知识定义可以应用于计算机信息系统领域,在信息处理领域,知识应该是计算机可处理、可理解的信息,通过使用它们计算机可以代替人处理部分基于知识分析的工作。

认识知识的特性是实现有效知识利用的基本前提。根据知识使用领域的大小,本章将从单领域和多领域两个角度来阐述知识应该具有的特性。

首先,对单领域(通常指单个信息系统或设备独立工作的情况)中使用的知识,知识具有如下几个特性[95-99]:

(1) 知识具有领域相关性,任何一个系统都有自己的应用背景,知识必须是按照领域内的规范来定义与描述,才能在领域内达成一致理解,支持信息共享。

(2) 知识必须具有可表示性,对信息系统来说,它只能处理那些能够用规范明确的机器语言描述的知识,其他的知识只能通过"人在环路"的处理流程设计,通过人机交互来引入人类的知识处理能力。

(3) 知识具有不确定性,知识不总是只有真和假两种状态,即真假之间存在很多状态,"假"的中间也存在"真"的程度,比如概率和模糊特性。

其次,对多领域(通常指多个设备或系统协同使用,情报网就是典型代表)中使用的知识,知识还具有另外两个特性:

(4) 知识具有的相对性,知识的领域相关性决定了不同领域的知识存在相对性,同一概念在不同领域知识空间中的理解存在差异性,如对目标大小的理解,陆军与海军的认知就存在明显的差异性;经典的牛顿力学在量子范畴的不完备性等。

(5) 跨领域知识的可共享性,在充分理解各领域概念、规则、法则、公理的差异性的前提下,不同领域之间的信息是可以实现有效共享的。

充分理解知识的上述五个特性是研究知识利用的前提,相应的知识获取、知识表示、知识处理的研究也必须围绕知识的上述五个特性展开。

5.1.2 雷达目标识别领域中的知识

领域知识是知识的子集,是与问题领域密切相关的知识集合。就雷达目标识别而言,现实中与其相关联的知识同样有很多,只有那些与雷达目标识别处理密切相关,且对目标识别效果有增量作用的知识才会被纳入到雷达目标识别领域知识的范畴中来。此外,知识还必须是计算机可处理的,这是实现知识利用的前提。因此,我们对雷达目标识别领域知识的定义是:"服务于雷达目标识别的计算机可处理知识的总称"。

在实际的领域知识建模中,其内容和组织方式是根据雷达目标识别处理的具体信息需求而确定的。因此在介绍领域知识之前,首先对当前主流的雷达目标识别处理的一般过程做简要介绍。传统基于特征匹配的雷达目标识别处理一般可以归纳为图5.1所示的过程。

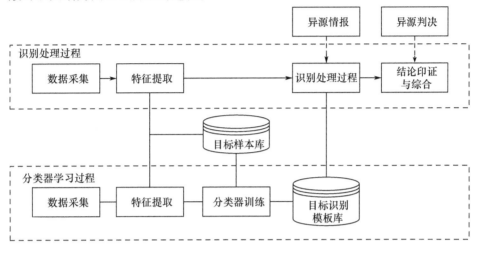

图5.1 基于特征匹配的雷达目标识别处理过程

由图5.1可知,雷达目标识别处理分为两大部分:分类器学习过程和识别处理过程。其中,分类器学习过程完成样本的收集、特征提取和分类模板的生成三个关键环节;识别处理则是利用已经生成的分类器模板对未知目标进行判定,它有四个关键环节:数据采集、特征提取、识别处理以及结论综合。

在现代化的情报系统中,任何一部传感器都只是情报网中的一个信息节点。采用多信源协同,充分利用情报网所能提供的目标相关信息来识别目标是更为理想的策略,图中以虚线与识别处理相连的异源情报和异源判决便是具体体现。之所以用虚线连接,表示此类信息在识别处理过程中并不能够保证一定存在。

当存在其他情报或信息支持时,由于数据描述内容和抽象层次的差异,识别处理和结论综合模块需要引入额外的知识进行辅助,才能有效地处理和使用这些异源信息。事实上,知识的作用不仅仅体现在对异源信息的使用支持能力上,它对目标识别处理过程中的其他环节也能够或多或少地能提供支持,使得对应环节的处理方式更加科学合理[93]。

图5.2给出了知识对雷达目标识别处理过程中各环节的支持关系。

由图5.2可知,知识对雷达目标识别处理过程的关键环节的支持关系主要体现在以下五个方面:

1)对数据采集的支持

数据采集环节中知识的作用主要体现在两个方面(图5.3):首先,根据识别

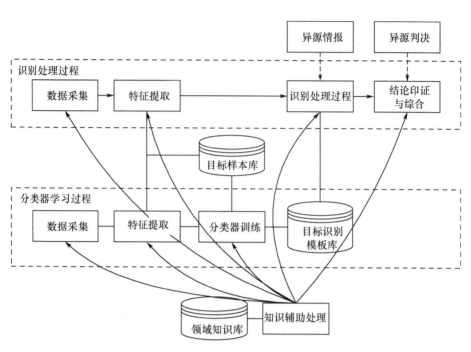

图 5.2 知识对雷达目标识别处理过程各环节的支持关系

需要,确定雷达的工作模式和信号形式等内容,属于认知雷达的范畴;其次,是对数据收集的支持。当实际数据样本获取代价太高或难以获取时,利用目标物理结构、散射特性知识、传感器信号模型和噪声模型生成仿真样本,如 SAR-ATR[100-103]便是通过仿真数据提升样本库的完备性。

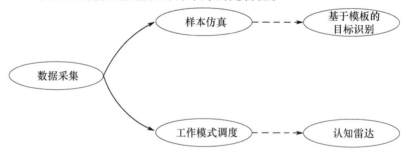

图 5.3 数据采集需要知识支持的环节

2) 对特征提取的支持

提取出稳定不变、区分能力好的特征是所有特征提取算法期望的目标。然而现实的情况是,目标特征的稳定性和区分能力往往是相对的,它不仅受到多种物理因素的影响,还受目标识别需求的影响。首先,物理因素如目标运动速度、姿态角、传感器工作波段、工作带宽等都会对目标特征的稳定性和区分能力产生影响。其次,识别需求对特征的影响,实际中不存在满足所有识别层次需求的特征,不同的识别需求通常需要使用不同的特征组合才能得到满意的结论。因此,无论是针对不同物理条件下的目标区分,还是针对不同层次的目标识别需求,都要相关知识的支持才能有效实施。知识对特征提取可能存在的支持关系如图 5.4 所示。

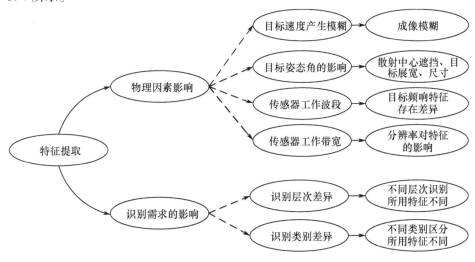

图 5.4　特征提取需要知识支持的环节

3) 对分类器学习训练的支持

目标特征的稳定性和区分能力受到诸多因素的影响,目标识别模板的学习与训练时,为保证识别系统取得良好的识别效果,需要根据识别需求、特征稳定性、特征类别区分能力等因素选择合适的特征组合、确定合理的分类器训练方案。在此过程中,需要利用特征稳定性与物理因素关系模型知识,需要利用特征组合与目标类别识别区分能力的关系知识,需要利用识别层次需求与目标特征支持强度关系知识,才能实现高性能的分类器学习与训练。下面以低分辨雷达舰船目标为例,给出与分类器学习训练相关的知识示意,如图 5.5 所示。

4) 对识别处理的支持

在基于特征匹配的识别处理中,除了使用特征匹配度评价以外,还可以利用目标的统计知识信息,如目标分布模型、目标活动规律等知识;另外,高层知识辅助也对目标识别性能的提升具有明显效果,如目标与环境的相互关系、目标与目标的相互关系知识,特定时间段的训练海区、特殊运动方式与目标类别的关系信息等知识都对目标类别的确认有明显的支持作用。此外,在多源信息融合识别

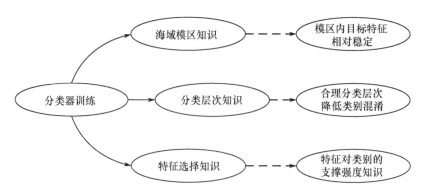

图 5.5　用在低分辨雷达舰船目标识别分类器学习中的知识

应用中,异源情报信息的利用也是提升目标识别效果的重要途径,而这种跨领域的信息使用必须在知识的帮助下才能合理的实现。图 5.6 给出了可支持识别处理的部分雷达目标识别领域知识。

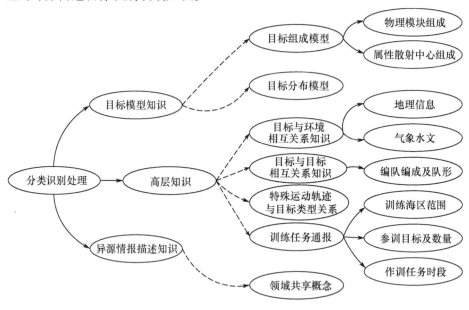

图 5.6　可用于雷达识别处理模块中的知识

5）对结论印证与综合的支持

无论是多分类器结论的综合,还是与异源判决结论的综合与印证,都可能存在识别结论粒度、层次不同的问题,尤其是在与异源判决结论综合的过程中,甚至可能存在结论之间完全没有交集的情况(如电子侦察设备对辐射源的判决结论与雷达识别结论之间的综合问题,又或者在 SAR 目标识别中典型部件、属性散射中心、目标类型三者之间存在关联关系但其概念集合又没有任何交集）。因此，可以说多结论综合的过程中，都或多或少地需要领域知识的支持才能实现有效的多源判决综合。与结论综合相关的知识主要包括分类器信度知识、目标类别概念层次关系知识、概念属性联系知识等，图5.7给出了部分对雷达目标识别结论综合处理具有支持关系的知识。

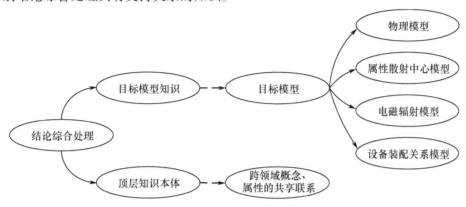

图5.7 可用于识别结论综合处理中的知识

综合上面所述的五个方面的支持关系，与雷达目标识别相关的领域知识可以归结为两个大类：一类是控制型知识，它们是影响识别处理的具体流程和信息流向的知识，如识别模板切换、初始特征候选集等知识；另一类是数据型知识，它们是影响识别运算处理内容和结论的信息，如目标的先验知识、环境约束信息等。就识别处理而言，控制型知识使得识别处理流程具备随条件变化的柔性，处理过程更为科学合理；数据型知识则是直接影响识别处理中的具体运算内容，使得到的结论更为可靠与稳定。对识别处理效果来说，数据型知识由于蕴含了更为丰富全面的目标属性信息，其对识别处理效果的影响也是最直接和最明显的。为此，本章将重点围绕数据型知识的获取、表示与使用展开阐述。与识别相关的数据型知识主要由两类内容组成：一类是描述目标自身特性的目标模型知识；另一类是描述目标与周围环境关系的上下文知识。

图5.8给出了部分雷达目标识别领域的知识概念及联系。目标模型知识包含个体目标模型和编队模型两部分内容。其中，个体目标模型描述与目标自身相关的物理属性、运动能力、辐射特性、散射特性等内容；编队模型则是描述目标特定组合的知识，包括成员信息和队形信息等内容。上下文知识则分为环境知识和目标与环境相互关系知识；环境知识主要指模区、航线、气象水文及地理信息；目标与环境相互关系知识主要包括地形地貌、交通设施、陆地水面对目标类型的约束，风雨等级、海况等级对目标通行能力的约束等。上述知识细节详见表5.1。

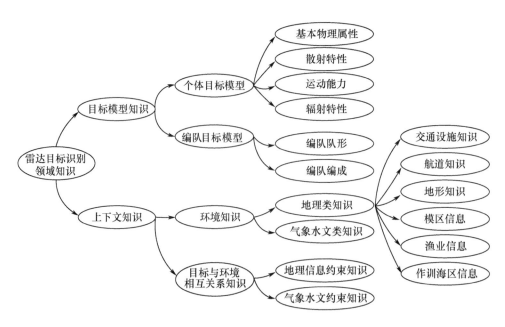

图 5.8 雷达目标识别领域知识分类层次示意

表 5.1 雷达目标识别领域知识分类

知识分类	知识子类	包含内容	具体实例
目标模型知识	个体目标模型	基本物理属性	目标的尺寸(长、宽、高),目标形状结构,子模块组成(轮子、基座、炮塔、履带、天线、舰体、发射舱等),目标表面材质和颜色等
		散射特性	目标RCS,目标低分辨回波特性(如凹口等级、跳动等级、展宽、丝纹、倾斜度、能量比等),目标高分辨散射中心分布,属性散射中心等
		辐射特性	包括红外辐射特性(如红外辐射分布特性),目标上工作的通信与探测传感器的电磁辐射特性(如工作波段、脉冲重复频率、脉冲宽度、工作带宽、信号调制形式等)
		运动能力模型	目标的活动区域属性(海、陆、空、天),目标巡航速度、巡航高度、最大加速度、最大航速、最大飞行高度等内容
	编队目标模型	编队编成	编队成员的类型与数量,如航空母舰编队一般由航空母舰、护卫舰、巡洋舰、驱逐舰等组成;预警机编队一般由预警机和护航战斗机组成
		编队队形	编队队形是指为保证良好的攻防效果,成员之间所采用的空间布局关系

(续)

知识分类	知识子类	包含内容	具体实例
上下文知识	环境知识	地理类知识	分类模区(特征相对稳定的区域,该区内的目标可以用同一组特征进行分类识别),航道(民用目标主要的运行线路,包括航道路线、航道宽度、航道深度等,空中目标的航线也是类似),作训任务海区(军事训练任务执行海区,包括训练时间段、训练区域范围、参训目标数量及种类等)、捕捞作业区(渔业作业区域、作业时间段、休渔期范围等)
		气象水文类知识	风、雨、雾等级,海面风浪等级
	目标与环境相互关系知识	地理信息约束	主要考虑桥梁道路通行能力对目标类型的约束,水、陆、空域对目标类型的约束,地形坡度对目标爬坡能力的约束,航路、道路、桥梁通航能力对目标类型的约束等内容
		气象水文约束	主要是风、雨、雾等级对目标类型的约束,海况等级目标类型的约束等内容

无论是控制型还是数据型知识,它们在为雷达目标识别处理服务时都必然面临三个基本的问题,即知识怎么来、知识怎么表示、知识怎么使用。本章后续内容将围绕这三个问题展开阐述。

5.2 雷达目标识别领域知识的获取

在实际的雷达目标识别系统中,领域知识的获取方式是根据具体的使用条件而变化的。根据识别系统收集目标样本的充分程度不同,雷达目标识别领域知识获取也可以分为以下两种情况:

情况Ⅰ:系统收集的目标样本量比较多,样本数据基本遍历了目标的可能表现。此时,基于特征匹配的目标识别方法具有较好的效果,同时,由于收集的样本量比较多,样本库内所蕴含的目标知识也比较丰富与可靠,具备进行知识挖掘的条件。

情况Ⅱ:系统收集的目标样本量极少,样本数据只体现了很小一部分的目标特性。此时基于样本匹配的目标识别方法的效果将很差甚至无效,此外由于样本量很少,并不具备进行知识挖掘的条件。

上述两种情况在军事应用背景中是普遍存在的,以雷达目标识别为例,对于重要目标,如航空母舰、导弹等的样本收集非常困难,此类目标的样本一般很少甚至没有;对常见的舰船目标,如商船、游轮等目标的样本收集则比较容易,相关类型目标的样本也比较丰富。

相应地,本章在阐述雷达目标识别领域知识获取时也将根据样本收集情况的不同而给出相应的方法。对情况Ⅰ,由于样本量比较充分,样本库内蕴含了比较丰富可靠的目标相关知识,因此,可以采用基于样本数据分析与挖掘的知识获取方法来收集目标识别领域知识。虽然说,现成的专家知识和先验信息也是领域知识的重要来源,但不是此情况的研究重点。对情况Ⅱ,由于样本量少,数据内蕴含的目标统计特性、相关特性、聚类特性等有助于目标分类识别的信息很少且不可靠,因此,无法使用数据分析和挖掘等手段来获取领域知识,此时,只能通过建立目标的高层抽象模型来获取领域知识。需要说明的是,建立目标的高层抽象模型对样本是有要求的,它要求样本能够有效展现目标的高层抽象概念。下面就两类不同的知识获取方式在雷达目标领域知识获取中的应用进行阐述。

5.2.1 基于数据分析与挖掘的领域知识获取

基于数据分析与挖掘的领域知识获取是指计算机通过自动或半自动的算法对积累数据进行分析和挖掘实现知识发现的过程。在雷达目标识别问题中,对样本积累较为丰富的情况,利用数据分析和挖掘手段对获取领域知识不仅是完全可行的,而且在以对抗为主要特征的战场环境中,通过这种方式尽可能地发掘隐含知识和潜在关联,是保证目标识别效果所必须的。

5.2.1.1 基于数据挖掘的知识获取一般过程

知识由概念、属性、关系及规则和公理组成,基于数据挖掘的知识获取即通过对积累信息与数据的分析进而发现其中隐含的概念、属性之间的相互联系,以及隐含规则的过程。该过程也称知识发现,其一般过程如图5.9所示[95,97,98]。

图5.9 基于数据挖掘的知识获取过程

根据表5.1,雷达目标识别领域知识主要体现为目标的分布特性(空间、时间、特征空间、电磁空间等)、关联关系信息(目标组件与组件、特征与特征之间、目标与环境之间的关联关系等)两个方面。在当前主流的数据挖掘手段中,聚类分析、规则分析以及贝叶斯网络是与雷达目标识别领域知识特性和获取需求最契合的三类方法。下面将就上述三类知识挖掘方法在雷达目标识别领域知识获取中的应用展开详细阐述。

在领域知识挖掘中,获取的知识可以分为连续型和离散型两类。其中,目标的分布特性、活动区域、关联强度等信息属于连续型知识,而领域知识中的具体概念、目标的基元结构、概念关联关系等信息则属于离散型知识。对于连续型知识挖掘,它们对样本数据没有特殊的要求,如基于聚类分析方法挖掘分类模区和目标航道信息,它们可以直接使用目标样本进行;但对离散型知识的挖掘,如属性关联分析,结构联系分析等,则对所使用的样本有特殊要求,一般要求对连续取值特征进行概念化处理,将数值取值映射到离散的知识概念方能进行相关的挖掘处理。因此,在阐述具体的知识挖掘方法之前,首先简要介绍连续特征的概念化处理方法。

5.2.1.2 连续特征概念化处理

连续特征概念化是将无穷多个可能的取值转换为有限多个知识概念的过程。将特征空间区间化是最直观、最有效的方法。但是区间的划分不能是随意进行的,它要求尽可能体现该特征的本质特性,保持其原有数据的隐含特性。因此,以目标特征分布特性为基础,对其进行统计意义上的划分是比较合适的选择。分布的分位数体现了目标特征分布统计意义上的归类特征,用其来代替特征分布特性的区间划分边界是比较合理的选择。

根据应用需要,分位数有三种不同的类型,包括 α 分位数、上侧 α 分位数与双侧 α 分位数等。设随机变量 X 的分布函数为 $F(X)$,实数 α 满足 $0<\alpha<1$ 时,则分位数的含义如下:

α 分位数:是使得 $P\{X \leqslant x_\alpha\} = F(x_\alpha) = \alpha$ 的数 x_α。

上侧 α 分位数:是 $P\{X \geqslant \theta\} = 1 - F(\theta) = \alpha$ 的数 θ。

双侧 α 分位数:是 $P\{X \geqslant \theta_1\} = P\{X \leqslant \theta_2\} = \alpha/2$ 的数 θ_1 和 θ_2。

图 5.10 给出了上述三种分位数的示意图。

本章中关于连续特征离散化的问题,均采用分位数来对特征取值范围进行区间划分,并用唯一标签(概念)表示这些区间,实现连续特征的概念化处理。

图 5.11 以低分辨雷达回波的跳动能量特征的概念化为例,给出了不同分位数组合下的特征概念化效果。

图 5.11 给出的是低分辨雷达回波跳动能量特征概念化示意,当选用 0.1 分位数和 0.9 分位数作为区间划分边界时,所有跳动能量特征取值范围被划分成了三个区间,对这三个区间进行唯一标注后,所用跳动能量特征就可以用三个概念来表示:弱跳动、中等跳动和强跳动。当选用 0.1、0.3、0.7 和 0.9 四个分位数来进行区间划分时,所有跳动特征取值都将被转化成五个概念:弱跳动、偏弱跳动、中等跳动、偏强跳动和强跳动。

需要说明的是,特征离散化等级数量(用多少个概念来表示该特征)是根据

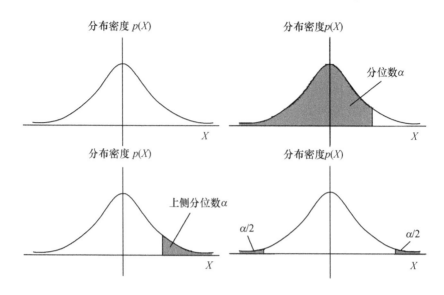

图 5.10　分位数示意图

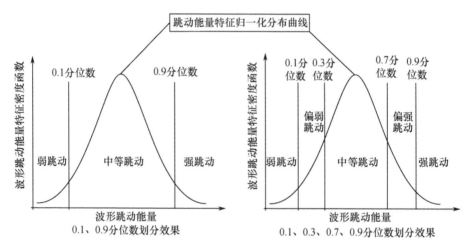

图 5.11　基于分位数划分的回波跳动能量特征概念化示意图

数据挖掘中知识的粒度需求来确定的,等级越多,单个概念描述的颗粒度越小,但就对知识挖掘而言,并不是概念颗粒度越小越好,颗粒度太小时概念受噪声的影响较大,会导致概念的不稳定。因此,实际知识挖掘中,需要综合考虑应用需求来确定离散化等级数量。就目标识别领域而言,连续特征的概念化处理一般控制在单维特征转换为 9 个概念以内是比较合适的,因为目标识别中特征的维数多,概念个数过多的话,对后续的知识模型建立及运行效率都会有影响。表

5.2 给出了部分实测跳动特征概念化效果。

表5.2 回波跳动能量特征概念化效果示意

特征序号	原始跳动特征取值	0.9 分位数划分效果	0.6、0.9 分位数划分效果
1	1113.27	弱跳动	偏弱跳动
2	1025.68	弱跳动	弱跳动
3	2173.81	强跳动	强跳动
4	1795.19	中等跳动	偏强跳动
5	1863.43	中等跳动	偏强跳动
6	1558.22	中等跳动	中等跳动
7	1703.95	中等跳动	中等跳动
8	1425.74	中等跳动	中等跳动
9	1663.31	中等跳动	中等跳动
10	1487.08	中等跳动	中等跳动
11	11761.3	弱跳动	偏弱跳动
12	…	…	…

通过基于分位数区间划分的特征概念化处理方式,连续型特征便可以用有限个数的概念来表示。例如,低分辨雷达回波中的凹口特征同样也可以转化为小凹口、中等凹口和大凹口等概念。观测样本数据概念化之后便可以利用数据挖掘方法来挖掘概念之间的关联关系等知识,为雷达目标识别服务。

5.2.1.3 基于聚类分析的雷达目标识别领域知识获取

聚类分析(Cluster Analysis)是指将物理或抽象对象的集合分组成为由类似的对象组成的多个类别的过程。聚类分析的目标就是在相似的基础上进行数据分类。很多聚类方法都被用作描述数据,衡量不同数据源间的相似性,以及把数据源分类到不同的簇中。当前常用的聚类分析算法主要有划分方法(典型算法有 k-means 和 k-medoids 算法)、层次的方法(典型算法有 CURE、Chameleon、BIRCH)、基于密度的方法(典型算法有 DBSCAN、OPTICS)、基于网格的方法(典型算法有 STING、CLIQUE 和 WaveCluster)和基于模型的方法等五类[104-109]。

上述五类方法从本质上讲都是通过特定的相似性度量来实现数据的划分聚类。对应到雷达舰船目标识别领域知识挖掘中,与聚类分析本质契合的知识主要包括以下两类:航道(航线)知识和分类模区知识等。此类知识要么是空间距离上的聚类特性,要么是时空上的聚类特性,要么是空间密度上的聚类特性。因此,只要定义好对应的相似性度量,就可以采用对应的聚类分析技术挖掘出相关的雷达目标识别领域知识。下面以海上目标航道(航线)知识的挖掘为例介绍基于聚类分析的雷达目标识别领域知识挖掘过程。

为了保障航行的安全和方便海事和空管部门的管控,在广袤的海洋或广阔的天空里,绝大部船只(飞行器)都是按照规划好的航线运行的。航线的规划通常综合考虑了航管需求和通航能力需求,因此,航线信息蕴含了对目标类型的约束(如航道深度对船只的通航能力约束、航线走向对目标姿态的约束等),可以为基于特征匹配的雷达目标识别引入信息增量。

虽然说航线信息可以通过资料查询和其他手段直接获得,但是由于港口泊位规划、机场配套能力、贸易往来存在倾向性,以及目标本身的不断变化等原因,实际航线上航行的目标与设计预期往往存在出入。因此,通过历史积累数据挖掘更为准确的航线知识变得有必要。由于航线规划的目的本身就是为了规范船只或飞机的运行,因此,历史积累的目标样本库内必定隐含了航线信息,这是能够进行航线知识挖掘的基础。

如果将空间网格化,那么航线区域与非航线区域最明显的差异是,它们被目标激活的频度(或者目标出现的概率密度)相对于后者要高很多。因此,航线知识的挖掘是一个典型的空间密度聚类的知识挖掘问题,可以选用基于网格和密度的聚类算法实现航线信息的挖掘。图5.12给出了海面目标识别中的航道知识挖掘流程。

由图5.12可知,航道知识挖掘大致分为以下五个步骤:

(1) 根据航道提取精度要求要将目标海域网格化。

(2) 将目标轨迹数据投影到网格空间,并记录网格激活频度;这里需要对目标轨迹进行上采样,以保证其经过的网格被激活。

(3) 根据设定的聚类参数,对网格激活频度数据进行划分聚类。将网格划分为航道网格和非航道网格两类。

(4) 提取航道网格并进行滤波、形态学等处理,保证航道区域的平滑性和连续性。

(5) 提取航道内的目标信息,获取其物理属性,进而完成航道通航能力标注,以及航道关联目标类型及先验分布特性标注。

通过上述五个步骤便可以得到海区内的航道的数量、航道的区域、航道的通航能力、航道关联目标及先验分布特性等信息。这些信息可以归纳为两大部分:

(1) 航道的区域信息,可以通过航道中心线拐点列表和拐点处的航道宽度、深度信息来表示,这些信息里还隐含了航道的走向特性。

(2) 航道上目标类别数量、类别列表以及类别先验信息。

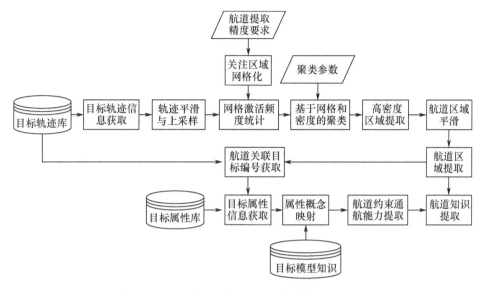

图 5.12 基于网格和密度方法的航道知识挖掘流程

如果再将航道上的目标进行时间 - 类型聚类,还能获得不同时段航道上的目标类别及先验信息,只是需要对目标出现时间进行时段(如按季节离散化)离散化处理才能进行相应的聚类分析。

利用上述方法,对某雷达站监控海区内的所有入库目标数据进行分析,挖掘出了如图 5.13 所示的航线区域信息。发现图中线条所示的三条航线。

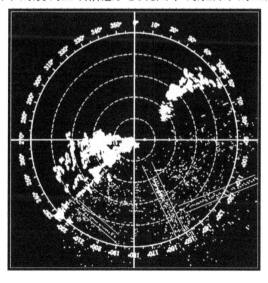

图 5.13 某雷达站海区航线挖掘效果

图 5.14 是根据另一雷达站积累数据挖掘出的运输补给船队路线知识。如果再进一步再对航道上目标进行时间-类型聚类,还能获得不同时段航道上的目标类别及先验信息,以及目标的出现规律等信息,例如,通过图 5.14 中某运输补给船队的时间规律进行分析,可以得到其补给周期大概是 28 天。

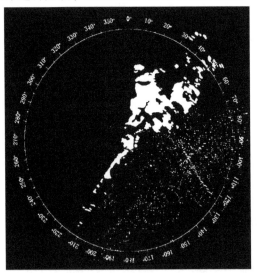

图 5.14　某运输补给船队航线挖掘效果

此外,在海上舰船目标识别中,渔场知识包括作业区域范围、作业时间段、休渔计划等内容,它们会影响该区域内不同时间段目标(尤其是小型目标)的先验概率分布特性,对舰船目标识别效果,尤其是小型目标的识别效果具有明显的影响。渔场信息挖掘是一个典型的目标时空分布特性挖掘问题,与航道信息挖掘类似,可以通过对渔船样本数据进行时空聚类后分析得到渔场的区域范围、作业时段等信息。

分类模区知识的获取则要求输出目标电磁散射特征相对稳定的海面区域信息,通过模区划分,在不同海区训练不同的分类器模板,以此来提升全海域目标识别的效果。在舰船目标识别中,大部分舰船的运行通常受到航道约束,航道约束使得目标姿态角与海域空间存在了强相关关系,这种强相关关系的存在是海面模区划分的理论依据。模区知识的提取实际上是目标电磁散射特性与空间聚类关系的发现过程,可以通过对电磁散射特性进行空间聚类后分析得到分类模区的划分知识。

5.2.1.4　基于规则分析的雷达目标识别领域知识获取

数据挖掘是从大量数据中发现数据、项集与目标类型之间的关联联系的过程。对于计算机而言,它需要知道所有的事情发生情况,并且把相应的事情合并成一个事务,通过对各个事务的扫描,来确定数据、项集与目标类型之间的关联规则。对应到雷达目标识别领域知识获取中,规则挖掘可以用来发现多种类型的知识,如特定特征区段对目标属性的强支持关系、目标与目标的长期配合关系、目标与海况等级之间的关系、特征对目标分类的支持关系等。根据所分析的对象不同,规则挖掘可以分为两大类。

一类是基于属性关系分析的规则挖掘,也叫属性关联规则挖掘。它发现的是项集之间的关系,即概念与概念之间的联系。其所用的事务数据必须表现项集列表形式[110-112]。在雷达目标识别领域中,目标的型号、类别、属性散射中心类别、子模块名称等信息由于它们本来就是离散量,其可以直接与项集概念对应;而目标散射特征中绝大部分特征则是数值型的连续变量,它们的取值有无穷多个,不能直接与概念对应,因此,在进行属性关联规则挖掘之前需要将连续特征离散化成项集概念才能进一步处理。

另一类是基于数据特性的规则挖掘,也称为数值规则挖掘。它直接分析样本的数据分布特性,发现的是特征特定取值或分布区域与目标属性、概念之间的关联关系,从而得到数值型的规则知识。与属性关联规则挖掘不同,它不需要对特征数据进行概念化处理,直接分析数据特性与目标属性之间的关联关系。

下面以雷达目标识别领域和雷达辐射源识别领域中的知识挖掘为例,围绕军舰上的雷达辐射源识别问题展开探讨,考虑两类信息来源,成像雷达的舰船图像和电子侦察获取的舰载雷达辐射源信号,阐述基于属性关联规则挖掘的知识获取方法。

1) 基于属性关联规则挖掘的领域知识获取

属性关联规则挖掘的目的是发现数据集中蕴含的概念-项集相关关系,这对目标识别来说具有直接意义,例如,当系统发现目标的某些特征表现时,可以通过关联规则找到诸如"如果目标是某某某时,它应该还可能有哪些表现"推测,用于预测目标的行为;或者当多组概念非完全重合观测汇总时,可以通过关联规则更加确定或排除目标的某些结论。本节将以 Apriori 算法挖掘舰载雷达特征的关联规则为例展开说明,主要内容分为以下两个部分:关联规则的定义与主要方法和关联规则实例分析。

(1) 关联规则的定义与主要方法。在事务数据库 D 中,规则 X→Y 一般通过支持可信度参数来描述关联规则属性:

① 支持度(support):事务集中包含 X 和 Y 的事务数与所有事务数之比,记为 $support(X\rightarrow Y)$,即 $support(X\rightarrow Y) = P(X \cup Y)$。

②可信度(confidence):包含 X 和 Y 的事务数与包含 X 的交易数之比,记为 confidence(X→Y),即 confidence(X→Y) = P(X|Y)。

给定一个事务集 D,挖掘关联规则问题就是寻找支持度和可信度分别大于用户给定的最小支持度(minsupp)和最小可信度(minconf)的关联规则。

由关联规则的定义可知,关联规则的挖掘可以分成两个步骤[112]:

① 根据最小的支持度,在大量事务中寻找高频率出现的频繁项集。

② 根据最小的可信度,找到的频繁项集产生关联规则。

其中第二个步骤比较容易,一般经过第一步的筛选后的频繁项集都不会很多,通过子集产生法就可以产生关联规则。第一个步骤是需要在大量的事务数据集中寻找高频率出现的项集,所以就需要一个比较高效的搜索查找方法。当前主流的关联规则挖掘方法主要有 Apriori 算法、FP-树频集算法、PCY 算法和随机算法等。这些方法都有各自的使用条件和优缺点及适用领域。下面以 Apriori 算法挖掘舰载雷达特征的关联规则为例展开说明。

(2) 基于关联属性挖掘的舰载雷达特征关联规则挖掘。舰载雷达的辐射信息蕴含了目标平台的功能属性,通过关联规则挖掘舰载雷达特征信息之间的关联关系,可以获得对雷达目标识别有帮助的信息。

图 5.15 给出了以 Apriori 算法挖掘舰载雷达特征的关联规则的过程示意[93]。

图 5.15 辐射源特征关联规则挖掘流程

一般来说,描述舰载雷达特性的信息按照数据特性分为两类:一类是离散型特征,如信号调制形式、是否固定载频、天线罩形状等,该类特征只要离散取值个数不是很大,可以直接转化为概念;另一类是连续型的数值特征,如载频、重频、脉宽、架设高度等,该类特征需要经过概念化处理后才能开始关联规则挖掘。因此,如图 5.15 所示,在挖掘关联规则之前,对连续型辐射特征进行概念化处理。样本数据完成概念化处理之后,知识系统内存在的概念数量应该是已经确知的。此外,根据专家经验,这些概念之间的层次包含关系应该也能知道。这些共同称为关联规则挖掘的背景知识。这里假设电子目标信息库内存储着辐射源的两大类信息:一类是辐射源的电磁辐射特性信息;另一类是辐射源外形图像特征信息。表 5.3 和表 5.4 列出了某场景中传感器辐射特性和成像特性的背景知识中所有的概念及归类特性[112,113]。

表5.3 雷达告警接收机对应的背景知识

Radar Type	RF	PW	PRF	ST
Surface Search 3D	X Band	Narrow	Medium	Raster
Surface Search 3D-A	X Band	Narrow	Medium	Circular
Surface Search 3D-B	C Band	Narrow	Medium	Circular
Surface Search 3D-C	C Band	Narrow	Low	Circular
Air Search 3D	S Band	Wide	Low	Raster
Air Search 2D	L Band	Wide	Low	Circular
Fire Control	X Band	Narrow	High	Conical

表5.4 成像侦察对应的背景知识

Radar Type	Shape	Size	Position	RS
Surface Search 3D	Planar	Small	Medium	Medium
Surface Search 3D-A	Bar	Small	High	High
Surface Search 3D-B	Parabolic	Medium	High	High
Surface Search 3D-C	Bar	Medium	High	High
Air Search 3D	Planar	Large	Medium	Low
Air Search 2D	Parabolic	Large	High	Low
Fire Control	Parabolic	Small	Low	High

利用上述背景知识,可以构造出两张概念栅格层次结构网,如图5.16和图5.17所示[112]。

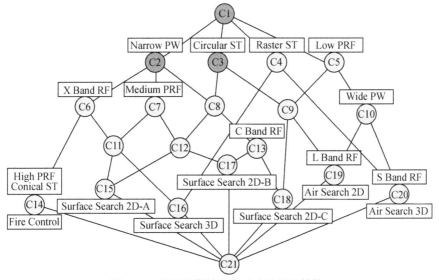

图 5.16 雷达告警接收机对应的概念结构

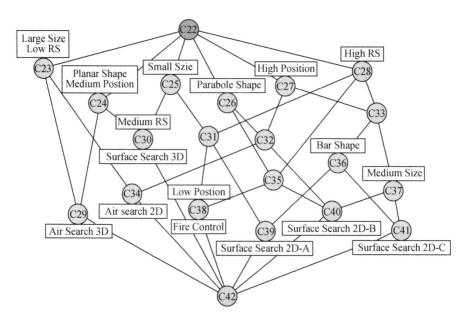

图 5.17 成像侦察对应的概念结构

图 5.18 给出了用 Rattle 软件运行 Apriori 算法得到的一部分挖掘出的关联规则。

```
Rattle timestamp: 2014-09-03 18:10:06 Acer
==========================================================
     lhs                    rhs                support    confidence
1    {High RS}           => {Narrow PW}        0.6428571  1.0000000
2    {Narrow PW}         => {High RS}          0.6428571  0.9000000
3    {X Band RF}         => {Small Size}       0.5714286  1.0000000
4    {Small Size}        => {X Band RF}        0.5714286  1.0000000
5    {X Band RF}         => {Narrow PW}        0.5714286  1.0000000
6    {Narrow PW}         => {X Band RF}        0.5714286  0.8000000
7    {Small Size}        => {Narrow PW}        0.5714286  1.0000000
8    {Narrow PW}         => {Small Size}       0.5714286  0.8000000
9    {Small Size,
      X Band RF}         => {Narrow PW}        0.5714286  1.0000000
10   {Narrow PW,
      X Band RF}         => {Small Size}       0.5714286  1.0000000
11   {Narrow PW,
      Small Size}        => {X Band RF}        0.5714286  1.0000000
12   {High Position}     => {Circular ST}      0.5000000  1.0000000
13   {Circular ST}       => {High Position}    0.5000000  1.0000000
14   {X Band RF}         => {High RS}          0.5000000  0.8750000
15   {High RS}           => {X Band RF}        0.5000000  0.7777778
16   {Small Size}        => {High RS}          0.5000000  0.8750000
17   {High RS}           => {Small Size}       0.5000000  0.7777778
18   {Small Size,
      X Band RF}         => {High RS}          0.5000000  0.8750000
```

图 5.18 用 Rattle 得到的部分关联规则

根据这些关联规则,可以发现舰载雷达多属性值之间有诸多相互依存的关系,这是由于雷达的设计参数和工作任务共同导致的结果。在现代化的舰艇上,单部雷达不可能完成我们所需要的各种航海及作战功能。因此,舰艇上需要配备多部雷达,各自发挥其相应的监视功能。对于具有相同功能的不同型号雷达,它们的属性值之间具有一定规律的联系,这正是我们采用关联分析导出关联规则所要达到的目的。

2) 基于数值分析的规则挖掘方法

数据挖掘中关联规则的挖掘体现了概念与概念之间的相关性,它需要在数据概念化后进行。实际上,数据内隐含的有些规则的挖掘并不需要在数据概念化后进行,它们可以直接在数据分布特性上进行挖掘,专家知识库的部分规则就是依靠数据分析得到的。下面以低分辨雷达回波目标识别中专家规则挖掘过程为例,介绍基于数值分析的规则挖掘。

图 5.19 给出了 4000 余个样本按照大/中/小标准进行划分时,目标展宽均值特征的分布图,其中,"+""×"和"·"分别代表大型目标、中型目标和小型目标。图 5.19(a)的横坐标为展宽均值,纵坐标为样本数据的距离特征;图 5.19(b)为展宽均值特征的直方图。可以看到,大型目标和小型目标的展宽均值均具有某一相对独立的分布区间,而中型目标虽然有较为特定的取值范围,但是与大型目标和小型目标存在较强的混叠[108]。

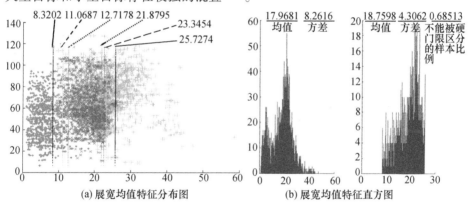

图 5.19 大\中\小型舰船目标展宽均值分布特性(见彩图)

图 5.19(a)中位于分布图上方的一组数据表示关于展宽均值特征的判别门限,其中实线、长虚线和点虚线分别指向硬门限、软门限 1 和软门限 2。图 5.19(b)左图为原始数据的直方图,其上两个数字为均值和方差;右图为剔除左、右硬门限之外样本后的直方图,其上三个数字为均值,方差和不能被硬门限区分的样本比例。需要注意,并非所有的目标特征都具有这样的线性判别能力,不同类型目标的特征取值在大部分特征维上均表现出较强的混叠性。

由图 5.19 可知,可以通过一定的门限值对目标特征进行简单却能力有限的划分;对于无法通过这种方式直接区分的特征空间,则需要由非线性、复杂分类器对其进行识别。为此,可以采用判决规则的形式,对具备一定直接分类能力的特征建立相应的判别机制,形成目标识别专家知识。

针对 10000 余个样本的 28 维特征分别进行分析,得到表 5.5 所列的判决规则表,形成基于规则的低分辨雷达目标识别知识库(RLTRK)。在 RLTRK 中,包括基于展宽均值、整体能量均值、凹口清晰因子等十余维特征的 20 余条判别规则。

表5.5　基于判别规则的低分辨雷达目标识别专家知识库(部分)

规则编号	特征名称	硬判决规则	目标类型	软判决规则	目标类型
1	展宽均值	<8.320	小型	[8.320, 11.069]	小型
		>25.727	大型	[23.345, 25.727]	大型
2	能量均值	<9.678	小型	[9.678, 12.621]	小型
		>30.492	大型	[27.338, 30.492]	大型
3	凹口清晰因子	>31.655	大型	[28.126, 31.655]	大型
...					

如上面的例子所示,基于数值分析的规则挖掘给出的知识是数据与目标属性的关联关系,它同样可以为低分辨雷达目标识别知识库的构建贡献有用的知识。

5.2.1.5　基于贝叶斯网络学习的雷达目标识别领域知识获取

上节规则挖掘中的关联规则挖掘在实际的知识发现中存在诸多限制,其最主要的表现是关联规则只能发现概念之间的浅层联系,一条关联规则能够包含的概念组合数量也通常极为有限(一般为两两组合形式),这与知识的真实形式是不相符合的。在现实中,知识由概念、属性及关系组成,概念、属性之间联系通常是千丝万缕的,它们组成了一张复杂的网络。因此,为了挖掘更全面的知识(概念与概念之间的更复杂更深层次的联系),需要寻找其他方法。

贝叶斯网络能够描述复杂的概念与概念之间的联系,是最接近现实的知识表示模型。经过多年的发展,贝叶斯网络具备了比较完备的结构学习和参数学习的技术储备,而贝叶斯网络学习正好解决的是概念、属性(表现为贝叶斯网络中的节点)之间的连接关系发现和连接强度学习问题。这为复杂知识的挖掘提供良好的理论基础和技术实现基础。下面就基于贝叶斯网络学习的知识获取方法进行阐述。

1) 贝叶斯网络与知识挖掘机理

贝叶斯网络(Bayesian Network, BN)是 1986 年由 Pearl 提出的,根据各个变

量之间的概率关系,使用图论方法表示变量集合的联合概率分布的图形模型,也即带有概率信息的有向无环图(Directed Acyclic Graph,DAG)[114-118]。贝叶斯网络提供了一种自然的表示因果信息的方法,用来发现数据间的潜在关系,它的信息由两部分内容组成:

首先是表示条件独立性信息的一种自然方式——网络结构S,S中的每一节点表示特定领域中的一个概念或变量,在节点间的连接(有向弧)表示了可能的因果关系,体现了领域知识定性方面的特征。

其次是每一节点都附有与该变量有关的条件概率分布函数(Conditional Probability Distribution,CPD),如果变量是离散的,则它表现为给定其父节点状态时该节点取不同值的条件概率表(Conditional Probability Table,CPT)。CPT体现了领域知识定量方面的特征。

贝叶斯网络是一种表示数据变量潜在关系的定性定量的方法,它使用图形结构指定一组条件独立的声明和用户刻画概率依赖强度的条件概率值。图5.20展示了一个简单的贝叶斯网络,该网络刻画了低分辨雷达舰船目标识别中,回波强跳动、目标大或小(目标根据其尺度分为大、中、小三类)以及回波有凹口等几个概念之间的相互关系,通过这些关系,可以根据观测状态推理出可能的原因,比如观测到凹口和强跳动特征时,可以推断出大、小目标的概率。

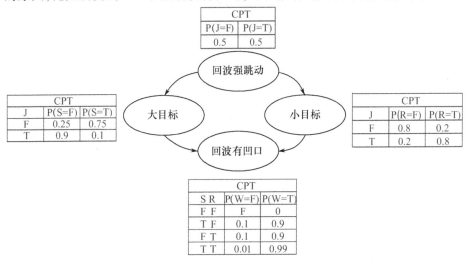

图 5.20　贝叶斯网络示例

贝叶斯网络表示了因果过程的总体结构,它可被看作是拥有许多不同组合的一个抽象知识库。它不但可以表示不确定知识,还可进行推理,并且通过学习算法能够从大量样本数据中自动构造贝叶斯网络,这使得贝叶斯网络非常适合不确定性知识挖掘。

图 5.21 给出了基于贝叶斯网络的知识挖掘处理框架。

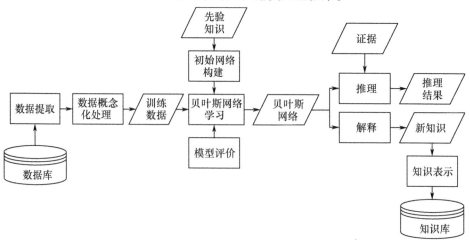

图 5.21　基于贝叶斯网络的知识挖掘框架

基于贝叶斯网络的知识挖掘框架中,最为关键的内容是贝叶斯网络学习,它是知识发现的核心所在。由图 5.21 可知,贝叶斯网络学习主要与三方面内容有关:一是先验知识,通过它可以建立一个初始的贝叶斯网络作为训练的起点,准确的先验可以有效地提高贝叶斯网络的学习效率;二是通过样本数据训练贝叶斯网络,对知识挖掘而言,这部分是最重要的,因为它是新知识发现的过程;三是模型的评价,它是保证训练出正确的贝叶斯网络(或者挖掘出正确的知识)的关键因素。

贝叶斯网络由直观表示问题结构的图结构和刻画概念依赖强度的概率分布两部分内容组成。相应地,贝叶斯网络的学习也分为两个部分,即结构学习和参数学习。根据训练数据完整与否,贝叶斯网络学习分为两类:

(1) 完整数据集下的贝叶斯网络结构学习方法。在完整数据集的条件下,贝叶斯网络的结构学习方法有两种:一种是基于评分函数(Scoring Function)的学习,另一种是基于独立性测试(Conditional Independence Test, CIT)的学习[115,117,118]。

(2) 不完整数据集下的贝叶斯网络学习方法。对于不完整数据的贝叶斯网络参数学习,常用的方法有 Gibbs 抽样方法和 EM 方法;对于不完整数据的贝叶斯网络结构学习,主要有结构 EM(Structure EM, SEM)方法和评分结构方法[115,117,118]。

2) 基于贝叶斯网络的雷达目标识别领域知识挖掘

对应到雷达目标识别领域,贝叶斯网络结构学习实际上解决了知识概念之间的关联关系;而贝叶斯网络参数学习更是给出了领域知识概念之间的依赖强度关系。因此,基于贝叶斯网络学习的雷达目标识别领域知识挖掘可以发现更为完整和复杂的知识,对目标识别具有明显的增量作用。

由前面的介绍可知,贝叶斯网络构建有三种途径:①依靠专家建模;②从训练数据中学习;③从知识库中创建。在实际的贝叶斯网络建模过程中常常综合运用这些方法,以专家知识为主导,以数据库和知识库为辅助手段,扬长避短,发挥各自优势,来保证建模的效率和准确性。但是,在不具备或缺少专家知识库的军事应用场景中,从训练数据中学习贝叶斯网络模型就显得尤为重要。像本章研究的雷达目标识别应用场景,知识挖掘时有许多积累的专家经验可以使用,同时还有更多的蕴含在数据之中的知识需要我们去发现,军事应用中的许多目标识别领域知识挖掘都面临类似的问题。

因此,在雷达目标识别领域知识挖掘应用中,贝叶斯网络学习过程将尽可能地纳入各种类型的知识支持,使得获取的知识更加全面准确。图5.22给出了基于贝叶斯网络学习的雷达目标识别领域知识挖掘处理流程。

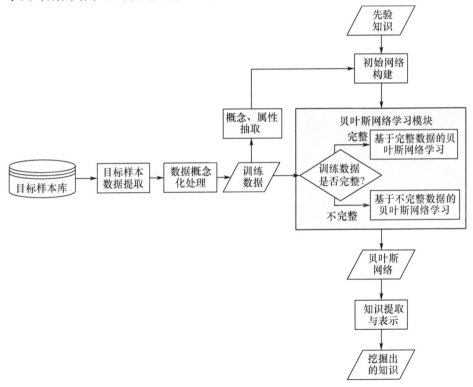

图 5.22　基于贝叶斯网络的雷达目标识别领域知识挖掘流程

由图 5.22 可知,基于贝叶斯网络的雷达目标识别领域知识挖掘主要包含以下几个关键环节:

(1) 样本数据的概念化处理:将样本库内的目标特征数据(主要是指连续

型的数值特征数据)进行区间划分(具体方法见 5.2.1.4 节的关联规则挖掘部分的基于分位数的特征数据概念化处理方法),得到有限数量的概念集合。

(2)基于先验知识的贝叶斯网络初始化:该步骤根据先验知识收集概念属性及关系,并表示贝叶斯网络中的节点和边,综合训练数据概念化处理后得到的概念属性集合,共同构成一张初始的有向无环图。

(3)基于训练数据的贝叶斯网络学习:根据训练数据完整与否,将贝叶斯网络学习分为完整数据集和不完整数据集下的贝叶斯网络学习两个模块。学习得到的贝叶斯网络刻画了领域知识概念属性之间的相关关系和依赖强度。

下面以基于 SAR 装甲车辆识别问题为背景,探讨基于贝叶斯网络的知识挖掘过程。

3)实例分析

(1)问题背景。SAR 装甲车辆识别问题中,目标类型可以分为坦克、装甲指挥车、装甲运兵车、装甲通信车等多个种类。这些目标根据设计用途的不同,在结构和组件上都会存在差异。如果对装甲车进行拆分,它们又可以划分为多个子模块(或组件),如炮塔、外壳、底盘等,而其中有些模块又可以进一步分解,如炮塔由炮管、舱盖和其他附属配件组成[100,102,110]。上述这些模块或组件由于功能的不同而具有各自特定的形状特性,这些模块或组件的形状通常可以用有限多个基础形状的组合来表示。在电磁散射视角下,基础形状组合而成的模块或组件在 SAR 图像上又会表现为不同的属性散射中心模型,图 5.23 和图 5.24 给出了 BTR60 和 KTANL 中车轮结构的散射特性[110,119,120]。

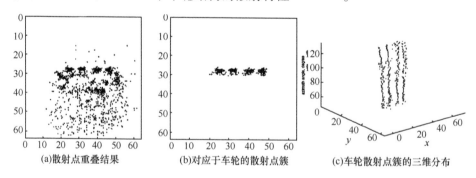

(a)散射点重叠结果　　(b)对应于车轮的散射点簇　　(c)车轮散射点簇的三维分布

图 5.23　BTR60 中车轮结构的散射特性

因此,在 SAR 装甲车辆识别中,如果建立了完整的散射中心模型、目标子结构、目标类型概念之间的知识模型,便可以为基于 SAR 的装甲车辆识别提供明显的信息增量。而这些概念属性之间的关联关系以及依赖强度是可以根据先验知识和训练数据学习得到的。下面给出基于贝叶斯网络学习的 SAR 装甲目标识别知识的挖掘方法。

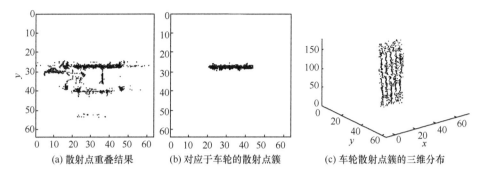

图 5.24 KTANK 中车轮结构的散射特性

（2）技术思路。上述问题背景中，所涉及的许多概念只能是来自于先验知识，比如目标子结构知识，如炮塔、轮子、油箱等，它们在实测样本数据中很难体现，或者根本就无法体现。因此，首先需要在先验知识的引导下对目标样本进行信息扩展，将那些样本内不能体现的中间概念添加到样本中去。然后利用贝叶斯网络学习手段挖掘概念属性之间的联系。图 5.25 给出了本问题知识挖掘的处理流程。

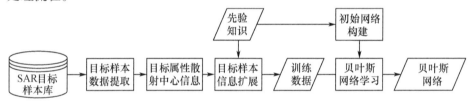

图 5.25 SAR 装甲目标识别知识挖掘流程

图 5.25 中，SAR 图像样本经过特征提取后可以得到一系列的属性散射中心模型，这仅是电磁观测域的信息，贝叶斯网络学习发现的是概念之间的联系，为了平衡控制网络的规模、准确性和稳健性，通常这些联系不能跳跃性太大。因此，为建立稳健的贝叶斯网络模型，需要引入中间层概念进行过渡，这些概念来自于前面提到的那些先验知识。利用先验信息扩展样本信息，然后再进行贝叶斯网络学习，便可以得到比较稳健的领域知识描述。

下面给出基于贝叶斯网络学习的 SAR 装甲车辆目标识别知识挖掘的处理过程。

① 特征数据概念编码与扩展。假设所有地面车辆目标的属性散射中心模型共有 N 个，则目标样本按照属性散射中心编码后可以表示为一个 $N+1$ 维的矢量（类别＋属性），表 5.6 给出了按照属性散射中心编码后的特征数据示例。表中，"1" 表示存在该种属性散射中心模型，"0" 表示不存在该种属性散射中心模型。

表5.6 按属性散射中心编码后的特征数据表(部分)

编号	类型	ASCM_1	ASCM_2	ASCM_3	ASCM_4	…	ASCM_N
1	BTR60	1	0	1	0	…	0
2	KTANK	1	0	1	1	…	0
3	T_1	1	1	0	0	…	1
4	T_2	1	0	1	1	…	0
…							

假设先验知识提供的关于目标子结构的概念共有 M 个,考虑到先验知识中关于目标类别与子结构之间(Sub-Structure,SS)的关系并不完备,在对目标进行编码时,目标类别概念与子结构概念之间的联系分为三种情况:"1"表示必定有此子结构,"0"表示必定没有此子结构,"− −"表示不确定有还是没有。目标类别与子结构之间关系的先验知识可以用表5.7所列的形式表示。

表5.7 目标类别与子结构之间的关系表(部分)

编号	类别	SS_1	SS_2	SS_3	SS_4	…	SS_M
1	BTR60	1	− −	1	0	…	− −
2	KTANK	1	1	− −	1	…	0
3	T2	1	− −	1	0	…	1
4	T1	1	1	1	1	…	0
…							

在综合先验信息以后,新的训练数据中的目标样本数据可以用一个 $M+N+1$ 维向量的形式表示,最终得到如表5.8所列的新的训练数据组织形式。

表5.8 最终训练数据的形式(部分)

编号	类型	A_1	A_2	A_3	A_4	…	A_N	S_1	S_2	S_3	S_4	…	S_M
1	BTR60	1	0	1	0	…	0	1	− −	1	0	…	− −
2	KTANK	1	0	1	1	…	0	1	− −	1	0	…	0
3	T_1	1	1	0	0	…	1	1	1	− −	1	…	0
4	T_2	1	0	1	1	…	1	− −	1	0	1	…	1
…													

② 贝叶斯网络学习。假设需要识别目标类别一共有 K 个,则整个知识领域一共有 $N+M+K$ 个概念(N 个属性散射中心概念 + M 个子结构概念 + K 个目标

类别概念),也即需要学习的贝叶斯网络中一共有 $N+M+K$ 个节点。贝叶斯网络学习的过程如下:

(i) 根据先验知识初始化贝叶斯网络。在先验信息中,上述 $N+M+K$ 个概念之间有些关联关系已知,根据这些已知的连接关系可以得到一张初始的贝叶斯网络结构图。

这张初始贝叶斯网络中的节点,也即概念,根据它们表示内涵的不同用不同的编号表示。其中,属性散射中心概念用 A 编号,分别为 A1,A2,A3,A4,⋯, AN;子结构概念则用 S 编号,分别为 S1,S2,S3,⋯, SM;类别概念则用 C 编号,分别为 C1,C2,C3,⋯, CK。如图 5.26 所示这些概念构成了一张不完整的有向无环图。图 5.26 给出了初始贝叶斯网络的示意。

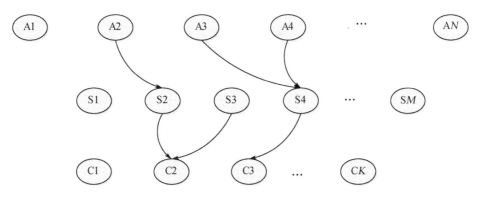

图 5.26 初始贝叶斯网络结构状态示意

(ii) 利用训练数据训练贝叶斯网络。在初始贝叶斯网络的基础上,利用表 5.8 所示形式的训练数据进行网络结构和参数学习,便可以得到最终的贝叶斯网络,完成知识的挖掘。训练后的贝叶斯网如图 5.27 所示。

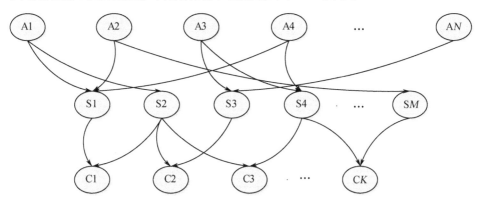

图 5.27 训练后得到的网络结构状态示意

利用训练数据训练后,可以得到数据中蕴含的概念之间的节点连接关系,以及相应的依赖强度。将这些数据导出便可成为描述 SAR 装甲目标识别领域的目标模型知识。

5.2.2　基于高层抽象目标建模的领域知识获取方法

当收集的目标样本很少时(军事高价值目标的样本收集通常存在这种情况),基于样本匹配的目标识别处理方式将在扩展工作条件下变得无效,此时的目标识别必须充分利用目标相关的知识才能取得一定效果。当获取的样本内包含目标高层的信息比较完整时,如能够提取目标的子结构及它们的关系等基本要素,则可以通过建立目标的高层抽象模型来引导目标识别处理,消除极端样本量对目标识别带来的影响。

在实际中,为了保证能够正确构建目标高层抽象模型,通常要求获取的目标样本具备较高的细节分辨能力。下面首先以最为直观的光学图像为例展开目标高层抽象模型构建思路的探讨,给出目标高层抽象模型构建的一般过程,然后再对应到雷达目标识别领域,以 SAR 图像目标识别为例,结合目标雷达图像的特性,给出面向 SAR 的雷达目标高层抽象模型构建方法。

首先阐述通过单幅光学图像构建目标高层抽象模型的思路。如图 5.28 所示,在只给出一幅平衡车的光学图像的条件下,我们可以通过对平衡车的子结构进行分析,获取它们的典型形状类型以及形状之间的关系,建立平衡车的高层抽象模型,如图 5.28 右图所示。基于该模型便可以识别同类型的目标[121]。

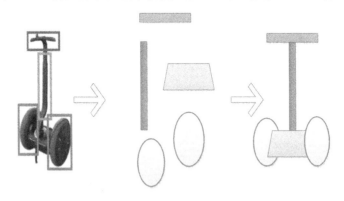

图 5.28　目标高层抽象模型构建示意

观察图 5.28,考虑到建立模型的目标识别应用背景需求,为了保证建立的目标模型能够对平衡车进行高层抽象,建立模型时需要重点关注目标的以下几个方面内容:

(1) 目标的子结构形状,线结构、面结构、圆形子结构等,通过子结构提取,

第 5 章 知识辅助的雷达目标识别

基本确定了组成目标的配件情况。

(2) 各子结构之间的空间布局、连接等约束关系,通过它约束了目标各基元的布局和连接关系,基本确定了目标的外观。

(3) 各子结构之间的相对比例和约束关系,通过它来保证目标的外观不会太离谱。

综合上面的分析,对满足要求分辨率的目标极少样本,其高层抽象模型构建的一般过程如图 5-29 所示。

在样本很少且存在噪声、干扰、遮挡等因素影响的情况下,基元的提取通常会存在误差。此外,实际目标各部件之间的约束条件也不可能由很少的样本来决定。因此,在样本很少的情况下,目标高层抽象模型的构建是无法自动完成的,必须引入人工帮助,如图 5.29 所示,综合人的抽象能力和掌握的先验信息,对建立的高层抽象模型进行干预和修正,得到更为合理科学的目标描述。

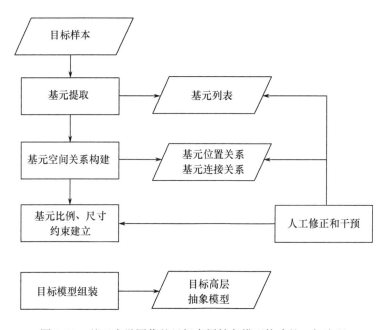

图 5.29 基于光学图像的目标高层抽象模型构建的一般流程

雷达目标图像与光学图像有很大的区别。由于工作波段上的巨大差异,使得雷达图像中目标的子结构表现得并没有光学图像中那么直观,它们表现为具备特定散射特性的属性散射中心,不仅子结构之间存在相互影响,且属性散射中心的位置也可能与实际子结构之间存在出入[100-102,110]。属性散射中心与目标子结构的对应关系图 5.30 所示[110]。其中,L 为子结构的尺寸参数,α 为子结构的类型参数。表 5.9 给出了不同类型参数所对应的典型散射结构[110]。

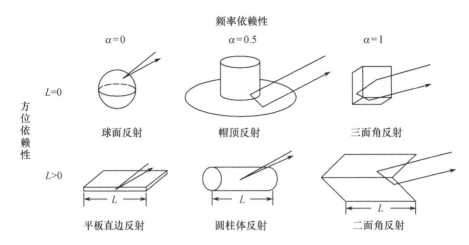

图 5.30　属性散射中心与散射子结构的对应关系

表 5.9　不同类型参数对应的散射结构

类型参数 α	典型散射结构
-1	角绕射(尖顶、圆顶)
-0.5	边缘绕射
0	理想点散射体、双曲面反射、直边镜面发射
0.5	单曲面反射
1	平板镜面反射、二面角、三面角

图 5.31 以三维简单模型和仿真 SAR 图像数据为例,展示了属性散射中心与目标子结构之间的关系[88]。

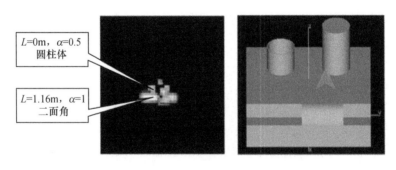

图 5.31　目标的仿真 SAR 图像及子结构属性散射中心之间的关系示意图

由图 5.31 可知,属性散射中心与目标子结构之间存在着明确的对应关系,因此,通过 SAR 图像提取目标的属性散射中心,并以属性散射中心为基元构建雷达目标的高层抽象模型的方式是可行的。参照图 5.29 所示的光学图像目标高层抽象模型的构建流程,基于雷达 SAR 图像的目标高层抽象模型构建的过程如图 5.32 所示。

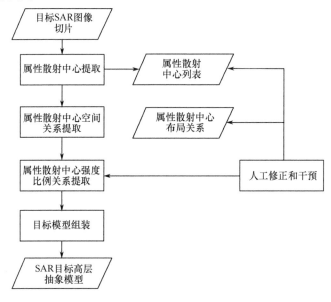

图 5.32 基于雷达 SAR 图像的目标高层抽象模型构建流程

属性散射中心的特性决定了其与目标子结构之间的对应关系没有光学图像中那么严格，因此，基于雷达 SAR 图像的目标高层抽象模型构建的过程中更加需要引入人工干预。最终建立的目标高层抽象模型体现了 SAR 目标的基本组成要素和要素之间的关系，对 SAR 目标分类具有明确的指导意义。

5.3 基于本体论的雷达目标识别领域知识表示

在信息系统中，无论是先验知识，还是通过数据挖掘发现的蕴含知识，只要它们被使用，就都存在知识表示的问题。至于知识应该怎样表示，表示到什么程度，则是根据知识的使用需求和描述能力要求共同确定的。

雷达目标识别中的知识描述能力要求是比较高的，它不仅需要能够描述概念、属性及关系等定性知识，还要能够描述定量知识，如模区中关于模区区域的信息，作训通报信息中关于训练时段的信息等。此外，概念之间的关联关系存在较为普遍的不确定性。例如，六级海况条件下小型船只出现的概率小于 0.1 等。雷达目标识别领域中知识表示还必须具备另外一个重要特性，就是必须具备描述不确定性知识的能力。

综合来讲，雷达目标识别中的领域知识表示要求选择那些能够支持不确定性知识建模，且模型是计算机可理解的、可处理的知识表示方法。表 5.10 给出了当前主流知识表示方法各项性能的比较[122]。

由表 5.10 可知,面向对象和本体论知识表示方法综合来讲是性能最好的,其中,本体论方法经过多年的发展,目前已经能够具备概率型和模糊型不确定性表示能力,并且具备完善的知识建模工具集、推理工具和开发环境支撑,在这些方面,面向对象的方法相对来说要弱许多。因此,本章选择本体论方法来表示雷达目标识别领域知识。

表 5.10 主流知识表示方法比较

名称	自然性	知识表示单位	可描述类型	可描述范围	模块性	维护便利性	推理能力
谓词逻辑	很好	逻辑公式	陈述型	好	好	较差	一般
产生式	很好	规则	规则型控制型	好	好	差	好
框架法	很好	框架	陈述型规则型控制型	粗糙	一般	差	差
语义网络	很好	网络图	陈述型	好	差	一般	一般
面向对象	很好	对象	兼有	好	很好	很好	好
状态空间	很好	状态关系图	规则型	好	一般	差	好
本体论	很好	本体	兼有	好	很好	很好	好

5.3.1 本体简介

1. 本体的定义

在信息系统、知识系统等领域中,本体(Ontology)的定义有很多,其中引用最为广泛的本体定义是由 Gruber 于 1993 年提出的"本体是概念化的明确的规范说明"[123];后来 Studer 于 1998 年对本体的定义进行了引申:"本体是共享的概念模型明确的形式化规范说明。"该定义包含以下四层含义[123]:

(1) 概念化(conceptualization):概念化是客观世界现象的抽象模型。

(2) 明确(explicit):概念及它们之间联系都被精确定义。

(3) 形式化(formal):精确的数学描述,计算机可读可理解的。

(4) 共享(share):本体中反映的知识是其使用者共同认可的。

本体的目标是为了捕获相关领域的知识,提供对领域知识的共同理解,确定知识领域内共同认知的词汇,并且从不同层次的形式化模式上给出这些共同词汇和词汇之间的明确的关系。

根据本体描述内容层次的不同,本体可以分为领域本体和上层本体。其中,领域本体(Domain Ontology)所建模的是某个特定领域,或者现实世界的一部分。领域本体所表达的是那些适合于该领域的术语的特殊含义。上层本体(Upper Ontology 或者 Foundation Ontology,即基础本体)是指一种由那些在各种各样的领域本体之中都普遍适用的共同对象所构成的模型。不同领域之间的知识一般是通过上层本体这个桥梁实现知识的共同理解的。

2. 本体的构成要素

Perez 等人认为 Ontology 可以按分类法来组织,他归纳出 Ontology 包含五个基本的建模元语(Modeling Primitive)。这些元语分别为类(classes)、关系(relations)、函数(functions)、公理(axioms)和实例(instances)[123,124]。

(1) 类:通常也称为概念。类的含义很广泛,可以指任何事物,如工作描述、功能、行为、策略和推理过程等。概念之间的关系主要有四种:part-of, kind-of, instance-of, attribute-of。

(2) 关系:关系代表了在领域中类之间的交互作用。形式上定义为 n 维笛卡儿乘积的子集:$R:C_1 \times C_2 \times \cdots \times C_n$。

(3) 函数:函数是一类特殊的关系。在这种关系中前 $n-1$ 个元素可以唯一决定第 n 个元素。形式化的定义如下:$F:C_1 \times C_2 \times \cdots \times C_{n-1} \to C_n$。例如,Mother-of 关系就是一个函数,其中 Mother-of(x,y) 表示 y 是 x 的母亲,显然 x 可以唯一确定他的母亲 y。

(4) 公理:公理代表永真断言,如概念乙属于概念甲的范围。

(5) 实例:实例代表元素,是概念的具体化。

从语义上分析,实例表示的就是对象,而类表示的则是对象的集合,关系对应于对象元组的集合。在实际应用中,不一定要严格地按照上述五个元语来构造 Ontology。同时概念之间的关系也不仅限于上面列出的四种基本关系,可以根据特定领域的具体情况定义相应的关系,以满足应用的需要。

3. 构造本体的规则

目前已有的本体库(Ontologies)很多,出于对各自问题域和具体工程的考虑,构造本体的过程也是各不相同的。由于没有一个标准的 Ontology 构造方法,不少研究人员出于指导人们构造本体的目的,从实践出发,提出了不少有益于构造本体的标准,其中最有影响的是 Gruber 于 1995 年提出的 5 条规则[123,124]:

(1) 明确性和客观性:Ontology 应该用自然语言对所定义术语给出明确的、客观的语义定义。

(2) 完全性:所给出的定义是完整的,完全能表达所描述术语的含义。

(3) 一致性:由术语得出的推论与术语本身的含义是相容的,不会产生矛盾。

(4) 最大单调可扩展性:向 Ontology 中添加通用或专用的术语时,不需要修改其已有的内容。

(5)最小承诺:对待建模对象给出尽可能少的约束。

本节在构建雷达目标识别领域知识本体建模时同样遵守上述五条规则。

5.3.2 基于本体的雷达目标识别领域知识表示

根据表5.1,雷达目标识别领域知识分为目标模型知识和表示目标与环境相互作用的上下文知识。其中,目标模型知识又包括个体模型和编队模型两部分内容,个体模型可以通过目标的基本物理属性、散射特性、辐射特性以及运动能力进行描述,编队模型则可以通过编队编成和编队队形来表示。上下文知识则包括环境知识和目标与环境相互作用知识,它们由地理、气象知识及对目标的约束信息组成。

下面以低分辨雷达舰船目标识别应用为背景,针对表5.1中的主要条目所涉及的领域知识,其中,有些是现成的先验知识、有些则是通过数据挖掘方法而发现的知识,基于当前最流行的本体开发环境Protégé,给出领域知识本体建模结果,并对建模过程中的关键思想或需要注意的关键点进行简要阐述。

与典型的信息系统建模类似,在给出具体的领域知识表示模型之前,有一些知识需要预先定义,这些预先定义的知识主要是指一些基本的基础的复合概念结构,后面其他本体的建模将直接引用它们。因此,整个雷达目标识别领域知识的建模可以分为三个部分:基础本体模型、目标模型、上下文模型。下面对上述三部分内容进行展开阐述。

1. 基础本体模型

在给出具体的知识表示模型之前,有一些本体需要预先定义,它们规范了一些基础的数据结构,后面其他本体的定义将直接引用它们,这些本体类似于面向对象中的基础数据结构。经归纳和提炼,在雷达目标识别领域知识建模中,需要预先定义的最基础本体模型包括区间概念本体、集合概念本体和分布概念本体三类。下面逐一展开介绍。

1)区间概念本体

区间型概念本体刻画了数据的区间特性,在雷达目标识别中,区间型概念有很多,比如航道宽度、速度取值区间等信息。与传统的数据结构定义不同,本体是元数据形式的,即它的数据本身是计算机可理解,因此,在该类本体定义中必须对数据的含义进行说明。图5.33给出了区间概念本体的定义。

图中矩形块到矩形块之间的带箭头连线表示属性,如Region和RegionType的连接属性可以理解为hasRegionType。从图中可以看出,区间(Region)通过对象属性hasRegionType与RegionType概念相关,RegionType概念又包含闭区间、开区间、左开区间和右开区间四个子概念。另外,Region还包含MinRegionValue

第 5 章　知识辅助的雷达目标识别

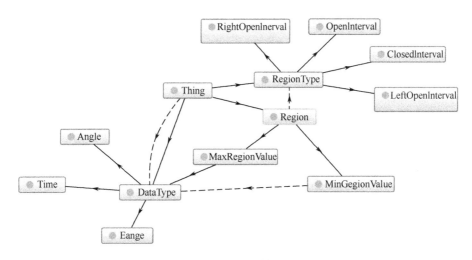

图 5.33　区间概念本体定义示意

和 MaxRegionValue 两个子概念,这两个子概念通过对象属性 hasDataType 与 DataType 概念相关。DateType 概念则包含了角度、时间、长度等信息。经上述本体定义,当计算机遇到 Region 概念时,便可以通过其定义逐步解析理解。

2) 集合概念本体

集合概念刻画了多种同类数据的聚集特性,在雷达舰船目标识别中,集合型概念也有很多,如描述航道轨迹时用到的航道拐点列表,模区的概念列表,关联的目标类型列表等。与区间定义类似,它也是元数据形式。图 5.34 给出了集合概念本体的定义。

从图中可以看出,集合(DataSet)包含两个子概念 ItemCount 和 ItemList; ItemList 通过对象属性 hasDataStruct 与 DataStruct 概念相关,DataStruct 概念一些基本的数据结构定义,如航道拐点,包含地理坐标、航道宽度、航道深度等信息。经过上述本体定义,当计算机遇到 DataSet 概念时便能理解并处理。

3) 分布概念本体

OWL-DL 语言符合描述逻辑,它只能描述概念与概念之间确定性关系,而在雷达目标识别存在大量的不确定性关系,这些不确定性需要对本体进行不确定性扩展后才能进行描述。本章通过定义分布概念来表示不确定性。在雷达目标识别中,分布概念有两种:一种是连续型分布概念,它通过分布函数表示,对于高斯分布可以用均值和方差表示,如特征取值的均值与方差,误差椭圆等;另一种是离散型分布概念,它用条件概率表(CPT)表示,如模区内目标的先验概率分布。图 5.35 给出了分布概念本体的定义。

由图 5.35 可知,分布概念(Distribution)包含两个子概念:连续型分布(Con-

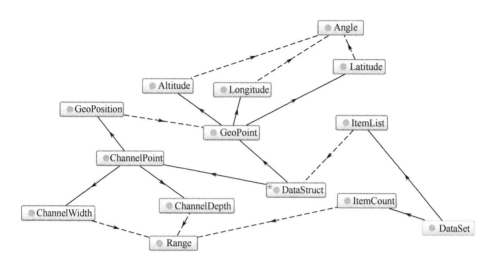

图 5.34　集合概念本体定义示意

tinuousDist)和离散型分布(DiscreteDist)。其中连续型分布用均值和方差表示,即图中的 Mu 和 Sigma 概念;离散型分布用条件概率表(CPT),而 CPT 是一个 CP-TItem 的一个集合,CPTItem 是一个数据结构,包含项名称和条件概率两个概念。

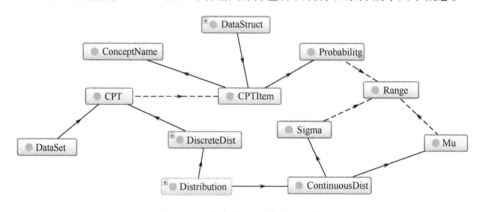

图 5.35　分布概念本体定义示意

上述基础本体在后面的本体定义中多个地方需要用到,由于本体具有良好的共享特性和重用特性,因此,在后面的本体建模中便只要引用这些概念的定义即可。其实通过上面三个基础本体的定义能够看出本体的良好共享特性,如在分布概念本体中,就直接使用了集合、数据结构、数据类型等概念。

2. 目标模型知识建模

目标模型包括目标的物理模型、散射模型、辐射模型等。每个子模型又包含若干概念,详见表 5.1。图 5.36 给出了目标模型本体的概要图示。

从图 5.36 中所示的目标本体概要图可知,建模时目标模型考虑了两类模

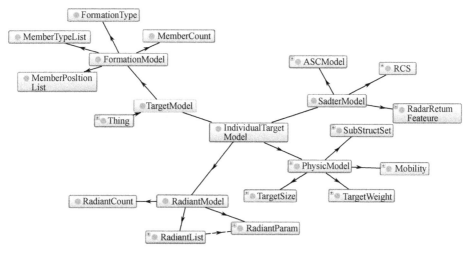

图 5.36 目标本体概要图示

型:个体目标模型(IndividualTargetModel)和编队目标模型(FormationModel)。其中,个体目标模型又包含目标物理模型(PhysicalModel)、目标散射模型(ScatteringModel)和目标辐射模型(RadiantModel)四个模型。目标物理模型考虑了目标的三维尺寸(TargetSize)、重量(TargetWeight)、机动能力(Mobility)、子结构(SubStructSet)等内容;目标散射模型考虑了目标 RCS、属性散射中心模型(ASCModel)、低分辨雷达回波模型(RadarReturnFeature)等内容;目标辐射模型则考虑了目标上辐射源的数量(RadiantCount)、辐射源列表(RadiantList)等内容。编队目标模型则考虑了成员数量(MemberCount)、编队成员类别列表(MemberTypeList)、编队队形类型(FormationType)以及编队成员位置列表信息(MemberPositionList)等内容。

分析图 5.36 中的模型,它们的建模有许多相似的地方,下面就几种存在一定差异性的典型模型建模问题进行举例阐述,主要介绍目标物理模型、目标编队模型的建模过程,其他目标模型的建立,如散射模型、辐射模型等都可以按照类似方法建立得到。

1) 物理模型本体

物理模型本体(PhysicalModel)是刻画目标基本物理属性的本体,由表 5.1 可知,它包含目标的尺寸(长、宽、高),目标形状结构,子模块组成(轮子、基座、炮塔、履带、天线、舰体、发射舱等),目标表面材质和颜色等信息。本体建模就是将这些概念组织起来并建立层次关系,方便后续的知识使用。图 5.37 给出了目标物理模型本体的概念关系展示。

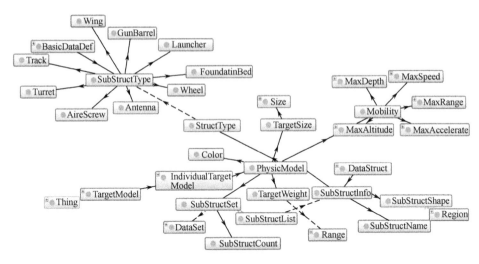

图 5.37　目标物理模型本体概念关系图示

2) 编队模型本体

编队模型本体(FormationModel)是刻画目标编队的编成和队形信息。图 5.38 给出了目标编队模型本体的概念关系展示。

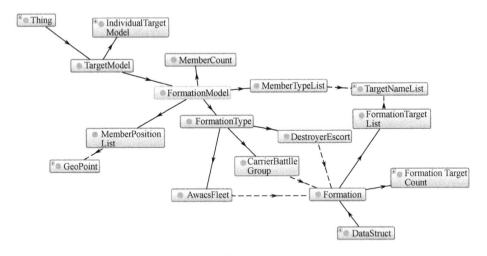

图 5.38　编队模型本体概念关系图示

由图 5.38 可知,编队模型考虑了编队的组成,包括目标的数量、目标的类型、同类目标数量、编队类型(航空母舰编队、驱护编队、预警机编队等),以及编队中目标的坐标信息等。这些系统可以为目标分析提供必要的支撑。

目标模型知识中的其他几类模型采用类似的方法也可以建立出来,这里就不再赘述。图 5.39 给出最终的目标模型概念关系效果。

需要说明的是,图 5.39 给出的最终的目标模型本体概念关系示意,由于显示空间有限,许多相关的领域概念都没有显示出来。随着目标模型复杂程度的提高,概念之间的联系将更加复杂。如此复杂的概念联系想要通过程序编码实现的代价是非常高的,且潜在的隐患会很多,就更不用说考虑知识的扩展问题了。因此,选择知识处理技术为雷达目标识别服务,是提高系统效能的必然选择。

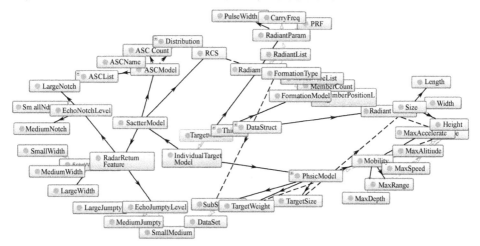

图 5.39 目标模型本体全体概念联系图示

3. 上下文知识建模

上下文知识的建模同样是聚焦在对目标识别具有信息增量的知识范围上。按照表 5.1 所归纳的内容,上下文知识包含了环境知识和环境与目标相互关系知识两部分内容。图 5.40 给出了上下文知识的简要模型示意。

从图 5.40 所示上下文知识本体概要图可知,建模时主要考虑环境信息,环境信息分为地理类知识(GeoInfoModel)和气象水文类知识(AtmosphereModel)两类。其中,地理类知识包括航道模型(ChannelModel)、交通设施模型(TransportationModel)、地形模型(TerrainModel)、识别模区模型(DieAreaModel)、训练海区模型(TrainAreaModel)和渔场模型(FishingAreaModel)六个模型。气象水文类知识则考虑风力等级(WindLevel)、雨量等级(RainLevel)、温度等级(TemperatureLevel)、能见度等级(VisibilityLevel)和海面状况等级(SeaStateLevel)等。

分析图 5.40 中的模型,它们的建模有许多相似的地方,下面用三个具体实例(模区本体模型、航道本体模型、海况约束模型)进行建模示范。

1) 模区本体模型

模区本体是一种区域类本体(AreaModel),它的目的是描述特征相对稳定的区域特性,以指导分类器模板的分区域训练。根据知识获取部分的相关介绍,数据挖掘后得到的模区信息包含两部分内容:

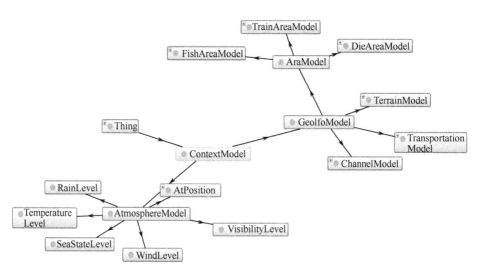

图 5.40 上下文知识本体简要图示

（1）模区的边界信息，边界可以用一个多边形来表示，对应到数据结构便是一个拐点列。

（2）模区内目标类别信息，包括类别列表、类别数量和类别先验概率等信息，这些信息也可以用列表来表示。

建模后的模区模型如图 5.41 所示。

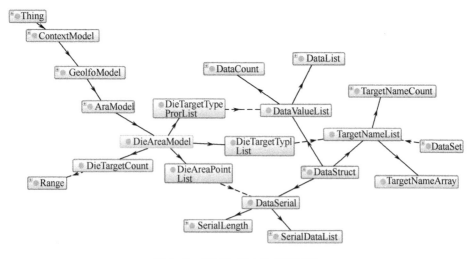

图 5.41 模区知识本体详细图示

采用与模区本体建模类似的思路，可以建立渔场本体和训练海区本体，只是在建模过程中需要增加时间区间信息，用以表示作业或训练时段信息。

2）航道知识本体

由图5.40可知,航道本体(ChannelModel)描述的是航道的走向,航道的通航能力、航道上目标的先验概率等信息。根据知识获取部分的相关介绍,数据挖掘后得到的航道信息包含三部分内容:

(1) 航道的区域信息,可以通过航道中心线拐点列表和拐点处的航道宽度、深度信息来表示。

(2) 航道上目标类别数量、类别列表,以及类别先验信息。它们可以通过列表数据结构表示。

(3) 航道的通航能力信息,该类信息可以通过约束逻辑表示,如 MaxTargetWeight == 50000 and MaxLength == 300。

本体建模后的航道知识模型如图5.42所示。

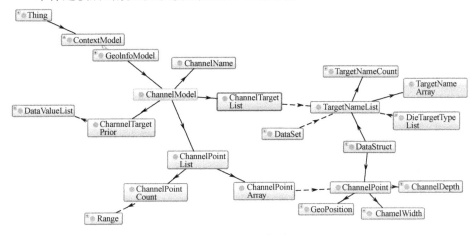

图 5.42　航道知识本体详细图示

3）海况约束知识

海况约束知识表现为不同海况等级对目标出现概率的约束。因此,其模型包括以下内容:

(1) 海况等级编码信息和海况地理位置信息。

(2) 海况等级对目标吨位的约束信息。

本体建模后的海况约束知识模型如图5.43所示。

在海况约束知识建模时,并没有将海况等级与目标类型建立直接联系,而是通过对具体的海况等级建立约束规则的方式实现了它们的潜在关联的。这样做的好处是概念模型的建立可以相对独立地进行,而不必过分关注与其他概念之间的显示联系,它不仅可以大大提高建模效率,还能尽可能地降低建模过程中的失误。相比于显示的概念联系,约束规则实际上是引入了更为高层的知识,通过本体推理分析,体现所隐含的概念联系。在本体中,约束规则表示为如下语法形式:

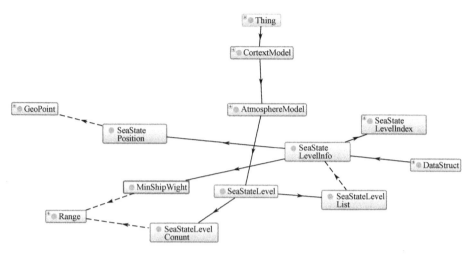

图 5.43 海况约束知识本体详细图示

$$\text{If } E \text{ Then } H(Parameter_1, Parameter_2, \cdots) \quad (5.1)$$

例如,"海况等级为 6 级时,海面目标的吨位一般大于 5000t。"这条知识,可以以下语法表示,If(SeaStateLevelIndex==6)Then(TargetWeight>=5000)。

至于大于 5000t 的船有哪些类型则在建模时不用考虑,本体开发环境根据海况等级上的约束信息可以自动推理出哪些类别的舰船符合条件。上下文知识中的其他几类模型采用类似的方法都可以建立出来,这里不再赘述。

5.4 知识辅助的雷达目标识别处理框架

对雷达目标识别来说,无论是它们能够观测目标信息维度,还是收集的目标有效样本数量都是极为有限的,因此非常有必要充分利用与目标相关的信息和知识。在雷达目标识别处理过程中引入知识辅助处理是技术发展的必然趋势。

由前面的分析可知,知识在雷达目标中的使用起到两方面的作用:一是通过知识利用提升基于特征的目标识别处理各环节的性能;二是基于知识推理得出概念层面的目标判别,为目标识别提供另外一种角度。在实际的目标识别系统中,上述两种知识应用方式一般不会单独存在,通常是两种方式兼而有之,这样构建出的识别系统才能既具有特征匹配的精确性又具备知识推理的稳健性。

对传统的基于特征匹配的雷达目标识别处理流程来说,通过前面的分析,知识能够起到辅助作用的环节如图 5.44 所示。主要包括三大环节:特征选择、分类器训练以及识别处理[92,111]。

其中,特征选择的任务是为分类器训练选择合理的特征组合,使其具备最优的分类效果和泛化能力。虽然说,可以通过遍历的方式来寻找最优特征组合,但

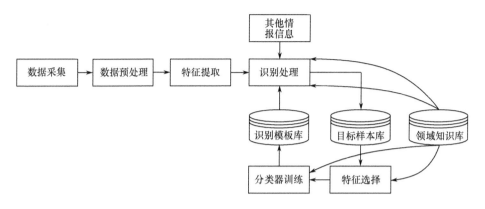

图 5.44　知识可以辅助的环节

实际情况下,由于目标及环境的时变性,分类器的训练相对频繁,加上样本会随着系统的使用而不断积累,遍历组合方式难以实现。实际中,特征选择通常采用的方式是,结合先验信息,以某一初始特征组合为起点,迭代搜索出近似最优特征组合。而这其中先验信息的利用方式有两种情况。第一种是操作员根据经验总结,人为选定一些重要特征作为初始组合。这种人为经验总结方式的可靠性通常不高,尤其是在目标和环境时变的场景中更是如此。第二种是通过数据分析和挖掘的方式来定期更新特征与类别之间的关联强度(具体方法见 5.2.1 节中的相关内容),通过关联强度来引导特征选择。

分类器的训练同样需要知识的辅助,例如,在雷达舰船目标识别应用中,由于目标特征稳定性和区分能力是随目标出现区域变化而变化的。因此,不能采用单一分类器来对全域的样本数据进行学习和训练,必须预先对海面区域进行模区划分,在模区内部采用一套识别模板进行目标识别。模区如何划分是根据模区知识来确定的,而模区知识同样是通过数据分析和挖掘得到的。

识别处理环节中,除了特征选择知识、模区知识等引导控制性的知识可以辅助以外,还存在其他类型的知识,如航道约束、海况约束等,这些知识与引导控制性知识不同,它们将直接参与到识别运算处理中,直接影响识别的结论。

通过前面的分析,本节构建了知识辅助的雷达目标识别处理框架,如图 5.45 所示,该框架以特征匹配识别为基础,扩展了知识辅助处理功能,使得新框架既具有特征匹配的精确性又具备知识推理的稳健性[111]。

图 5.45 所示的基本框架考虑了样本充分和样本极少的情况,当样本比较充分时,"知识辅助的目标识别处理流程"和"基于知识推理的目标识别处理流程"上下两个流程都可以启动。例如,环境信息(如航道约束、海况约束等)等外部高层次知识的使用可以在基于知识推理的目标识别处理流程中使用,而与特征匹配相关的知识则在知识辅助的目标识别处理流程中使用,如指导识别模区的

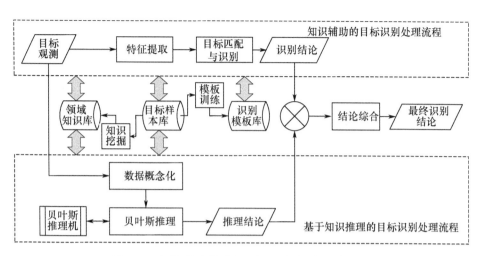

图 5.45 知识辅助的雷达目标识别处理的基本框架

划分、指导初始特征的选择、上下文约束规则的使用等。当样本极少时,则知识辅助的目标识别处理流程的输出基本都是拒判类的结论,此时,主要靠高层知识的推理获取识别结论。也即基于知识推理的目标识别处理流程起主导作用。

此外,领域知识库中的部分知识是通过目标样本库挖掘得到的,而识别模板库中的模板是样本数据训练后得到的。领域知识库和样本库对两个流程都有支撑关系,而识别模板库则只与知识辅助的特征匹配识别流程有支撑关系。用户最终得到的是对两个处理流程输出结论综合后的结果。因此,知识辅助的雷达目标识别框架综合了特征匹配和知识处理的优势,能够为雷达目标识别提供更为稳健的性能保障。

由于本体在不确定性表示方面的不足,使得它不能对雷达目标识别领域知识中的不确定性进行有效表示。幸运的是,本体是一个开放的语言系统,本章通过基础本体(分布、概率本体)的定义扩展了领域本体的不确定性表示能力。但现有的本体推理引擎都是按照 OWL 语言的描述能力来设计的,它们并不支持雷达目标识别所要求的不确定性推理。实际上就推理需要来说,经过概率分布扩展之后的领域知识本体可以用一个贝叶斯网络来等效。因此,本章在设计知识辅助的雷达目标识别处理框架时,关于高层知识推理的部分采用贝叶斯网络,如图 5.45 所示。考虑到与领域本体知识库的结合,基于贝叶斯网络的本体不确定性推理流程按图 5.46 进行。

由图 5.46 可知,基于贝叶斯网络的本体不确定性推理过程主要分为以下四个步骤:

(1) 利用 Jena API(Jena 是目前最好的开源本体开发库,支持 Java、C++ 等主流开发语言,支持完善的本体模型管理和推理分析)读取本体并进行解析,得

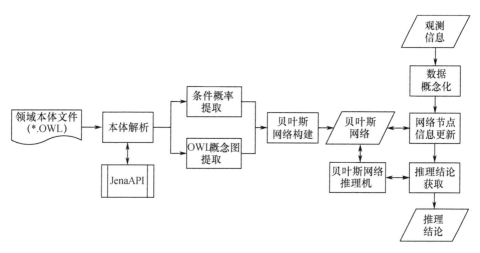

图 5.46　基于贝叶斯网络的本体不确定推理流程

到 OWL 概念图像模型(概念及概念之间的联系组成的有向图)和各概念节点上的条件概率表。

（2）合成 OWL 概念图形和各概念节点上的条件概率表,将其转化为贝叶斯网络表示形式,得到贝叶斯网络模型。

（3）对待分析信息(通常是指观测信息)进行概念化处理,并根据概念化结果和相关的不确定性信息,找出贝叶斯网络中对应的节点,将信息更新到贝叶斯网络中去。

（4）更新计算贝叶斯网络中与(3)相关节点的条件概率表,提取更新计算后的关注概念节点的信息,得到推理结论。

贝叶斯网络推理的基本原理是比较成熟和完备的,在此不做介绍。问题的关键在于如何将本体转换为贝叶斯网络上,而其具体过程与所采用的贝叶斯网络工具有关。当前比较流行的开发工具主要有 BNT(Matlab 中的贝叶斯网络工具箱)、PNL(BNT 的 C++ 版本)、MSBNx、VIBES、BUGS、Infor. Net、CRF++ 等。这些工具大部分都支持贝叶斯网络学习和推理,本章中贝叶斯推理选用了 BNT。

最后,需要指出的是,由于知识处理技术的引入,知识辅助的雷达目标识别系统是一个开放的、自增长的系统。开放是指知识体系是开放的,系统使用过程中,用户可以随时添加新的知识到领域知识库内,而系统的架构和处理过程并不需要做任何调整,因为,对知识处理模块来说,增加的新知识仅仅只是增加了一些搜索和判决项而已。自增长主要体现在系统具备数据挖掘能力,随着系统的使用,它一方面可以及时发现数据库内隐含的新知识,同时对旧知识做自动修正,如目标的活动规律知识、模区内的目标先验信息、目标特征的分布特性等。知识辅助的雷达目标识别技术必将成为未来发展的方向。

第 6 章 基于压缩感知的目标识别技术

在现代雷达信号处理与目标识别领域,信号的数字化采样是基础,通常需要满足奈奎斯特采样定理的约束。随着信号带宽的增加,所需的采样率也越来越高,数据量也越来越大。但是,作为目标识别的一个重要组成部分,特征提取环节又期望从观测数据中提取出尽量少的、可有效描述目标特性的辨识特征。从信息利用的角度看,传感器获得的数据中有相当一部分是"无用"的,在识别过程中最终会被丢掉。因此,从目标识别的应用目的入手,只采集对识别"有用"的数据以提高其信息密度,将成为未来雷达目标识别技术发展的一种趋势。压缩感知正是一种从信号采集优化的角度实现环境感知的有效机制[125,126]。

本章将从信息获取与信息利用的角度出发,针对雷达成像识别的背景,首先阐述压缩感知的概念以及基于压缩感知的雷达目标识别原理。考虑到先验知识和先验信息的注入方式,以及当前条件下成像识别的基本流程,本章还将进一步介绍基于压缩感知的成像处理方法。

6.1 压缩感知——采样率的制约与突破

在讨论压缩感知目标识别的原理之前,有必要对压缩感知的思想做一个初步的介绍。根据第 3 章的阐述我们知道,分类决策之前需要有效地获得待识别目标的足够而非冗余的特征和信息。因此,我们先从信号获取与特征提取的角度,阐述压缩感知的基本原理,然后再说明压缩感知与目标识别的结合方式。

我们知道,信号(数据)是目标识别的基础。在信号(数据)的获取过程中,奈奎斯特采样定理具有重要的地位。如图 6.1 所示,对于最高频率为 f_{max} 的低通信号 $s(t)$,当采样频率为 f_s 时,信号的频谱 $S(f)$ 出现周期延拓,且延拓周期为 f_s。当采样率 $f_s \geq 2f_{max}$ 时,频谱不会产生混叠,对采样后的信号 $s(t_n)$ 进行低通滤波即可恢复出原始信号。对于带通信号,采样率也不能低于信号带宽的两倍,具体要求由香农采样定理决定。

对于带宽为 B、时宽为 T 的信号,信号采集数据量 $I = f_s T \geq 2BT$。为了提高

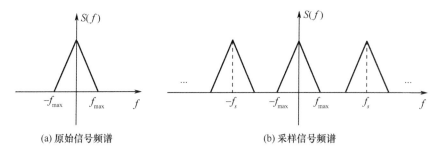

图 6.1 低通信号采样前后的频谱

信号能量和分辨率,人们较为广泛地使用了大时宽-带宽积信号。特别地,随着数字化雷达技术的发展,射频信号直接采样也逐步获得应用,如(逆)合成孔径雷达成像等。这对采样系统设计、数据存储和数据传输带来了更大的挑战,包括对高速率采样器件、高速率数据读取、大容量存储器以及高速数据传输等的需求。此外,为了提高数据存储和传输效率,数据压缩也是一种常用的手段。传感器和采样系统获取的测量数据首先在选定的基函数上分解,然后将部分占主要地位的系数及其位置保存下来,舍去那些为零(或近似零)的系数,完成压缩过程。这些系数及其位置经过传输后,在接收端利用相应的重构基函数即可恢复出原始信号,完成数据解压,如图 6.2 所示。

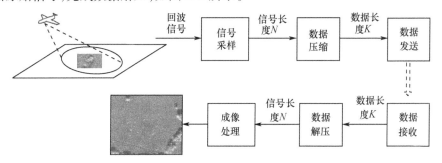

图 6.2 采样-压缩数据获取模式

从上述过程看,有两点值得我们注意:一是在采样模块中,需要满足奈奎斯特采样定理(或香农采样定理);二是在信号压缩模块,压缩后的数据长度 K 应该远远小于采样后的信号长度 N(即 $N \gg K$),这要求信号在某种变换下的变换系数尽量具有不均衡性,以提高压缩率。具体说来,记 $s = [s(t_0), s(t_1), \cdots, s(t_{N-1})]^T$ 表示采样后的信号,$\boldsymbol{\Psi} = [\boldsymbol{\varphi}_0, \boldsymbol{\varphi}_1, \cdots, \boldsymbol{\varphi}_{N-1}]$ 是对采样信号进行变换的变换矩阵(通常称为表示矩阵),$\{\boldsymbol{\varphi}_n\}$ 为表示基函数(如傅里叶基函数、小波基函数等),于是 s 可表示为

$$s = \boldsymbol{\Psi}\boldsymbol{\alpha} \tag{6.1}$$

其中，α 为表示系数。从压缩的角度看，希望表示系数 α 具有尽量多的零元素（或近似为零），而具有这种特性的信号通常称为稀疏信号（或可压缩信号，具体情况见附录的阐述）。可见，在高采样率下，信号长度 N 通常会比较大。但是，只要有好的表示基函数，压缩后只利用少得多的数据就能够很好地表示原始信号。自然地，这就会引起人们的思考和疑问："why go to so much effort to acquire all the data when most of what we get will be thrown away? Can't we just directly measure the part that won't end up being thrown away?（为什么我们要花大力气去获取那些最终大部分都会被丢弃的数据？为什么不能直接测量那些最终不被丢弃的部分？）[125]"首先，暂不考虑采样率的问题，如果已知系数 α 中重要的非零分量的位置，那么在对信号进行变换后直接对这些非零位置进行采样即可。困难的是，对于不同的信号，该位置是不可预知的，这种自适应采样实际不可行。如何利用非自适应方式对信号 s 或其某种变换进行低速率采样，并从较少的采样数据中恢复出原始信号，成为了信号处理领域的一个研究热点。这也正是压缩感知所关注的焦点，其核心是利用信号的稀疏性或可压缩性，将信号变换到另外的表示域进行低速率采样，低采样率样本经传输后利用相应的稀疏信号恢复方法获得原始信号。

具体说来，在通常的信号处理过程中，先根据奈奎斯特采样定理对信号 $s(t)$ 进行采样，然后完成后续的信号与信息处理工作。压缩感知则不同，它首先利用某种线性变换 $\mathcal{H}$ 将原始信号变到新的变换域，然后在新的变换域进行低速率采样，同时最大限度地保持原始信息。这个过程可以用矩阵形式表示为

$$\tilde{s} = Hs = H\psi\alpha \tag{6.2}$$

式中：$H \in \mathbb{C}^{M \times N}$ 表示与变换 $\mathcal{H}$ 相对应的矩阵，称为测量矩阵或感知矩阵；M 为变换域中测量样本的数目，通常 $K < M \ll N$。压缩感知的测量与处理过程如图6.3所示。

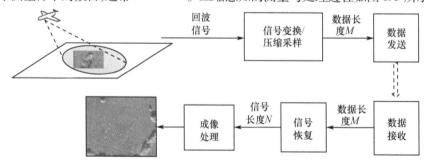

图6.3 压缩感知的数据获取流程

从图6.3可以看出，压缩感知涉及三个核心问题：①什么样的信号适合应用压缩感知原理；②如何选择测量矩阵实现对信号的压缩采样；③如何从压缩采样

中恢复出原始信号。第一个问题与信号本身的结构有关,要求信号具有可稀疏表示或可压缩表示的特性。事实上,信号稀疏表示问题的研究是早于压缩感知的,也为压缩感知原理的提出奠定了基础,尤其是最稀疏解的唯一性、最稀疏解与最小 1-范数解的等价性等方面成果,为第二、第三个问题中的测量矩阵选择、原始信号恢复提供了理论指导。信号稀疏表示的基本理论和方法可见附录。

虽然目前压缩感知理论主要用于信号恢复,但是其本质仍然是力图利用最少的代价采集"完备而有用"的信息。由于压缩采样包含了关注对象的完整信息,因此也可以看作是一种特殊的特征提取手段,直接基于压缩采样数据进行雷达目标识别理论上应该是一种更加有效的方式。

6.2 压缩识别

利用压缩感知原理获得压缩域测量后,是否必须要经过信号恢复的环节,才能进行后续的目标检测与识别任务?能否直接基于压缩测量数据作出相应的判决?如果可以,应该如何处理?这就是压缩识别将研究和回答的问题。

6.2.1 基本概念

在第 3 章中,我们阐述了经典目标识别的基本原理和方法,主要包括数据获取、特征提取和分类器设计三个环节。其中,数据获取部分也是基于常规的采样理论,因此获得数据量较大,尤其是高分辨成像识别体制。但是,后续的特征提取环节却又摒弃了很多冗余的观测。因此,一个很自然的想法就是以压缩感知为基础,只采集那些目标识别所需要的信息,从而降低对传感器的要求。目前的压缩感知理论主要讨论的是如何从压缩采样数据中恢复原始稀疏信号的方法。这种处理流程能跟以前的目标识别过程相衔接,只是从数据获取的角度考虑问题,一定程度上降低了采样的要求。其核心仍然是朝着高精度恢复原始信号的方向在努力,后续的目标识别仍然采用了常规的处理方式,保留了对恢复后的原始信号进行特征提取的环节。从数据量的角度看,遵循着"减少-增加-减少"的处理轨迹。事实上,压缩感知本质上就可以看作是一种特征提取方式,因此可以直接从压缩测量域进行目标识别,从而避免复杂的图像或信号恢复过程。这就是压缩分类识别的来源。

由此可见,从广义上来说,基于压缩感知的目标识别可以有两条路线:一是压缩识别,即利用压缩感知原理获得压缩测量后,直接进行目标识别;二是从压缩测量中恢复出我们更加熟悉的数据,再经过特征提取环节后进行目标识别。这两种路线各有优劣,前者比较直接,是一种目标和问题导向的解决方案,但是压缩测量的可解释性不足;后者增加了数据处理的复杂性,但是能更好地提供先验知识注入的接口,并且是当前技术发展条件下较为可行的一种方式。本节我们主要介绍压缩识别原理,下一节将重点介绍基于压缩感知的信号恢复方法,为第二种途径提供基础。

压缩识别(Compressive Classification/Recognition),最早由 Rice 大学 Richard G. Baraniuk 领导的研究小组提出[127,128],是紧随压缩感知而出现的一种信息处理方式。其核心思想是获得目标的压缩域测量后,越过通常的压缩感知流程中的信号恢复环节,而直接针对压缩测量数据进行分类识别处理。识别所用的基本工具是流形估计/学习和广义极大似然检测器,该分类器称为 Smashed Filter。图 6.4 显示了压缩识别与常规识别方法之间的差异。

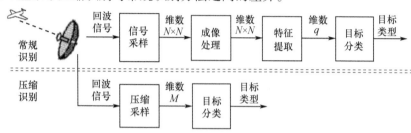

图 6.4 压缩分类识别与常规识别的比较

在图 6.4 所示的压缩识别框架中,压缩采样环节采用的是随机投影矩阵,包括高斯随机矩阵、贝努利随机矩阵等。它扮演着感知和特征提取的角色,使得整个处理流程更为简洁。研究结果表明,随机采样矩阵具有良好的性质,能以高概率满足稀疏信号恢复所需的约束等距条件(Restricted Isometric Property,RIP)[126,128]。

6.2.2 基本原理

6.2.2.1 极大似然分类器

第 3 章已经阐述了一些经典的目标识别方法,其中贝叶斯分类器具有最优的识别性能。特别地,当损失函数选择为离散 δ 函数且各类别的先验概率均相等时,贝叶斯分类器实际上变为极大似然分类器。考虑 P 种目标类型,记为 C_i ($i=1,2,\cdots,P$),对目标的描述可以表示为信号 $\boldsymbol{x}$。例如,$\boldsymbol{x}$ 可以是目标的雷达图像。在常规的识别流程中,我们获得的观测是含有噪声的图像,即 $\boldsymbol{y} = \boldsymbol{x} + \boldsymbol{w}$。记 H_i 表示信号 $\boldsymbol{x}$ 属于 C_i 这一假设,$p(\boldsymbol{y}|H_i)$ 表示假设 H_i 成立的条件下观测 $\boldsymbol{y}$ 的概率密度函数,则极大似然分类器是根据如下的判别函数进行判决:

$$C(\boldsymbol{y}) = \arg\max_i p(\boldsymbol{y}|H_i) \tag{6.3}$$

当每个目标类 C_i 可以用一个信号 s_i 表示且观测噪声 w 是加性的高斯白噪声时,式(6.3)所示的极大似然分类器将简化为最近邻分类器,同时也是模板匹配的一种特例。很多情况下,目标类 C_i 并不能用一个信号来表示,此时就需要对信号 x 的分布特性进行建模,这也是各种机器学习算法的基础,具体方法在第3章已经介绍过,在此不再赘述。

我们知道,通常情况下,信号 x 的维数是比较高的,例如,对于雷达图像而言 $x \in \mathbb{R}^N$,$N = L^2$,L 表示图像横向或纵向的分辨单元的数目。但是,对于同一个目标的所有图像来说,它们并不能弥散于整个 $\mathbb{R}^N$ 空间,不同姿态角下的图像之间具有一定的相似性。因此,这些图像位于 $\mathbb{R}^N$ 空间中的一个低维流形上,记为 $\mathcal{M}_i$。特别地,$\mathcal{M}_i$ 可具有参数化表示,即

$$\mathcal{M}_i : x = f_i(\boldsymbol{\theta}_i), \boldsymbol{\theta}_i \in \Theta_i$$

式中:$\boldsymbol{\theta}_i$ 可以表示平移、旋转、尺度变换以及姿态角等参数。此时,式(6.3)变为广义极大似然分类器:

$$C(y) = \arg\max_i p(y|\hat{\boldsymbol{\theta}}_i, H_i) \tag{6.4}$$

式中:$\hat{\boldsymbol{\theta}}_i = \arg\max_{\boldsymbol{\theta}_i \in \Theta_i} p(y|\boldsymbol{\theta}_i, H_i)$ 表示在假设 H_i 成立的条件下参数 $\boldsymbol{\theta}_i$ 的极大似然估计。显然,式(6.4)表示的是一个典型的复合假设检验问题。特别地,当观测噪声 w 是加性的高斯白噪声时,观测的条件概率密度函数为

$$p(y|\boldsymbol{\theta}_i, H_i) = \left(\frac{1}{\sqrt{2\pi}\sigma}\right)^N \exp\left\{-\frac{1}{2\sigma^2}\|y - f_i(\boldsymbol{\theta}_i)\|_2^2\right\}$$

$\boldsymbol{\theta}_i$ 的极大似然估计也变为 $\hat{\boldsymbol{\theta}}_i = \arg\max_{\boldsymbol{\theta}_i \in \Theta_i} \|y - f_i(\boldsymbol{\theta}_i)\|_2^2$。可见,对观测样本 y 进行分类的过程就是寻找最近的流形。其几何描述见图6.5虚线以上的常规识别部分。

6.2.2.2 极大似然分类器——压缩识别

根据附录的阐述我们知道,很多情况下原始信号并不是弥漫于整个高维空间 $\mathbb{R}^N$,而是位于一个低维流形上。特别地,对于 K - 稀疏信号(即表示系数的非零元数目不超过 K 的信号),利用 $M = O(K\log N)$ 个随机投影观测 $z = \boldsymbol{\Phi}(x + w)$ 可以稳定地恢复出原始信号。那么,将压缩感知获得的压缩测量样本 z 直接用于目标识别时,我们自然要问:利用随机投影矩阵 $\boldsymbol{\Phi}$ 得到的目标信号是否仍然保持着原始流形的几何结构?压缩观测是否能保持原始观测的分类识别能力?针对该问题,Baraniuk 领导的的研究小组展开了深入的研究,并获得了令人鼓舞的结果[127,128]。

定理 6.1(保距离压缩) 设 $\mathcal{M}$ 是 $\mathbb{R}^N$ 空间中的 K 维紧流形,$X = \{x_1, x_2, \cdots,$

$x_l\}$ 是流形 $\mathcal{M}$ 上充分平均的密集采样,$\varGamma = \max\limits_{1 \leq i,j \leq l} d_{\mathrm{iso}}(\boldsymbol{x}_i, \boldsymbol{x}_j)$ 表示数据集 $\boldsymbol{X}$ 的直径,其中 $d_{\mathrm{iso}}(\boldsymbol{x}_i, \boldsymbol{x}_j)$ 表示利用 Isomap 方法获得的样本点 $\boldsymbol{x}_i, \boldsymbol{x}_j$ 之间的测地线距离的估计量。利用 Isomap 方法可获得 $\boldsymbol{X}$、$\boldsymbol{\varPhi X}$ 的 K 维嵌入,R、$R_\varPhi$ 分别表示相应的嵌入残差,对于 $0 < \varepsilon < 1, 0 < \rho < 1$,当 $M \geq O(\varepsilon^{-2} K\log(\rho^{-1}) \cdot (\mu + \log N))$ 时,下式

$$R_\varPhi < R + C\varGamma^2 \varepsilon \tag{6.5}$$

成立的概率超过 $1 - \rho$。其中,μ 是与流形 $\mathcal{M}$ 的体积和局部几何结构有关的常数,C 是与样本数据 l 有关的常数。

定理 6.1 表明,利用随机投影的方式能够很好地保持高维空间中低维流形的几何结构,从而能够维持原始数据的分类识别能力。与前述的极大似然分类器类似,压缩感知条件下的分类器可写为

$$C(\boldsymbol{y}) = \arg\max_i p(\boldsymbol{z} \mid \hat{\boldsymbol{\theta}}_i, H_i) \tag{6.6}$$

式中:$p(\boldsymbol{y} \mid \boldsymbol{\theta}_i, H_i) = \left(\dfrac{1}{\sqrt{2\pi}\sigma}\right)^M \exp\left\{-\dfrac{1}{2\sigma^2}\|\boldsymbol{z} - \boldsymbol{\varPhi} f_i(\boldsymbol{\theta}_i)\|_2^2\right\}$,$\hat{\boldsymbol{\theta}}_i = \arg\max\limits_{\boldsymbol{\theta}_i \in \varTheta_i} \|\boldsymbol{z} - \boldsymbol{\varPhi} f_i(\boldsymbol{\theta}_i)\|_2^2\}$ 为极大似然估计。显然,压缩识别的判别式(6.6)可以看作是在压缩后的空间 $\mathbb{R}^M$ 中寻找最近的流形,如图 6.5 中虚线以下的部分。

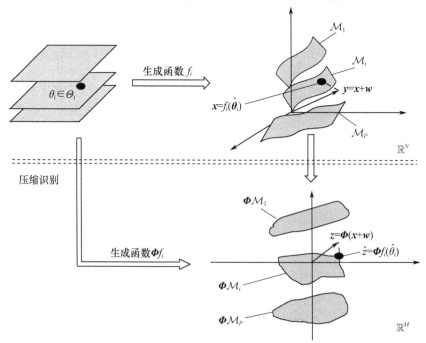

图 6.5 广义极大似然分类器

注 6.1 压缩识别直接利用压缩观测数据进行处理,具有广泛性,它不依赖于原始信号的稀疏表示域。分类识别的性能由压缩后的维数 M 决定,且各维观测之间的重要性是相同的,更充分地体现了信息采样的性质。因此,识别性能具有可控的单调增长模式。

注 6.2 压缩识别可直接与压缩成像的设备对接,无需改变压缩感知系统的结构。Baraniuk 等在文献[129,130]中介绍了利用压缩识别方法对单像素相机的压缩测量进行分类识别的结果,体现了这种识别原理的优越性。

综上所述,压缩识别从原理上讲具有很好的优势,是一种高效利用信息的识别方式。但是,由于省略了原始信号尤其是图像的重构过程,因此人们关于图像的很多先验知识和经验无法利用,这对于基于知识的目标识别方法而言是一种挑战。因此,我们认为,需要针对不同的应用问题具体对待,综合考虑识别能力、处理效率、可信度等因素的制约,选择最合适的识别方式。在雷达目标识别系统中,需要充分考虑雷达测量器数据和人的知识的地位与作用,做好二者的有机结合,最大限度地发挥二者的优势。特别地,雷达目标识别通常是个开放性的问题,随着传感器的发展识别要求也在不断提高,扩展工作条件下的小样本识别仍是常态。同时,在侦察监视领域,雷达目标识别不单单是分类判决这样一个单一的任务,而是不断向目标分析和解译的方向发展。先验知识的有效运用仍将是提高雷达目标识别和解译能力的重要方式之一。因此,从压缩测量中恢复出目标图像等直观信息,仍将是知识注入的可行途径。下一节将重点介绍基于压缩感知的雷达目标成像方法,为目标识别提供数据基础。

6.3 基于压缩感知的雷达成像

利用压缩感知实现雷达目标成像,其关键是认识到成像与信号稀疏表示之间的天然联系。所谓信号稀疏表示,就是把观测信号表示为过完备函数(矢量)集中的少数元素的线性组合。过完备集成为词典,其中的元素称为原子。关于信号稀疏表示和压缩感知的基本概念及信号处理方法可参见附录。

6.3.1 信号表示与雷达成像

成像雷达利用宽带信号和目标相对雷达视线的旋转运动分别获得距离向和方位向的高分辨率,从而展示目标的结构特征,是对空、海目标监视识别的重要手段。特别是二维甚至三维雷达图像,它获得的目标结构特征更为精细,也更有利于图像分析和目标识别。

由于雷达目标的非合作运动,在生成二维雷达图像之前需要对雷达回波信号进行预处理,即运动补偿。其主要目的是将目标运动或雷达系统引入的相位误差消除掉，使得补偿后的数据等效为目标的空间频域测量（6.4 节将探讨运动补偿模型）。雷达测量数据经过预处理后，针对不同的条件可选用相应的成像算法获得目标的二维图像。由于雷达成像的距离分辨率与信号带宽有关，而横向分辨率与积累的总观测角成反比，因此，要获得纵向高分辨率就需要大带宽，要获得横向高分辨率就需要大的观测角。增大带宽会增加雷达的实现难度，而在大观测角下各种不理想的因素如散射中心穿越距离单元、目标散射特性的变化会影响成像质量。特别地，如果目标运动比较复杂，如非均匀旋转和转轴变化等，常常需要建立更复杂的信号模型，采用更复杂的时频分析技术（距离－瞬时多普勒处理）进行补偿才能获得较为清晰的雷达图像，其中涉及多项式相位信号分量的快速、自动化检测和滤除。信号分量的估计精度直接影响图像的分辨率，而且实现起来有一定的难度。因此，有限观测数据下的距离－多普勒成像模型仍然在雷达成像领域占有重要的地位。同时，如何从有限的观测数据中获得更高分辨率的雷达图像也一直吸引着人们的注意。

从数据分析的角度看，成像过程实际上是信号表示问题，距离－多普勒成像和距离－瞬时多普勒成像就是用正交的二维傅里叶原子或非正交的时频原子来表示观测数据的。常规的距离－多普勒成像算法可以认为是分两个步骤实现：首先根据观测数据的长度将目标所在的区域进行剖分，形成相应的空间单元；然后通过傅里叶变换完成信号的匹配压缩，在散射中心相应的空间单元上形成峰值，从而生成雷达图像。显然，空间单元的大小与数据长度有关。如果减小空间单元的大小，会因为观测数据不足导致系统求解的困难。为了提高分辨率，基于 AR 模型的谱外推技术和 ESPRIT 方法也被应用到雷达图像的超分辨处理过程。谱外推技术的基本思想就是利用 AR 对观测数据进行建模和外推，增加观测数据的有效长度，从而提高分辨率。ESPRIT 方法则利用信号模型来估计散射中心的位置参数和幅度参数。由于散射点的位置参数和幅度参数通常是相互耦合的，使得观测空间中的期望响应曲面变得相对复杂，具有很强的非线性，给参数估计带来了不利的影响。因此，本节将以距离－多普勒成像模型为基础，研究能提高空间分辨率的成像方法。

事实上，成像过程不仅要实现与发射信号的相干处理，还要与雷达目标特性相匹配。在高频区，雷达目标可用多散射中心模型描述。也就是说，如果对目标所在的区域进行加细剖分，减小空间单元的尺寸，这些散射中心也只是占据一部分的空间单元。这一特性与信号稀疏表示的要求十分吻合，因此，可以根据加细剖分过程构造与雷达观测系统相匹配的词典，利用信号稀疏表示方法完成观测信号的稀疏表示，实现与雷达目标散射特性的匹配，生成高分辨率的雷达图像。

6.3.2 雷达回波信号建模

以逆合成孔径雷达(ISAR)成像为例。将目标看作一个旋转的刚体,上面有固连的坐标系 Oxy,目标反射率函数为 $\sigma(x,y)$。雷达坐标系 Ouv 的原点与目标坐标系 Oxy 原点重合,如图6.6所示。

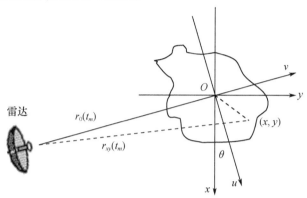

图 6.6 雷达 - 目标几何关系示意图

对于目标上的任意一点 $P(x,y)$,在雷达坐标系内的坐标 (u,v) 为

$$\begin{cases} u = x\cos\theta + y\sin\theta \\ v = -x\sin\theta + y\cos\theta \end{cases} \tag{6.7}$$

式中:θ 为目标坐标系与雷达坐标系的夹角。设雷达发射脉冲线性调频信号,第 m 个脉冲信号形式可写为

$$s(t) = \text{rect}\left[\frac{t-mT}{T_0}\right]\exp\left\{j2\pi\left[f_0 t + \frac{1}{2}\gamma(t-mT)^2\right]\right\}, \quad m=0,1,\cdots,M-1 \tag{6.8}$$

式中:f_0 为载频;γ 为调制斜率;T_0 为信号的脉宽;T 为脉冲重复周期;M 为相干积累的脉冲数;$\text{rect}\left[\frac{t}{T_0}\right]$ 表示宽度为 T_0 的矩形窗。于是雷达接收到的目标回波信号可写为

$$\begin{aligned}
s(t) = & \iint_\Omega \sigma(x,y) \text{rect}\left[\frac{t-mT-\tau_0^m-2v_m/c}{T_0}\right] \cdot \\
& \exp\left\{j2\pi\left[f_0(t-\tau_0^m-2v_m/c) + \frac{1}{2}\gamma(t-mT-\tau_0^m-2v_m/c)^2\right]\right\}dxdy
\end{aligned} \tag{6.9}$$

式中:Ω 为目标所占的空域,$t_m = mT$ 为第 m 个脉冲的开始时刻;$r_0(t_m)$ 表示第 m 个脉冲开始时刻的目标距离;$\tau_0^m = \dfrac{2r_0(t_m)}{c}$ 为对应的距离时延;c 为光速;$v_m = -x\sin\theta_m + y\cos\theta_m$,$\theta_m$ 为 t_m 时刻坐标系之间的夹角。将原始信号延迟 τ_s^m 后作为参考信号,对雷达回波进行 Dechirp 处理后得到的基带回波为

$$r(t) = \iint_\Omega \sigma(x,y) \text{rect}\left[\frac{t - mT - \tau_0^m - 2v_m/c}{T_0}\right] \cdot \text{rect}\left[\frac{t - mT - \tau_s^m}{T_0}\right]$$

$$\exp\left\{j2\pi\left[f_0(t - \tau_0^m - 2v_m/c) + \frac{1}{2}\gamma(t - mT - \tau_0^m - 2v_m/c)^2\right]\right\} \cdot$$

$$\exp\left\{-j2\pi\left[f_0(t - \tau_s^m) + \frac{1}{2}\gamma(t - mT - \tau_s^m)^2\right]\right\} dxdy$$

$$\approx \text{rect}\left[\frac{t - mT - \tau_s^m}{T_0}\right] \iint_\Omega \sigma(x,y) \exp\{-j2\pi[f_0 + \gamma(\hat{t} - \tau_s^m)](\tau_0^m - \tau_s^m)\} \cdot$$

$$\exp\left\{-j2\pi[f_0 + \gamma(\hat{t} - \tau_s^m)]\frac{2v_m}{c}\right\} \cdot \exp\{j2\pi\gamma(\tau_0^m - \tau_s^m)^2\} dxdy$$

(6.10)

式中:$\hat{t} = t - mT$ 为脉冲持续的快时间。根据回波脉冲线性调频信号的瞬时频率 f 与时间的关系,式(6.10)可写为

$$E(f) \approx \exp\{j\varphi_m(f)\}\exp\{j\varphi_m^0\} \iint_\Omega \sigma(x,y) \exp\left\{-j2\pi f \frac{2v_m}{c}\right\} dxdy \quad (6.11)$$

式中:$\varphi_m(f) = -2\pi f(\tau_0^m - \tau_s^m)$,$\varphi_m^0 = \pi\gamma(\tau_0^m - \tau_s^m)^2$。式(6.11)表示了目标在该观测角下一维空间频谱经过线性相移后的结果。如果在每一个脉冲中能准确跟踪目标的质心,并选择 $\tau_s^m = \tau_0^m$,则式(6.11)就表示了转台目标的空间频域测量数据,即

$$E(f_n, \theta_m) = \iint_\Omega \sigma(x,y) \exp\left\{-j2\pi f_n \frac{2(y\cos\theta_m - x\sin\theta_m)}{c}\right\} dxdy \quad (6.12)$$

式中:$f_n = f_0 + n\Delta f$ 表示频域采样,$\Delta f = \gamma T_s$ 为频率步长,T_s 是回波信号的采样周期。在小角度条件下,$\cos\theta_m \approx 1$,$\sin\theta_m \approx \theta_m = m\Delta\theta$,$\Delta\theta$ 为角采样间隔,通过合并相位项后式(6.12)可近似写为

$$E(f_n, \theta_m) = \iint_\Omega \sigma(x,y) \exp\left\{-j2\pi\Delta f \frac{2y}{c}n\right\} \exp\left\{j2\pi f_0 \frac{2x\Delta\theta}{c}m\right\} dxdy \quad (6.13)$$

这是一个二维的傅里叶变换式,利用傅里叶分析即可获得目标的二维图像,这也是距离-多普勒成像算法基础。如果小角度条件不满足,则需要用极坐标格式算法从式(6.13)中恢复目标的散射特性。

当目标运动时,准确跟踪目标的质心是比较困难的,此时,$\tau_s^m \neq \tau_0^m$,因此成像

前需要对雷达回波数据进行运动补偿,包括包络对齐、初相矫正等。

6.3.3 基于稀疏先验的雷达成像

6.3.3.1 词典构造

在常规的距离-多普勒成像方法中,对观测数据$\{E(f_n,\theta_m)\}$作二维傅里叶变换即可获得雷达图像。事实上,我们可以从另一个角度来审视该成像模型。对反射率函数进行离散采样得$\boldsymbol{\sigma} = [\sigma_{qp}]_{N \times M}$,其中$\sigma_{qp} = \sigma(x_p, y_q)$,$x_p = p\Delta x$,$y_q = q\Delta y(p = 0, 1, \cdots, M-1; q = 0, 1, \cdots, N-1)$。由式(6.13)可得反射率函数到空间频率域的观测模型为

$$g_{n,m} = \sum_{p=0}^{M-1}\sum_{q=0}^{N-1} \sigma_{qp} \exp\left\{-j2\pi \frac{qn}{N}\right\} \exp\left\{j2\pi \frac{pm}{M}\right\} \quad (6.14)$$

其中$g_{n,m} = E(f_n, \theta_m)(n = 0, 1, \cdots, N-1; m = 0, 1, \cdots, M-1)$。可见,对观测数据$\{g_{n,m}\}_{n,m=0}^{N-1,M-1}$作二维傅里叶变换即可得到常规的距离-多普勒ISAR像,其距离分辨率为$\Delta y = \dfrac{c}{2(N-1)\Delta f}$,方位分辨率为$\Delta x = \dfrac{\lambda_0}{2(M-1)\Delta \theta}$,$\lambda_0 = c/f_0$为波长。从信号表示的角度看,这种成像方式是在正交的傅里叶基函数上获得观测数据的线性表示,计算简单但是分辨率受限,即使是作补零傅里叶变换也不能提高图像的本质分辨率。下面讨论基于信号稀疏表示的超分辨成像方法。

在不产生混叠的情况下将具有更高分辨率的二维图像仍记为$\boldsymbol{\sigma} = [\sigma_{qp}]_{lN \times lM}$,$l$为分辨率提高的倍数,此时图像的分辨率分别为$\Delta \tilde{x} = \Delta x/l$,$\Delta \tilde{y} = \Delta y/l$。于是,式(6.14)观测数据模型可写成

$$g_{n,m} = \sum_{p=0}^{P-1}\sum_{q=0}^{Q-1} \sigma_{qp} \exp\left\{-j2\pi \frac{qn}{Q}\right\} \exp\left\{j2\pi \frac{pm}{P}\right\},$$
$$n = 0, 1, \cdots, N-1; m = 0, 1, \cdots, M-1 \quad (6.15)$$

其中$P = lM, Q = lN$。显然,式(6.15)是一个不定系统,有无穷多组解,要获得有意义的唯一解需要利用额外的信息。考虑到雷达目标在光学区的散射特性可用少数几个散射中心来描述,因此可用6.2节所述的信号稀疏表示方法进行处理。

对于补偿后的测量数据,采用拉伸过程把矩阵写成矢量,从而可将式(6.15)表示为线性系统的形式。令$\boldsymbol{G} = [\boldsymbol{g}^{(0)}, \boldsymbol{g}^{(1)}, \cdots, \boldsymbol{g}^{(M-1)}]^T$,$\boldsymbol{\Sigma} = [(\boldsymbol{\sigma}^{(0)})^T, (\boldsymbol{\sigma}^{(1)})^T, \cdots, (\boldsymbol{\sigma}^{(Q-1)})^T]^T$,$\boldsymbol{\Phi} = [\varphi_{n,q}]_{N \times Q}$,$\widetilde{\boldsymbol{\Phi}} = [\widetilde{\varphi}_{m,p}]_{M \times P}$,其中$\boldsymbol{g}^{(m)} = [g_{0,m}, g_{1,m}, \cdots, g_{N-1,m}]$,$\boldsymbol{\sigma}^{(q)} = [\sigma_{q,0}, \sigma_{q,1}, \cdots, \sigma_{q,P-1}]^T$,$\varphi_{n,q} = \exp\left\{-j2\pi \dfrac{qn}{Q}\right\}$,$\widetilde{\varphi}_{m,p} = \exp\left\{j2\pi \dfrac{pm}{P}\right\}(n = 0, 1, \cdots, N-1; m = 0, 1, \cdots, M-1; q = 0, 1, \cdots, Q-1; p = 0, 1, \cdots,$

$P-1$)。记 $K=[K_{mq}]_{M\times Q}$ 为行列变换矩阵，是一个包含 $M\times Q$ 个子块的分块矩阵，其中第 (m,q) 子块 $K_{mq}=\delta_{q,m}$ 表示仅在 (q,m) 位置为 1 其他位置为 0 大小为 $Q\times M$ 的矩阵，于是模型(6.15)可写为如下的不定线性系统：

$$G=\begin{bmatrix}\boldsymbol{\Phi} & & & \\ & \boldsymbol{\Phi} & & \\ & & \ddots & \\ & & & \boldsymbol{\Phi}\end{bmatrix}\cdot K\cdot\begin{bmatrix}\widetilde{\boldsymbol{\Phi}} & & & \\ & \widetilde{\boldsymbol{\Phi}} & & \\ & & \ddots & \\ & & & \widetilde{\boldsymbol{\Phi}}\end{bmatrix}\cdot\boldsymbol{\Sigma}\triangleq T\cdot\boldsymbol{\Sigma} \quad (6.16)$$

式中：T 表示雷达系统的观测算子，是一个高分辨率到低分辨率的变换矩阵，构成了信号稀疏表示的过完备词典。选择确定的稀疏性度量函数后，根据式(6.16)可得如下迭代格式：

$$\boldsymbol{\Sigma}^{(k+1)}=[\lambda\boldsymbol{\Pi}_k+T^H T]^{-1}T^H G \quad (6.17)$$

其中，T^H 表示 T 的共轭转置，$\boldsymbol{\Pi}_k$ 是由 $\boldsymbol{\Sigma}^{(k)}$ 确定的对角矩阵。

利用该迭代算法最终可生成高分辨率的雷达图像。其中，正则化参数 λ 的选择是一个开问题，可使用 L - 曲线法、统计学方法等进行估计。

6.3.3.2 算法分析与设计

记 $A_k=\lambda\boldsymbol{\Pi}_k+T^H T$，$b=T^H G$，则成像的核心问题是求解方程组 $A_k\boldsymbol{\Sigma}=b$。由于 $T^H T$ 是大小为 $PQ\times PQ$ 的矩阵，直接求解至少需 $PQ\times PQ$ 个存储单元，计算复杂性为 $O((PQ)^3)$，难以实现。事实上，经过细致而复杂的推导可知该矩阵有特殊的结构，即

$$T^H T=U\otimes\widetilde{U} \quad (6.18)$$

式中：$U=\boldsymbol{\Phi}^H\boldsymbol{\Phi}\triangleq[u_{ik}]_{Q\times Q}$，$u_{ik}=u_{i-k}=\sum_{n=0}^{N-1}\exp\left\{-j2\pi\frac{(i-k)n}{Q}\right\}(i,k=0,1,\cdots,Q-1)$；$\widetilde{U}=\widetilde{\boldsymbol{\Phi}}^H\widetilde{\boldsymbol{\Phi}}\triangleq[\widetilde{u}_{ik}]_{P\times P}$，$\widetilde{u}_{ik}=\widetilde{u}_{i-k}=\sum_{m=0}^{M-1}\exp\left\{j2\pi\frac{(i-k)m}{P}\right\}(i,k=0,1,\cdots,P-1)$；"$\otimes$"表示矩阵的 Kronecker 积。显然，$U$、$\widetilde{U}$ 均为 Hermitian 循环矩阵，这极大地降低了存储量。进一步，$|i-k|\in l\boldsymbol{Z}^+$ 时，$u_{ik}=0(i,k=0,1,\cdots,Q-1)$，其中 $\boldsymbol{Z}^+$ 表示正整数集，对于 $\widetilde{U}$ 也满足类似的关系。可见，U、$\widetilde{U}$ 具有一定的稀疏性，从而 $T^H T$ 也具有一定的稀疏性，其密度随超分辨倍数 l 的增大而增大。

对于 $l=2$，$M=N$ 的典型情况，高斯消去法直接求解方程组复杂性为 $O(l^6 N^6)$。考虑到系数矩阵 A_k 的 Hermitian 正定性和一定的稀疏性，可以采用共轭梯度法求解，此时核心的问题是计算矩阵矢量乘积 $A_k V$，其中 V 为搜索方向。

如果利用 $T^H T$ 的稀疏性直接计算该乘积,能够节省一部分运算量,此时,矩阵 U、$\tilde{U}$ 的密度大于 $\frac{1}{2}$,从而 $T^H T$ 的密度大于 $\frac{1}{4}$。于是,计算 $A_k V$ 所需的复数乘法约为 $\frac{1}{4}(lN)^4$,从而求解 $A_k \Sigma = b$ 的复杂性为 $O(tl^4 N^4)$,t 为迭代步数。文献 [131] 在 SAR 图像特征增强处理中就是利用矩阵稀疏性进行存储和计算,由上述分析可知其算法的复杂性过高将使得算法运算过慢,难以满足实时性要求。实际上,矩阵 T 本身具有傅里叶变换结构,对照式(6.16),G 就是将图像 σ 按行拉伸后用 T 左乘得到的列向量,也可对 σ 作二维傅里叶变换取低频块后再按列拉伸得到。因此,计算 $A_k V$ 可通过两次二维傅里叶变换实现,从而求解 $A_k \Sigma = b$ 的计算复杂性为 $O(tl^2 N^2 \log N)$,t 为迭代步数。由此,我们给出了基于傅里叶变换和共轭梯度法的雷达目标二维联合 ISAR 成像算法,其处理流程如图 6.7 所示,其中 δ 是逼近精度控制因子。

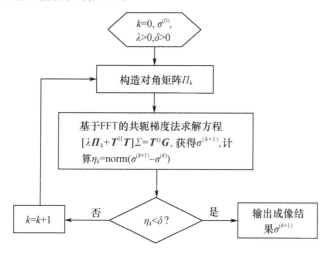

图 6.7 基于 FFT 的二维联合 ISAR 成像

6.3.3.3 解耦超分辨成像

前述的二维联合成像模型能与雷达系统的观测模型相匹配,有较好的旁瓣压制性能。为进一步减小计算量,在此探讨更简洁的成像算法,并保持超分辨能力。从 6.3.2 节的推导可知,当雷达信号的相对带宽不大时观测模型式(6.12)具有式(6.15)的解耦形式。令

$$h_{q,m} = \sum_{p=0}^{P-1} \sigma_{qp} \exp\left\{j2\pi \frac{pm}{P}\right\}, q = 0,1,\cdots,Q-1; m = 0,1,\cdots,M-1$$

(6.19)

则模型(6.15)写为

$$g_{n,m} = \sum_{q=0}^{Q-1} h_{q,m} \exp\left\{-j2\pi \frac{qn}{Q}\right\}, n = 0,1,\cdots,N-1; m = 0,1,\cdots,M-1 \tag{6.20}$$

令 $\boldsymbol{h}^{(m)} = [h_{0,m}, h_{1,m}, \cdots, h_{Q-1,m}]^T, \tilde{\boldsymbol{h}}^{(q)} = [h_{q,0}, h_{q,1}, \cdots, h_{q,M-1}]^T$ ($m = 0, 1, \cdots, M-1; q = 0, 1, \cdots, Q-1$),则式(6.19)、式(6.20)可进一步写为

$$\boldsymbol{g}^{(m)} = \boldsymbol{\Phi} \boldsymbol{h}^{(m)}, \tilde{\boldsymbol{h}}^{(q)} = \tilde{\boldsymbol{\Phi}} \boldsymbol{\sigma}^{(q)}, m = 0,1,\cdots,M-1; q = 0,1,\cdots,Q-1 \tag{6.21}$$

事实上,$\boldsymbol{h}^{(m)}$ 是目标在第 m 个观测角下的距离像。当超分辨倍数 $l \geq 2$ 时,$\boldsymbol{\Phi}$ 是一个词典,此时,针对式(6.21)中的第一个等式可用信号稀疏表示方法求解 $\boldsymbol{h}^{(m)}$($m = 0,1,\cdots,M-1$),同时也就获得了 $\tilde{\boldsymbol{h}}^{(q)}$($q = 0,1,\cdots,Q-1$)。进一步,针对第二个等式再次利用信号稀疏表示方法可得到高分辨率的二维 ISAR 图像 $\boldsymbol{\sigma} = [\sigma_{qp}]_{Q \times P}$。

6.3.3.4 数值例子

针对典型的空间目标"斯波特"卫星,如图 6.8 所示建立目标坐标系 Oxy,Oz 轴垂直纸面向外,雷达波照射方向与 Oz 轴成 80°角。信号载频 $f_0 = 2\text{GHz}$,扫频带宽 $B = 150\text{MHz}$,扫频点数 $N = 32$,距离分辨率 $\Delta y = 1.0\text{m}$;方位角采样范围 [$-3.2°,3.0°$],角采样步长 $\Delta \theta = 0.2°$,采样点数 $M = 32$,横向分辨率 $\Delta x = 0.70\text{m}$,极化方式为 vv 极化。由此可以获得一个 32×32 的测量数据矩阵,作为 ISAR 成像的输入,以验证算法的性能。

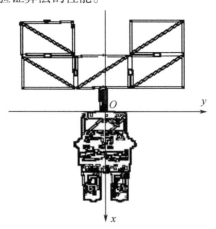

图 6.8 "斯波特"5 卫星模型

为了比对,另外仿真了更高分辨率的回波数据,参数如下(参数的意义同上):$f_0 = 6\text{GHz}, B = 630\text{MHz}, N = 64, \Delta y = 0.24\text{m}$;方位角采样范围 [$-3.2°,$

3.1°], $\Delta\theta = 0.1°$, $M = 64$, $\Delta x = 0.23\text{m}$。

分别利用基于 FFT 的二维联合成像算法和解耦成像算法对 32×32 的测量数据矩阵进行 ISAR 成像,其中稀疏性度量 $d(\boldsymbol{x}) = \sum_{x_i \neq 0} \ln|x_i|$,参数 $\lambda = 0.001$,共轭梯度的精度控制因子 $\delta_{CG} = 10^{-6}$,超分辨倍数 $l = 2,4$。成像结果如图 6.9(a)~(f)所示。图(a)是 32×32 的测量数据矩阵经二维逆傅里叶变换后获得的 ISAR 图像,运算时间约为 0.01s。图(b)、(c)是利用解耦超分辨算法获得的 ISAR 像,超分辨倍数分别为 $l=2$ 和 $l=4$,运算时间分别约为 3s、13s。图(d)是 64×64 的高

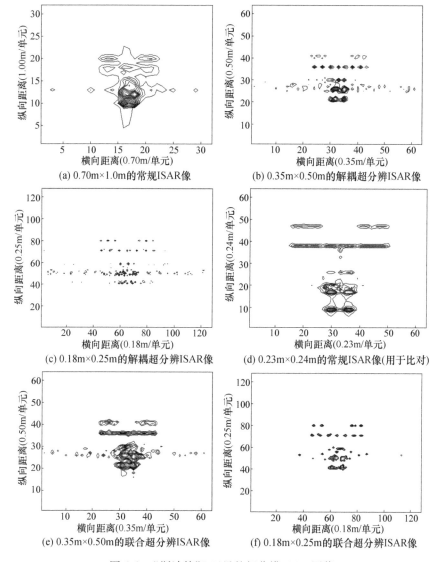

图 6.9 "斯波特"5 卫星的超分辨 ISAR 图像

分辨率测量数据经过二维逆傅里叶变换后获得的 ISAR 图像,运算时间约 0.02s。图(e)、(f)是对 32×32 的测量数据矩阵利用二维联合成像算法获得的 ISAR 像,超分辨倍数分别为 $l=2$ 和 $l=4$,共轭梯度迭代的最大步数为 $N_{\max}=30$,运算时间分别约为 5s、33s。

从图 6.9 可以看出:

(1) 测量数据直接通过二维傅里叶变换获得的常规 ISAR 像,分辨率较低。二维解耦算法和二维联合算法获得的 ISAR 像在分辨率上都有较大的改善,目标的几何形状也更明显;二者在距离向上的旁瓣压缩性能比方位向好。

(2) 基于 FFT 的二维联合算法获得的 ISAR 图像相对于二维解耦算法而言更干净,目标和背景的对比度也更高,但运算时间则更长一些。在实现二维解耦算法时,矩阵的逆和矩阵-向量乘积是直接计算得到的,如果利用 Toeplitz 矩阵求逆的快速算法可进一步降低计算量。

(3) 从运算时间上看,基于 FFT 的二维联合成像算法从 32×32 的测量数据中获得 128×128 的超分辨 ISAR 图像耗时约 0.5min。可见,这两个算法能够满足准实时分析的要求。

6.4 相位校正与成像一体化技术

在 6.3 节中,为了突出信号稀疏表示与雷达目标成像的联系,暂未考虑初相误差的影响,认为成像前已利用自聚焦方法予以校正。本节将从压缩感知的角度将相位校正和成像处理一体化考虑,此时仍假定包络对齐过程已完成。

6.4.1 模型描述

如式(6.11)所示,平动补偿后的雷达回波可写为

$$E(f_n, \theta_m) = \exp\{-j\phi_m\} \iint_\Omega \sigma(u,v) \exp\left\{-j2\pi f_n \cdot \frac{2[v\cos\theta_m - u\sin\theta_m]}{c}\right\} du dv,$$

$$n = 0,1,\cdots,N-1; m = 0,1,\cdots,m-1 \quad (6.22)$$

式中:$f_n = f_0 + n\Delta f$ 表示信号频率,Δf 为频率采样步长;N 为频率点的数目;θ_m 为第 m 个脉冲发射时刻目标的旋转角;ϕ_m 是由平动引入的需要校正的初相;M 为脉冲数;$\sigma(u,v)$ 为目标的反射率函数;Ω 为目标所占据的空间区域;c 表示光速。为行文方便,记 $\boldsymbol{\varphi} = [\phi_0, \phi_1, \cdots, \phi_{M-1}]^T$ 为相位误差的矢量表示。

类似于 6.3 节的处理方式,对目标占据的空域 Ω 进行采样后可将式(6.22)改写为矩阵形式:

$$\boldsymbol{Y} = \boldsymbol{F}_N \cdot \boldsymbol{X} \cdot \boldsymbol{F}_M^* \cdot \boldsymbol{\Phi} \quad (6.23)$$

式中：$Y = [y_{nm}]_{N \times M}$ 是由测量数据形成的一个 $N \times M$ 的矩阵，$y_{nm} = E(f_n, \theta_m)$（$n = 0, 1, \cdots, N-1$；$m = 0, 1, \cdots, M-1$）；$F_N$ 和 F_M 为归一化傅里叶变换矩阵，大小分别为 $N \times N$ 和 $M \times M$，且满足 $F_N F_N^H = F_N^H F_N = I_N$，$F_M F_M^H = F_M^H F_M = I_M$；记号 $(\cdot)^H$ 表示 Hermitian 转置，$(\cdot)^*$ 表示共轭；$X = [x_{pq}]_{N \times M}$ 是大小为 $N \times M$ 的离散反射率矩阵，$x_{pq} = \sigma(u_q, v_p)$ 表示第 (p, q) 个分辨单元的反射率（$p = 0, 1, \cdots, N-1$；$q = 0, 1, \cdots, M-1$）；$\boldsymbol{\Phi} = \mathrm{diag}\{e^{j\phi_0}, e^{j\phi_1}, \cdots, e^{j\phi_{M-1}}\}$ 是待估计的相位误差的矩阵表示。

为清晰起见，利用矢量化的方式将图像域到频域的映射（6.23）重写为线性模型

$$\boldsymbol{y} = [\boldsymbol{I}_M \otimes \boldsymbol{F}_N] \cdot \boldsymbol{K} \cdot [\boldsymbol{I}_N \otimes (\boldsymbol{\Phi} \boldsymbol{F}_M^H)] \cdot \boldsymbol{x} \tag{6.24}$$

式中：$\boldsymbol{x} \triangleq \mathrm{vec}(\boldsymbol{X}^T)$，$\boldsymbol{y} \triangleq \mathrm{vec}(\boldsymbol{Y})$ 是矩阵 $\boldsymbol{X}^T$ 和 $\boldsymbol{Y}$ 按照列优先存储形成的列矢量；$\boldsymbol{K}$ 是一个将矢量 $\mathrm{vec}(\boldsymbol{B}^T)$ 变为 $\mathrm{vec}(\boldsymbol{B})$ 的置换矩阵（即将行优先矩阵变为列优先矩阵），$\boldsymbol{B} \in \mathbb{C}^{N \times M}$；"$\otimes$" 表示 Kronecker 积。可见，式（6.24）定义了一个映射 $\boldsymbol{A}_\varphi$：$\mathbb{C}^{MN} \to \mathbb{C}^{NM}$，即

$$\boldsymbol{y} = \boldsymbol{A}_\varphi \cdot \boldsymbol{x} \tag{6.25}$$

如果相位误差矢量 $\boldsymbol{\varphi}$ 是已知的，则式（6.25）的求解是平凡的。对于未知的 $\boldsymbol{\varphi}$，该式表示了一个不定系统，也就是说，有无穷多组 $\{\boldsymbol{x}, \boldsymbol{\varphi}\}$ 满足该方程。因此，各种相位校正算法如相位梯度法和最小熵法等就是要从中选择能够反映目标真实散射特性的解。

不失一般性，设 $d(\boldsymbol{x}) = \sum_i \rho(x_i)$ 为某种可分的稀疏性度量，则根据前述的稀疏表示和压缩感知的基本原理，成像过程可用下式来表达：

$$\min J(\boldsymbol{x}, \boldsymbol{\varphi}) = \|\boldsymbol{y} - \boldsymbol{A}_\varphi \cdot \boldsymbol{x}\|_2^2 + \lambda \cdot d(\boldsymbol{x}) \tag{6.26}$$

6.4.2 算法描述

首先，求目标函数 $J(\boldsymbol{x}, \boldsymbol{\varphi})$ 关于 $\boldsymbol{x}^*$ 的偏导数并令其为零，有

$$\frac{\partial J(\boldsymbol{x}, \boldsymbol{\varphi})}{\partial \boldsymbol{x}^*} = \boldsymbol{A}_\varphi^H \boldsymbol{A}_\varphi \boldsymbol{x} - \boldsymbol{A}_\varphi^H \boldsymbol{y} + \lambda \cdot \boldsymbol{\Pi}_x \cdot \boldsymbol{x} = \boldsymbol{0} \tag{6.27}$$

其中：$\boldsymbol{\Pi}_x = \mathrm{diag}\{\boldsymbol{v}\}$，$\boldsymbol{v} = \left[\dfrac{\rho'(|x_0|)}{|x_0|}, \dfrac{\rho'(|x_1|)}{|x_1|}, \cdots, \dfrac{\rho'(|x_{NM-1}|)}{|x_{NM-1}|}\right]^T$。由于 $\boldsymbol{A}_\varphi$ 是一个正交阵，因此式（6.27）的解 $\{\boldsymbol{x}, \boldsymbol{\varphi}\}$ 满足

$$[\boldsymbol{I} + \lambda \cdot \boldsymbol{\Pi}_x] \cdot \boldsymbol{x} = \boldsymbol{A}_\varphi^H \boldsymbol{y} \tag{6.28}$$

这是一个非线性方程组，可用迭代方法求解。特别地，当稀疏性度量函数采用某些特殊形式时，还可得到闭式解。

进一步，考虑目标函数关于 $\boldsymbol{\varphi}$ 的偏导数。由式(6.26)可知，目标函数可写为如下形式：

$$J(\boldsymbol{x},\boldsymbol{\varphi}) = -[\boldsymbol{y}^{\mathrm{H}}\boldsymbol{A}_{\boldsymbol{\varphi}}\cdot\boldsymbol{x}+\boldsymbol{x}^{\mathrm{H}}\boldsymbol{A}_{\boldsymbol{\varphi}}^{\mathrm{H}}\cdot\boldsymbol{y}]+[\boldsymbol{y}^{\mathrm{H}}\boldsymbol{y}+\boldsymbol{x}^{\mathrm{H}}\boldsymbol{x}+\lambda\cdot d(\boldsymbol{x})]$$
$$= -2\mathrm{Re}\{J_1(\boldsymbol{x},\boldsymbol{\varphi})\}+J_2(\boldsymbol{x}) \tag{6.29}$$

显然，式(6.29)中的第一项与 $\boldsymbol{\varphi}$ 有关而第二项则不依赖于 $\boldsymbol{\varphi}$，因此仅需要考虑 $J_1(\boldsymbol{x},\boldsymbol{\varphi})$ 关于 $\boldsymbol{\varphi}$ 的偏导数。为清晰计，计算该函数关于矢量 $\boldsymbol{\varphi}$ 的每个分量的偏导数

$$\frac{\partial J_1(\boldsymbol{x},\boldsymbol{\varphi})}{\partial \phi_k} = \mathrm{j}e^{\mathrm{j}\phi_k}\boldsymbol{y}^{\mathrm{H}}[\boldsymbol{I}_N\otimes\boldsymbol{F}_N]\cdot\boldsymbol{K}\cdot[\boldsymbol{I}_M\otimes(\boldsymbol{\Sigma}_k\cdot\boldsymbol{F}_M^{\mathrm{H}})]\cdot\boldsymbol{x} \triangleq \mathrm{j}e^{\mathrm{j}\phi_k}\cdot b_k e^{\mathrm{j}\beta_k},$$
$$k=0,1,\cdots,M-1 \tag{6.30}$$

式中：$\boldsymbol{\Sigma}_k$ 是对角矩阵，除了第 k 个对角元为 1 外其他位置均为 0；b_k 和 β_k 分别表示复数 $\boldsymbol{y}^{\mathrm{H}}[\boldsymbol{I}_N\otimes\boldsymbol{F}_N]\cdot\boldsymbol{K}\cdot[\boldsymbol{I}_M\otimes(\boldsymbol{\Sigma}_k\cdot\boldsymbol{F}_M^{\mathrm{H}})]\cdot\boldsymbol{x}$ 的幅度和相位。根据取极值的必要条件，可令 $J(\boldsymbol{x},\boldsymbol{\varphi})$ 的偏导数为零，可得

$$\frac{\partial J(\boldsymbol{x},\boldsymbol{\varphi})}{\partial \phi_k} = -\mathrm{Re}\left\{\frac{\partial J_1(\boldsymbol{x},\boldsymbol{\varphi})}{\partial \phi_k}\right\} = -\mathrm{Re}\{\mathrm{j}e^{\mathrm{j}\phi_k}\cdot b_k e^{\mathrm{j}\beta_k}\}$$
$$= -\sin(\phi_k+\beta_k)$$
$$= 0 \tag{6.31}$$

可见，待估计的相位误差满足 $\phi_k = -\beta_k + l\pi, l\in\mathbb{Z}^+$。由于目标函数本身关于 ϕ_k 是以 2π 为周期的，l 只需在集合 $\{0,1\}$ 中取值即可。当 $\boldsymbol{x}$ 给定后，$J(\boldsymbol{x},\boldsymbol{\varphi})$ 关于 ϕ_m 的二阶偏导数为

$$\frac{\partial^2 J(\boldsymbol{x},\boldsymbol{\varphi})}{\partial \phi_m \partial \phi_k} = -\mathrm{Re}\left\{\frac{\partial^2 J_1(\boldsymbol{x},\boldsymbol{\varphi})}{\partial \phi_m \partial \phi_k}\right\} = \delta_{km}\mathrm{Re}\{e^{\mathrm{j}\varphi_k}\cdot be^{\mathrm{j}\beta_k}\} = \delta_{km}\cos(\phi_k+\beta_k)$$
$$= \begin{cases} 1, & k=m, l=0 \\ 0, & k\neq m \\ -1, & k=m, l=1 \end{cases} \tag{6.32}$$

如果选择 $l=0$，则可以保证在给定 $\boldsymbol{x}$ 的条件下 $J(\boldsymbol{x},\boldsymbol{\varphi})$ 的 Hessenian 矩阵为单位阵，从而 $J(\boldsymbol{x},\boldsymbol{\varphi})$ 在该点处可取到条件极小值。式(6.31)表明最优化模型的解 $\{\boldsymbol{x},\boldsymbol{\varphi}\}$ 应满足

$$\phi_m = -\beta_m, \quad m=0,1,\cdots,M-1 \tag{6.33}$$

式(6.28)和式(6.33)给出了最优化模型的解 $\{\boldsymbol{x},\boldsymbol{\varphi}\}$ 需要满足的必要条件。由于方程是非线性的，通常需要利用迭代方法求解。设 $\boldsymbol{x}_p$ 和 $\boldsymbol{\varphi}_p$ 分别为第 p 步迭代获得的目标图像和相位误差矢量的估计结果；记 $\boldsymbol{x}_p^{(0)} \triangleq \boldsymbol{x}_p$ 为迭代初值，则矩

阵方程(6.28)可用下式进行求解：

$$\boldsymbol{x}_p^{(l+1)} = [\boldsymbol{I} + \lambda \cdot \boldsymbol{\Pi}_p^{(l)}]^{-1} \boldsymbol{A}_{\varphi_p}^{\mathrm{H}} \boldsymbol{y} \quad (6.34)$$

其中 $\boldsymbol{\Pi}_p^{(l)} \triangleq \boldsymbol{\Pi}_{\boldsymbol{x}_p^{(l)}}$。当迭代序列收敛后即可获得第 $p+1$ 步迭代后关于目标图像 $\boldsymbol{x}$ 的估计结果，即 $\boldsymbol{x}_{p+1} = \lim_{l \to +\infty} \boldsymbol{x}_p^{(l+1)}$。进一步即可利用式(6.33)对相位误差矢量 $\boldsymbol{\varphi}$ 进行更新：

$$\phi_{p+1}^{(m)} = -\beta_{p+1}^{(m)} = -\mathrm{Arg}\{\boldsymbol{y}^{\mathrm{H}}[\boldsymbol{I}_N \otimes \boldsymbol{F}_N] \cdot \boldsymbol{K} \cdot [\boldsymbol{I}_M \otimes (\boldsymbol{\Sigma}_m \cdot \boldsymbol{F}_M^{\mathrm{H}})] \cdot \boldsymbol{x}_{p+1}\},$$
$$(m = 0, 1, \cdots, M-1) \quad (6.35)$$

式中：$\mathrm{Arg}\{z\}$ 表示复数 z 的幅角主值。根据迭代式(6.34)和式(6.35)，即可获得相位误差 $\boldsymbol{\varphi}$ 的最终估计结果。

6.4.3 算法收敛性分析

首先考虑式(6.34)的收敛性。为方便计，分析过程中省略了迭代下标 p。令 $\boldsymbol{b} = [b_0, b_1, \cdots, b_{MN-1}]^{\mathrm{T}}$ 表示式(6.34)中等号右边的常数项 $\boldsymbol{A}_\varphi^{\mathrm{H}} \boldsymbol{y}$，则迭代过程可按分量进行，即

$$x_i^{(l+1)} = \frac{|x_i^{(l)}|}{|x_i^{(l)}| + \lambda \cdot \phi'(|x_i^{(l)}|)} \cdot b_i, \quad i = 0, 1, \cdots, MN-1 \quad (6.36)$$

为了使度量函数具有稀疏保持能力，函数 $\rho(t)$ 通常要求是偶对称的，且在 $[0, +\infty)$ 上是凹的单调增函数，从而 $\rho'(t)$ 成为 $[0, +\infty)$ 上正的单调减函数。由式(6.36)可以看出，迭代过程中数列 $\{x_i^{(l)}\}_{l=0}^{+\infty}$ 的相位与常数 b_i 的相位相同，因此只需考虑该数列的幅度。在此情况下，存在如下的收敛性定理。

定理6.2 设 $\rho(t)$ 为 $C_{\mathbb{R}^+}^2$ 中的元素，若满足：

(1) $\rho(t)$ 是 $\mathbb{R}$ 上的偶函数；

(2) $\rho(t)$ 在 $\mathbb{R}^+$ 上是凹的；

(3) $\rho(t)$ 是 $\mathbb{R}^+$ 上的单调增函数。

则由式(6.36)产生的迭代序列 $\{x_i^{(l)}\}_{l=0}^{+\infty}$ 收敛。

证明：记 $\{u_l\}_{l=0}^{+\infty}$ 表示 $\{x_i^{(l)}\}_{l=0}^{+\infty}$ 的幅度序列，其中下标 i 被省略。由式(6.36)可知

$$u_{l+1} = \frac{u_l}{u_l + \lambda \cdot \phi'(u_l)} \cdot b \quad (6.37)$$

其中 $b \triangleq |b_i| \geq 0, 0 \leq u_l \leq b (l = 1, 2, \cdots)$。记 $g(u) = \dfrac{bu}{u + \lambda \cdot \phi'(u)}$，则其一阶导数可写为

$$g'(u) = \frac{b \cdot [u + \lambda \cdot \phi'(u)] - bu \cdot [1 + \lambda \cdot \phi''(u)]}{[u + \lambda \cdot \phi'(u)]^2}$$

$$= \frac{b\lambda \cdot [\phi'(u) - u\phi''(u)]}{[u + \lambda \cdot \phi'(u)]^2} \tag{6.38}$$

由于 $\phi(t)$ 在 $t \geq 0$ 时是单调增的凹函数,从而 $g'(u) > 0$,即 $g(u)$ 为 $[0, +\infty)$ 上的单调增函数,因此 $\{u_l\}_{l=0}^{+\infty}$ 是单调数列。事实上,对于自然数 l,如果 $u_l < u_{l-1}$,则 $u_{l+1} = g(u_l) < g(u_{l-1}) = u_l$,反之亦然。另一方面,由于数列 $\{u_l\}_{l=0}^{+\infty}$ 是有界的,根据单调收敛定理可知,序列 $\{u_l\}_{l=0}^{+\infty}$ 收敛,从而 $\{x_i^{(l)}\}_{l=0}^{+\infty}$ 收敛。

记 $\bar{x}_i$ 表示数列 $\{x_i^{(l)}\}_{l=0}^{+\infty}$ 的极限,则有

$$|\bar{x}_i| = \frac{|\bar{x}_i|}{|\bar{x}_i| + \lambda \cdot \rho'(|\bar{x}_i|)} \cdot |b_i| \tag{6.39}$$

由式(6.39)可知,$\bar{x}_i = 0$ 或 $|\bar{x}_i| + \lambda \cdot \rho'(|\bar{x}_i|) = |b_i|$。记 $\Theta_i = \{u > 0: u + \lambda\rho'(u) = |b_i|\}$,若 Θ_i 为空集,即不等式 $u + \lambda\rho'(u) > |b_i|$ 对于任意的正数 u 恒成立,则对任意的初值 $x_i^{(0)}$ 均有 $\bar{x}_i = 0$。否则,数列极限 $\bar{x}_i$ 将依赖于 $x_i^{(0)}$。矢量 $\boldsymbol{b}$ 实际上是最小二乘解,因此当 $|b_i|$ 足够大时我们期望极限 $\bar{x}_i$ 尽量接近 b_i,因此迭代初值需要仔细地选择,使得数列 $\{x_i^{(l)}\}_{l=0}^{+\infty}$ 的极限 $\bar{x}_i$ 满足 $|\bar{x}_i| = \max_{u \in \Theta_i}\{u\}$ 且 $\text{Arg}\{\bar{x}_i\} = \text{Arg}\{b_i\}$。简单情况下,矢量 $\boldsymbol{b}$ 本身就可以作为一种较好的候选初值。

由式(6.27)和式(6.31)可知,由式(6.34)和式(6.35)确定的迭代算法实际上是求解最优化模型式(6.26)的瞎子爬山法,只是搜索路径是在两个子空间中交替进行的,因此将收敛于某个局部极值。

前已说明,矩阵方程式(6.34)通常需要利用迭代方法求解。事实上,如果仔细选择合适的稀疏性度量 $d(\boldsymbol{x})$,则方程式(6.39)存在闭式解。例如,若 $d(\boldsymbol{x}) = \sum_{|x_i| \neq 0} \ln(|x_i|)$ 即 $\rho(z) = \ln|z|$,对于这种常用的度量函数有 $\frac{\partial d(\boldsymbol{x})}{\partial x_i^*} = \frac{\rho'(|x_i|)}{|x_i|} \cdot x_i = \frac{x_i}{|x_i|^2} = \frac{1}{x_i^*}$。根据前面的分析,数列 $\{x_i^{(l)}\}_{l=0}^{+\infty}$ 的极限 $\bar{x}_i$ 满足

$$\bar{x}_i = 0 \quad \text{或} \quad \bar{x}_i + \frac{\lambda}{\bar{x}_i^*} = b_i, \quad i = 0, 1, \cdots, MN - 1 \tag{6.40}$$

根据式(6.40),经过推导可获得式(6.36)的解为

$$\begin{cases} \bar{x}_i = 0, & |b_i| < 2\sqrt{\lambda} \\ \bar{x}_i = \frac{b_i}{2}[1 + \sqrt{1 - 4\lambda/|b_i|^2}], & \text{其他} \end{cases} \tag{6.41}$$

式(6.41)表明如果稀疏性度量函数选择得当,矩阵方程式(6.34)的确存在解析解。

6.4.4 实验结果

将前述的算法(称为基于稀疏表示的方法,SRM)应用于舰船和飞机目标的实测数据进行 ISAR 成像实验,均能获得高质量的雷达图像。作为比对,同时也利用相位梯度法(PGA)、最大熵法(MEM)以及最大对比度法(MCM)进行处理。

首先,利用最大自相关方法对高分辨一维距离像序列进行包络对齐;然后,分别利用 PGA、MEM、MCM 以及 SRM 等方法进行相位校正和成像处理,并给出了每一步迭代生成图像的归一化熵,因此作为图像质量的评价。在算法执行之前,相位误差初值均置为零,且最大迭代步数设为150。正则化参数是基于傅里叶变换图像和 Fisher 判别分析法得到的。

数据集1:舰船目标数据

该数据是利用岸基雷达采集的,且舰船目标远离雷达运动。数据记录大小为 256×256。经过包络对齐后,分别利用 PGA、MEM、MCM 以及 SRM 等方法进行处理,结果如图 6.10 所示。图 6.10(a)是未聚焦的图像,并作为迭代初值,图 6.10(b)~(e)分别表示 PGA、MEM、MCM 以及 SRM 等方法处理后生成的图像。从直观的视觉效果看,这几种方法都能获得聚焦良好的雷达图像,且成像质量相当。

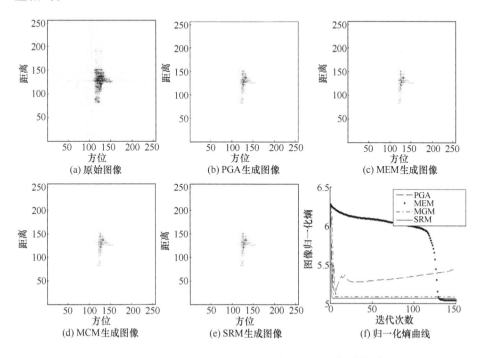

图 6.10 PGA、MEM、MCM 和 SRM 生成的雷达图像(数据集1)

图 6.10(f)表示图像归一化熵随迭代步数的变化情况,其中虚线、点图、点画线以及实线分别表示 PGA、MEM、MCM 以及 SRM 四种方法生成的曲线。从中可以看出,MEM 方法的收敛速度比其他三种方法要慢得多。另外 MEM、MCM 以及 SRM 方法生成图像的归一化熵基本相同,且稍小于 PGA 方法。

数据集 2:飞机 A 数据

该数据集为某商用飞机的宽带回波数据,信号带宽为 200MHz,数据大小为 128×128,数据处理过程与数据集 1 相同,结果如图 6.11 所示。

图 6.11(f)表明 MEM 方法生成图像的熵随迭代的进行单调递增,且不能得到聚焦的雷达图像,如图 6.11(c)所示。我们认为,此现象可能是由于生成的序列收敛到了局部极大值点。由图 6.11(b)~(e)可以看出,MCM 和 SRM 方法生成的图像质量相当,且均略好于 PGA。从迭代次数上看,SRM 的迭代次数最少。

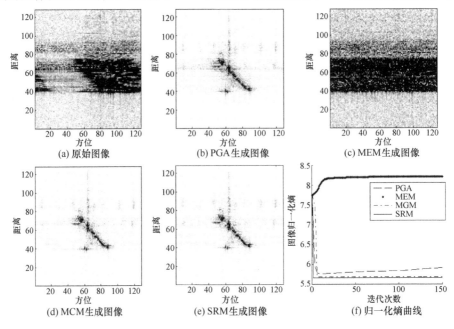

图 6.11 PGA、MEM、MCM 和 SRM 生成的雷达图像(数据集 2)

数据集 3:飞机 B 数据

该数据由某地基实验雷达采集,信号带宽 400MHz,数据大小 306×256。数据处理结果如图 6.12 所示。可以看出,PGA、MEM、MCM 均未能获得聚焦良好的雷达图像,而 SRM 方法能生成较好的图像。特别地,MEM 收敛缓慢并在图像中形成重影(见图(f)和(c)),即使迭代步数达到了 150 次。这可能是因为熵函数是非凹函数,导致迭代结果与初值有较大关系。

从图 6.10 到图 6.12 的实测数据处理结果来看,可以初步获得如下结论:

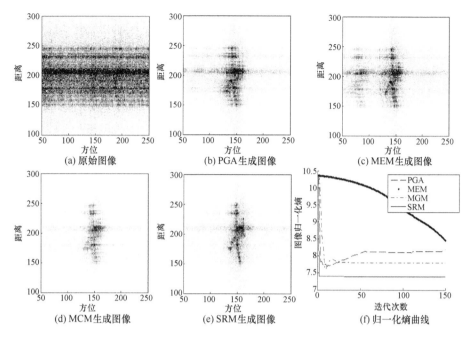

图 6.12　PGA、MEM、MCM 和 SRM 生成的雷达图像(数据集 3)

（1）基于稀疏表示的方法（SRM）收敛速度快，通常迭代步数不超过 4 次，且生成的图像熵几乎是最小的。

（2）PGA、MCM 比 MEM 的收敛速度更快，迭代步数通常在 7 次左右。但是，有些情况下它们不能生成聚焦良好的雷达图像。另外，PGA 需要确定多个自由参数，如窗宽度，用于估计相位误差的距离单元数据与位置等。

（3）MEM 收敛较慢，通常需要迭代 135 次左右。对于某些测量数据，甚至无法生成雷达图像。

在 6.3 节、6.4 节的压缩感知成像处理中，主要采用了部分傅里叶变换阵作为测量矩阵，对于其他形式的测量矩阵如随机矩阵等，可采用附录中所示的方法求解。当然，稀疏信号恢复及压缩感知雷达成像方面的研究也出现了很多成果，详见参考文献[126,132-137]。当从压缩观测中恢复出原始信号后，即可运用已有的信号分析手段对潜在目标及环境进行分析，为知识辅助的目标识别提供基础。

第 7 章
对海监视雷达目标识别技术

本章以对海监视雷达舰船目标识别系统为例,探讨雷达目标识别系统的设计与实现技术。对海监视雷达主要对海面舰船目标进行搜索发现、建立和维持航迹,掌握其航行态势,通常采用低分辨单脉冲体制。此时,目标回波携带的电磁特征有限,这对雷达舰船目标识别系统的设计开发是个很大挑战。本章首先分析雷达舰船目标识别系统可利用的目标散射特性信息,探讨目标识别系统的实现途径、应具备的功能以及对雷达系统的影响。其次,在开放式目标识别框架下,分析目标雷达回波的凹口、扭动、跳动等特征及其物理含义,设计稳健的雷达目标视频回波序列统计特征提取方法,基于识别类型的可扩展性要求设计树状分类器实现目标特征选择和分类识别。第三节分析系统可利用的上下文知识及使用方法,构建知识辅助雷达舰船目标识别系统,给出系统的分类识别性能。

7.1 对海监视雷达目标识别工作原理

7.1.1 对海监视雷达系统

1. 对海监视雷达及其组成

对海监视雷达发射的电磁波可以穿透水汽、云雾等介质,能够全天时、全天候工作,从杂波中检测、跟踪目标能力强,在舰船目标监视、海上缉私、导航、交通管制中发挥重要作用[114]。对海监视雷达工作过程中,会不断采集各类舰船目标的动态回波、运动航迹等信息。不同舰船目标具有不同的动态回波特征和运动航迹,同一舰船目标在不同的海域、海况下具有不同的动态回波特征,在不同运动状态下的动态回波也表现出一定的差异性。对海监视雷达日积月累,形成海量的舰船目标动态回波数据和运动航迹数据,使用特定的数据处理算法能够从动态回波中提取舰船目标的展宽、凹口、扭动、跳动等统计特征,从运动航迹等数据中挖掘舰船目标的运动规律等上下文知识,经过学习训练可以实现驱逐舰、护卫舰、民船、客轮等典型舰船目标的分类识别[105,138-140]。

第7章 对海监视雷达目标识别技术

图 7.1 是岸基对海监视雷达的室外天线照片,安装在海岸边高处,采用机械扫描天线,发射机、接收机、显控终端等安装在室内或者电子方舱内。岸基对海监视雷达安装位置的海拔越高,可以看到海面上更远的目标。雷达发射机生成较高功率微波信号,经天线辐射出去;舰船目标和海面反射的电磁波经天线收集后,送接收机和显控终端进行目标检测、录取、跟踪等处理,在雷达显示器上显示目标的航迹、速度、航向、视频回波序列等信息,实现海面舰船目标的监视管理功能[114]。

图 7.1 对海监视雷达室外天线

对海监视雷达通常是单脉冲体制的两坐标雷达,主要测量舰船目标相对雷达的距离和方位角,舰船目标在水面上航行,不需要测量其高度角。其基本组成如图 7.2 所示,总体上可以把监视雷达系统分为雷达前端组件和信息处理终端两部分[140],雷达前端组件主要包括发射机、接收机、天线、收发开关、波形发生器、信号处理机和频率源等,信息处理终端主要包括雷达控制、综合显示、数据处理、人机交互等模块。

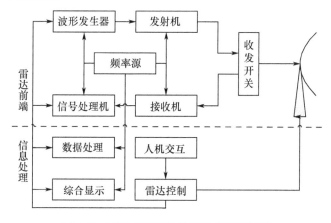

图 7.2 对海监视雷达系统组成原理框图

早期对海监视雷达采用非相参信号,发射机采用磁控管放大器,非相参基带脉冲信号控制磁控管在选定的微波波段自由振荡,功率达到数十千瓦或者数百

· 173 ·

千瓦后,经天线向海面辐射。现在大部分对海监视雷达采用相参信号,发射机采用行波管或者速调管功率放大器,相参基带脉冲信号经微波信号调制后仍保持固定的相位关系。接收机从天线接收雷达回波信号,经过混频处理,得到相参的目标回波信号,输出至信号处理机。如果发射非相参信号,则接收机为非相参接收机,输出的基带回波信号只有回波强度信息;如果发射相参信号,则接收机为相参接收机,输出的基带回波信号既包含回波强度信息,也包含回波内的相位延迟关系。

为了提高监视雷达的目标发现能力,自动检测/跟踪、目标识别等数据处理方法在雷达系统中得到广泛应用,雷达终端不再是简单的目标显示、数据录取和人机交互设备,而是具有自动目标检测/跟踪、目标识别等处理功能的软硬件综合体[19],使雷达系统向多功能方向发展。在监视雷达系统中,信号处理和数据处理之间没有明确的划分界限,某些处理功能可以根据需要归属为信号处理或者数据处理模块,习惯的做法是把检波之后的处理归属为数据处理,之前的处理归属为信号处理。

控制功能是雷达系统数据处理终端的重要功能之一,它包括雷达前端组件控制和数据处理终端控制两方面的内容。雷达前端组件控制包括选择发射波形、改变发射机工作模式、调节信号处理过程、控制天线扫描等内容,这些控制功能经常与前端组件本身设计在一起。信息处理终端的控制功能主要指在目标回波录取、自动目标检测/跟踪、目标识别或者综合显示等数据处理时的人机交互,以及多种数据处理算法并发执行时的协同调度机制。

2. 对海监视雷达系统工作流程

对海监视雷达对海面上的舰船目标等进行监视和警戒,其工作过程可以描述为"检测 – 跟踪 – 识别 – 检测 – 跟踪 – 识别 – ……"的不断重复过程,具体描述如下:

(1)舰船目标搜索定位(目标检测)。要求对海监视雷达能够判断监视海域是否有舰船目标,舰船目标的具体位置在哪里,这也是"雷达"一词的本义,即"无线电探测与测距"。对海监视雷达扫描监视海域,雷达发射机持续辐射电磁脉冲;海面和舰船目标均会反射电磁能量,舰船目标反射的电磁能量一般大于海面反射的电磁能量,雷达接收机接收反射回来的回波信号;信号处理机进行目标检测处理,在杂波背景中检测目标,一旦回波信号的幅值超过某一电平门限,则判定发现舰船目标;信号处理机进一步测量舰船目标的位置,即获取目标相对雷达的距离和方位角[114]。

(2)舰船目标航行监视(目标跟踪)。对海监视雷达除了测量舰船目标的距离和方位角之外,还需要判断舰船目标是否偏离规定的航道,将驶向何方,即要对舰船目标进行跟踪测量,获取其在海面上的航行轨迹。对海监视雷达工作在边扫描边跟踪状态(Tracking While Scanning,TWS),一般不对单个舰船目标进行连续跟踪,而是通过对多次扫描,对相邻帧的检测结果进行航迹关联处理,实现舰船目标跟踪功能。这里充分利用了舰船目标运动速度慢的特点,假设对海监视雷达的扫描周期为10~20s,舰船目标的航行速度为30kn(节)①,那么在一个扫描周期内舰船目标的航行距离为150~300m,相当于数个船身的长度,这将显著降低目标点迹关联处理的计算难度和计算强度。雷达扫描监视过程中,信号处理机把检测到的目标点迹(距离、方位)发送到数据处理机,数据处理机维护着一个动态目标列表,目标列表中包含有监视海域内的目标数量、目标编号、位置、速度、目标历史点迹等信息[114]。数据处理机每次接收到一个新的目标点迹会与目标列表进行点迹关联处理,如果与某个目标关联成功,则更新该目标编号对应的位置、速度和目标历史点迹,不增加目标数量;如果与所有目标均无法关联,则认为发现新目标,赋予新的目标编号,进行航迹起始处理,目标数量增加;如果目标列表中的某个目标一直得不到更新,则认为该目标已经消失(驶出监视海域,或者目标淹没在噪声中),从目标列表中删除该目标编号,目标数量减少。

(3) 舰船目标情报获取(目标分类识别)。仅仅测量出舰船目标的位置,掌握舰船目标驶向何方还是不够的,有时候还需要判断舰船目标类型、行驶意图,为预先决策提供情报信息,也就是需要对舰船目标进行分类和识别。目标分类识别与检测、跟踪过程具有本质的不同,检测和跟踪只需对舰船目标一次通过监视海域的雷达回波信号(数据)进行处理分析,而分类识别则需要对舰船目标的历史回波信号(数据)进行关联分析[9],往往还需要利用雷达回波信号(数据)以外的环境知识信息,并且需要进行复杂的智能处理,这是对海监视雷达发展的新趋势,也是本章阐述的重点内容。

7.1.2 对海监视雷达目标识别工作原理

对海监视雷达的主要设计目的是发现和定位海上的舰船目标,跟踪舰船目标的运动航迹,PPI显示器、A/R显示器和跟踪目标列表是对海监视雷达的主要显示窗口(图7.3)。在日常值班过程中,雷达操作员主要在PPI显示器上对舰船目标进行编批标注,并观察其大致位置和大致速度,判断其与岛屿、航道、港口的相对位置关系,在A/R显示器上测量舰船目标的更为精确的位置,将舰船目标的批号、位置和速度等信息显示在跟踪目标列表中。雷达操作员发现舰船目标在PPI显示器(或者B显示器)呈现为米粒状光斑,有的光斑大,有的光斑小。他们还发现,舰船目标在A/R显示器上的雷达回波呈现为上窄下宽梯形脉冲,

---

① $1kn = 1n\ mile/h$。

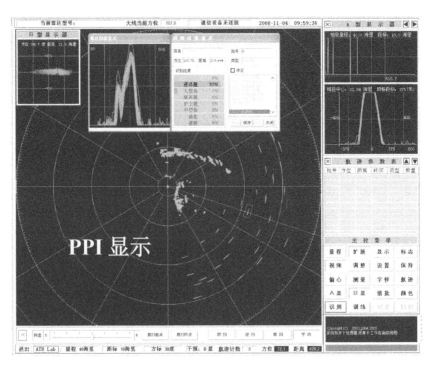

图 7.3　对海监视雷达显示终端(PPI、B、A/R 显示器)(见彩图)

有的梯形脉冲幅度高、展宽大,有的梯形脉冲幅度低、顶部几乎缩短为一个点。通过向雷达专家请教,向港口管理人员核实,雷达操作员认识到米粒状光斑的大小、梯形脉冲的形状与舰船目标的吨位、体积有较好的一致性,米粒状光斑大、梯形脉冲幅度高、展宽大,代表舰船目标的吨位和体积大,反之,则代表舰船目标的吨位和体积小。雷达操作员将这些操作经验进行积累和总结,描绘在值班记录本上,使后来的操作员也能快速地掌握这些值班经验,这就是早期的人工舰船目标分类识别[138]。

　　随着值班经验的丰富与积累,雷达操作员从 A/R 显示器和 PPI 显示器观察到更多更有趣的现象。当雷达"凝视"某个舰船目标时,在 A/R 显示器上可以观察该目标的连续多个回波脉冲(称为回波脉冲序列)。雷达操作员发现,目标回波脉冲序列是动态变化的,梯形脉冲的大致形状比较稳定,有的回波脉冲顶部会出现凹口现象,凹口在顶部左右跑动,使整体波形形状呈现出扭动现象。有的回波脉冲幅度时大时小,顶部倏尔下降,倏尔上升,使整体波形形状呈现出跳动现象。还有的回波脉冲梯形形状特别稳定,在梯形脉冲内部有极少脉冲闪烁,称之为"丝纹"。凹口、扭动、跳动、丝纹等特征均是在目标回波脉冲序列中才能观察到的动态现象。雷达操作员还观察到,即使同一目标,当运行到不同位置,相对雷达的姿态发生较大变化时,回波脉冲序列也是不相同的。PPI 显示器能够完整显示舰船目标在雷达监视海域的航迹,通过分析目标航迹与航道的相对位置关系,可进一步推断目标是否在航道内航行,是否会发生撞船风险,两船靠近是否发生装卸操作等。

雷达操作员通过比对分析,逐步建立了动态的回波脉冲序列特征与舰船目标的吨位、结构、用途、军舰/民船等属性的对应关系,使人工舰船目标分类识别达到更高的层次。这些人工判性经验经描绘记录和积累,最后形成的有效舰船目标判性规则[105,138,141],总结如下:

(1) 有效波形宽度。反映目标对发射脉冲的扩展程度,能够刻画目标几何外形在雷达径向上的投影长度,能够体现目标的形体大小。通常,大目标的有效波形宽,而小目标则窄。

(2) 回波强弱。体现了目标对于雷达发射电磁波反射的强度,在相同观测条件下,大目标的回波强而小目标则弱。

(3) 回波形状。回波信号的形状能够反映目标的结构特征和形体大小。通常情况下,相同观测条件和雷达增益下,船体大的目标,其雷达信号饱满且波形的上升沿与下降沿陡峭、显著;船体小的目标,其回波形状则柔和,波形的上升沿与下降沿过渡自然、没有明显的拐点。船体结构复杂的目标,其雷达回波中可能存在多个峰值;船体结构简单的目标,其回波也同样较为简单,一般只存在一个峰值。

(4) 回波序列中的凹口特征。即在目标波形中出现局部低于整体包络的现象。凹口实际上是一种特殊的回波形状,但是由于凹口现象对于区分目标类型具有十分重要的作用,特别是在判断军用目标和民用目标时非常有效,因此雷达操作人员常会专门关注这一现象。凹口的宽窄、数量、深浅、形状及位置通常与目标的吨位和结构有关。

(5) 波形对称性。即每个波形包络相对于回波中心的左右对称程度(倾斜程度),能够在一定程度上反映目标的结构特性,如舰船目标的上层建筑形式、塔吊数量等。

(6) 回波序列平动特征。当目标相对雷达径向方向具有较快的运动速度时,其回波将出现平动现象。有经验的雷达操作员能及时在雷达 R 显上观察到该现象,并判断其运动方向和速度,为目标识别提供辅助信息。例如,当监视范围内出现低空飞机、猎潜艇以及渔船三类目标时,它们的运动速度依次降低,那么,其回波序列平动现象的显著性也将逐渐下降。

(7) 回波序列的扭动和跳动现象。反映了目标回波的稳定性和变化规律。扭动和跳动,分别指在整个回波序列中,由于波形在水平方向和垂直方向上表现出来的短时偏移和形状变化,而形成的回波动态变化特征。通常来说,大型目标回波稳定性强,跳动成分少而扭动现象明显;小型目标的回波则正好与之相反。

同时,对于整个回波序列而言,扭动和跳动也是产生波内丝纹现象的重要原因。

虽然舰船目标上强散射源相互干涉引起低分辨雷达回波变化多样,但雷达操作员通过归纳分析仍总结出了上述识别经验规律。目标识别的难点首先是将上述规律转化为计算机可操作的形式,使计算机能够准确地刻画雷达操作员描述的形状、凹口、扭动、跳动等特征。通过设计兼容现有雷达功能的目标数据采集方式,大规模积累目标回波序列,准确提取回波序列动态特征以及运动航迹特征,使用人机交互及知识建模方法,输入和量化已有的人工判性经验,形成自动化的舰船目标数据采集、特征分析、知识积累和分类识别的过程,即为本章描述的雷达舰船目标识别系统的工作原理。

7.1.3 目标识别对雷达系统的要求

雷达舰船目标识别从高精度雷达回波数据录取开始,根据目标检测/跟踪模块提供的目标位置,在距离波门内进行高精度采样,从回波数据中提取有效的目标特征,判别出舰船目标的类型,并将主要识别过程和识别结果进行综合显示。因此,与目标识别紧密相关的处理步骤主要包括目标回波录取、目标检测/跟踪、目标识别与综合显示四部分[139,140]。目标回波录取按照不同的采样率和数据精度为目标检测/跟踪、目标识别、综合显示提供回波数据;综合显示除了显示原始雷达目标回波之外,还要显示目标检测/跟踪与目标识别的处理结果。由此可见,目标回波录取与综合显示为目标检测/跟踪、目标识别提供支持,目标检测/跟踪、目标识别是数据处理的关键。只有全面掌握了目标检测/跟踪、目标识别在目标回波数据的精度与质量、处理器资源的独占与共享、软件处理流程与实时性、处理结果的表述与显示等方面的异同,才能分析清楚目标识别信息处理系统的功能组成,合理地确定各个模块的处理流程,高性价比选择数据处理机的硬件结构,快速研制目标识别信息处理系统。下面分三个方面详细论述传统雷达显控终端在增加目标识别功能之后的功能差异。

1. 增加目标识别功能后的雷达操作控制方式[140]

舰船目标分类识别是对海监视雷达的一项新功能,它以舰船目标的检测/跟踪处理为基础,在舰船目标的跟踪过程中实现分类识别功能,因此它在对海监视雷达中属于数据处理之后的内容,一般将舰船目标的分类识别称为信息处理功能,与目标跟踪数据处理功能相区别。

增加分类识别功能之后,对海监视雷达的中心计算机(或者显控终端计算机)除了要承担目标关联与跟踪数据处理、维持动态目标列表与目标航迹外,还要承担目标分类识别信息处理功能。信息处理一般采用复杂的特征提取、分类识别算法,占用计算资源多,必须采用适当调度机制,才能避免分类识别的信息处理功能影响到目标检测/跟踪的实时性。

与检测/跟踪只需要舰船目标的位置、速度数据不同,分类识别处理需要从舰船目标回波样本中提取目标特征数据,构造识别模板,对雷达回波信号的采集与录取提出了特殊要求,检测/跟踪处理只需要回波采集过程满足奈奎斯特采样定理,而分类识别处理要求以数倍(甚至10倍)奈奎斯特采样频率进行采样,以保留目标回波中的凹口、丝纹、跳动等动态特征,甚至高分辨多散射中心分布特征。

如图7.4所示,雷达舰船目标识别系统存在三个处理过程:一是样本积累过程;二是学习过程(也叫训练过程);三是识别过程。样本积累过程中,识别系统不断积累目标回波样本,同时标记回波样本对应的目标类型;当回波样本积累到一定数量后,启动学习过程,使用特定的特征提取算法从回波样本中提取特征数据,建立目标回波特征数据与目标类型的映射关系;目标回波特征数据与目标类型是多对一的关系,选择特定的分类器(分类识别算法),将目标回波样本数据送入分类器进行学习训练,获取识别模板。在识别过程中,使用同样的特征提取算法从目标回波样本中提取特征数据,直接送入分类器,输出对应的目标类型,即为识别结果。雷达舰船目标识别系统刚启用时,样本积累过程在线实时运行,雷达系统连续采集监视海域内的不同类型目标在不同距离、不同姿态、不同海况下的目标回波样本数据,同时标记回波样本数据对应的目标类型。可以看出,样本积累过程是通过"人在环路"进行的,雷达操作员(领域专家)决定采集哪个目标的回波样本,并且进行人工判性,确定目标的类型是什么。当回波样本积累到一定数量后,启动学习过程,学习过程离线运行,获取初始识别模板。识别过程在线实时进行,一旦获取了目标回波样本,与识别模板在线实时匹配,马上输出自动识别结果。获取了初始识别模板后,样本积累过程就与识别过程合二为一了,初始识别模板是在少量目标回波样本的基础上产生的,正确识别率较低,需要雷达操作员(领域专家)对自动识别结果进行认可,如果雷达操作员(领域专家)的人工判性结果与自动识别结果一致,则完成一次正确自动识别,否则雷达操作员(领域专家)对自动识别结果进行修正。识别过程也是样本积累过程,将在后续的学习过程中使用。识别过程持续一段时间后,对识别性能进行评估,如果性能较差,则重新启动学习过程,以初始识别模板为基础,利用后续积累的目标回波样本进行生长式学习训练,获取新的识别模板。可以看出,"积累-学习-识别(积累)-学习-识别(积累)-……"属于迭代运行过程,随着迭代次数的增加、系统的识别性能会越来越高。

受海面环境的复杂性,目标回波样本的非完备性,目标特征数据的混叠性等限制,仅依靠目标回波特征数据来构造舰船目标识别系统难以满足分类识别的需求,有时还要使用监视海域的环境知识、目标活动规律知识以及友邻传感器信息等上下文知识,建立以雷达目标回波特数据为主、上下文知识为辅的舰船目标综合识别系统。雷达需要具备这些上下文知识信息的接入界面,使舰船目标综合识别系统能够以特定的渠道获取这些信息。雷达舰船目标识别系统的迭代运行过程也是上下文知识不断积累的过程,上下文知识主要包括监视海域的环境知识、目标运动规律知识以及友邻传感器信息等,监视海域的环境知识包括航道、气象、训练区、作业区、岛屿、灯塔、浮标、礁石等信息,目标运动规律知识包括军用舰船活动规律、民用商船活动规律、作业船只活动规律等,友邻传感器信息主要指电子侦察装备提供的军用舰船的电磁指纹信息、AIS 系统提供的目标态势信息等。随着雷达操作员(领域专家)对监视海域认识的逐步深入,上下文知识的积累就越完善,越能够提高系统的识别性能。

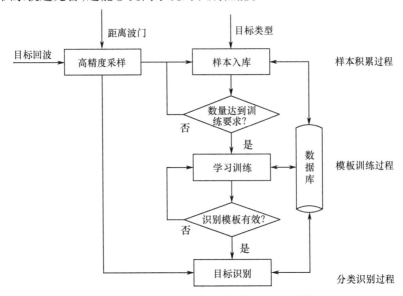

图 7.4　雷达舰船目标识别系统运行流程图

2. 增加目标识别功能后的雷达回波录取方式[140]

雷达回波信号采样率的正确选择与雷达系统的检测性能是密切相关的,过低的采样率不能保证雷达系统正常地检测到目标,过高的采样率将使得自动目标检测与跟踪处理消耗过多的计算资源而在经济可承受性方面得不偿失。假设雷达的距离分辨率为 $\Delta r(\mathrm{m})$,保证目标不丢失的最小采样率为 $c/\Delta r$(c 为光速),为了保证采样不落在信号的边缘,通常采样率为 $2c/\Delta r$。为了获得高处理增益,也有检测系统选择更高的采样率,但这是以硬件系统性能的提升为前提的。把天线扫描一圈经历的时间作为自动检测与跟踪的数据处理周期,自动目标检测与跟踪模块在每条方位线上的每个触发脉冲,按照固定的采样率对量程内所有距离单元进行采样。假设雷达的监视量程为 $R(\mathrm{m})$,那么每条方位线上每个触发脉冲获取的回波数据为 $2R/\Delta r$ 个。假设某雷达的脉冲重复频率为 $f(\mathrm{Hz})$,每分钟转动 n 圈,那么目标检测与跟踪系统每个数据处理周期理论上至少对 $(60/n)$

$f(2R/\Delta r)$ 个点做检测、相关和跟踪处理。如果 $f=1000\text{Hz}$, $R=24\text{n mile}$, $\Delta r=75\text{m}$, $n=6$ 圈,则每个数据处理周期理论处理点数为约 1.2×10^7 个。

目标识别是在经检测/跟踪处理发现目标之后进行的数据处理,需要从雷达回波中获取包括目标 RCS 序列和背景杂波在内的更为详尽的目标信息。获取的目标回波数据必须满足完整性、连续性与保真性要求。与自动目标检测/跟踪的低数据率采样和全量程获取特点不同,目标识别只需对监视量程内的某些距离单元(目标距离窗)进行高数据率采样。为了区别自动目标检测和目标识别对回波采样的不同要求,使用粗采和精采以示区别,精采为了得到目标回波的脉内结构与脉间起伏信息,精采采样率比粗采采样率要高很多。假设雷达发射脉冲宽度为 $\mu(\mu\text{s})$,被监视目标的径向长度为 $L(\text{m})$,精采频率为 $f_f(\text{Hz})$,则为了保证回波数据的完整性,在每个脉冲周期至少采集 $2Lf_f/c+\mu f_f$(第一项与目标长度相关,第二项与雷达发射脉冲宽度相关)个点。如果 $\mu=1\mu\text{s}$, $L=330\text{m}$, $f_f=40\text{MHz}$,则每个周期采集 128 个点,一般近海目标的长度很少大于 330m,取 128 个点能够保证目标的完整性。目标回波信号随着目标运动表现为回波包络的脉间起伏,呈现出跳动、扭动、顶部凹陷、闪烁丝纹等特点。目标回波信号的起伏在多个脉冲周期的目标回波中才能表现出来,并且每次起伏的持续时间不固定。为了获取目标回波信号的脉内结构和脉间起伏特征,就必须高速、连续地采集多个脉冲周期的目标回波。虽然连续采集的脉冲周期数目越多,目标回波信号起伏就会表现得越充分,但是这势必对采集系统的缓存、采集卡与数据处理机之间的通信、数据处理机的计算能力等提出更高的要求。海上目标的回波信号起伏具有一定的周期性,一般跳动周期较短,扭动周期较长,连续采集的脉冲周期越多,则反应目标的动态特性越充分。假设目标回波的起伏周期为 2s,如果雷达的脉冲重复周期为 1000Hz,那么就需要连续采集 2000 个脉冲周期的回波数据,才能完整地记录目标回波信号的一次起伏;如果雷达脉冲重复周期为 500Hz,那么只需要连续采集 1000 个脉冲周期的回波数据,就能完整地记录目标回波信号的一次起伏。回波数据的精度受 A/D 变换量化位数的影响,A/D 变换的量化位数越高,量化误差越小,回波数据的保真性越高。假设 A/D 变换电路的输入信号峰峰值为 1V,如果量化位数 12 位,则最小量化台阶为 0.24mV,失真度为 0.024%,如果量化位数 8 位,则最小量化台阶为 3.9mV,失真度为 0.39%。在实际应用中应根据应用环境选择合适的量化位数以便将数据失真控制在要求的范围之内。

目标检测/跟踪与目标识别对目标回波的要求是不同的,目标检测/跟踪根据统计检测理论从杂波背景中提取目标,只要目标回波不被噪声淹没,对回波是否饱和,是否出现截顶、截底、失谐等现象不敏感。目标识别除利用目标回波的幅度与宽度信息外,还要利用目标回波的脉内结构与脉间起伏信息,如果出现饱和、截顶、截底、失谐等现象势必破坏目标回波的脉内结构与脉间起伏信息,对目标识别处理造成不利影响。雷达系统设计接收机电路时,为了使近程目标的回波不饱和,远程目标又能够被检测,一般都设计了自动增益控制(Auto Gain Control,AGC)电路,近程回波放大倍数小,远程回波放大倍数大,以使近程目标与远程目标的回波都不出现饱和现象。不管雷达接收机采用的是线性放大还是AGC 放大电路,要求它输出的模拟回波尽量是保真的。

3. 增加目标识别功能后的雷达信息显示方式[140]

雷达监视环境中的目标运动状态不断变化,目标检测/跟踪为了能够随时获取目标的位置,掌握目标的动向,避免出现目标跟踪丢失、航迹关联错误等现象的发生,目标检测/跟踪处理必须与目标的运动同步进行,实时处理。把天线转动一圈作为目标检测/跟踪的一个数据处理周期,那么每个数据处理周期要处理约 1.2×10^7 个采样点的回波数据。这对目标检测/跟踪处理的缓存资源、计算资源提出了很高的要求。同时,目标检测/跟踪在一个数据处理周期内必须完成本圈扫描数据的处理,否则逐圈积累会造成处理器溢出,达不到实时同步跟踪的要求。自动目标检测/跟踪的大数据量、实时性、周期性特点,促使目标检测/跟踪处理必须独占部分内存资源和计算资源,常采用以专用信号处理器为主的并行流水线处理结构,多个距离单元同时处理。

目标识别处理对目标的身份属性做出判决,需要的信息量大,除了目标本身的回波信息外,可能还需要进一步观察积累目标的运动轨迹。只要不超过要求的响应时间,目标识别处理可以滞后一定的时间,等待积累的信息量足够充分之后再做出判决。在雷达舰船目标识别系统中,目标识别处理是在雷达操作员标定目标回波之后人工触发的,对目标识别的响应时间要求不是很严格,可以进行延时处理。在对空监视雷达的目标识别系统中,由于飞机目标的速度远比舰船目标要快,目标识别处理由自动检测/跟踪模块引导进行。自动检测与跟踪发现并稳定跟踪飞机目标之后,触发目标识别模块获取回波数据进行识别处理。空中目标的背景杂波相对于海上与陆地目标的背景杂波要干净得多,目标数量也少许多,目标识别处理的计算量也要小很多,目标识别的实时处理相对于自动检测与跟踪的实时性要求比较容易满足。由于目标识别对实时处理不敏感,因此可以与目标回波录取,综合显示共享内存资源和计算资源。

自动目标检测/跟踪在雷达系统中承担最基本的位置测量任务,实时计算目标各时刻的位置坐标及速度,雷达系统提供的信息能够非常准确地完成这些数值测量,不需要加入人为的干预和判断。

假设 $S(t)$ 表示雷达目标回波,$X(t)$ 表示目标位置,则 $S(t) \in R^n$,$X(t) \in R^m$,$m < n$,自动目标检测/跟踪处理可以表示为 $X(t) = \mathrm{ADT}(S(t))$。可以看出自动目标检测/跟踪处理是从高维数值空间到低维数值空间的映射,输出结构具有明

确的物理意义,为雷达操作员及时掌握目标的位置和动向提供数值依据。

目标识别在雷达系统中承担属性测量的任务,根据目标回波判断目标的类型。属性集合设置具有特殊性和模糊性特点。不同雷达观通站由于关注的目标类型不同,目标分类方法也大不相同,在军用目标经常出没的区域,关注的重点是军用目标和民用目标的区别,对民用目标的细类则不太关心。目前,各个雷达观通站倾向于按照用途对目标进行分类,同样结构的舰船,部队使用的属军用目标,地方使用的属民用目标,即使在部队内部执行不同作战任务时又有更为详细的分类。但是目标识别处理判别目标属性的依据是雷达目标回波的电磁特征信息,即使高分辨雷达对相同结构的舰船在划分军用目标和民用目标时也无能为力,更别说承担警戒侦察任务的低分辨监视雷达了。理论上,根据雷达目标电磁特性能够实现对不同结构的目标进行分类,但是受雷达性能限制,目标回波包含的电磁特征信息非常有限,只能对有限的几类目标进行高可靠分类。

同样用 $S(t)$ 表示雷达目标回波,用 $Y(t)$ 表示目标属性,则 $S(t) \in R^n, Y(t) \in$ {大、中、小、军舰、商船、…},目标识别处理表示为 $Y(t) = ATR(S(t))$,可以看出,与自动检测/跟踪从数值空间到数值空间的映射不同,目标识别是从数值空间到属性集合的映射,输出结果是目标的类型属性,目标识别处理使用更加复杂的数据处理算法。

7.2 雷达舰船目标识别系统的设计与实现

7.2.1 雷达舰船目标识别系统的开放式架构

1. 系统设计原则

对海监视雷达通常是两坐标雷达,主要依靠 PPI 显示器上的运动航迹、微 B 显轮廓像和 R 显视频回波序列等信息进行舰船目标的分类识别,因此雷达舰船目标识别系统要能够适用于所有组网雷达。但是组网雷达不是单一波段、单一型号,导致信号接口形式不统一,目标特征数据描述随雷达变化,如有的雷达使用差分信号,有的雷达使用 TTL/PECL 信号,舰船目标回波序列在 R 显上的展宽、跳动、扭动等特征随着触发脉冲的宽度变化,这都给雷达舰船目标识别系统的标准化设计带来困难。

同时,雷达目标识别是一种试验设计技术,要经过大范围的试验检验才能达到实用状态。首先,面临舰船目标识别系统与试验使用的多种雷达系统的对接问题,由于这些雷达可能来自不同的研制单位,系统接口具有不同的物理和电气特性,在系统设计和实现时必须考虑目标识别系统与多种雷达的适配能力。其次,用于目标识别的信息来源丰富,有目标运动状态信息、目标回波序列信息等,各种信息的识别区分能力各不相同,决定了目标识别的设计和实现流程将是分层次、多角度的处理方式,各种处理尽量相互独立,以便于改进、替换和升级。再次,目标识别信息的多样性,决定了对应的处理模块的丰富性。如从目标的微 B 显图像提取轮廓像特征,从 A/R 视频回波提取目标的视觉特征等。这些处理模块对处理的数据率、实效性有不同的要求。数据录取模块在设计时应具有提供多种数据、多速率数据的能力,以利于系统资源的优化利用。最后,目标识别系统能否达到设计目标,需要现场试验进行检验,需要在多台雷达上进行试验,因此目标识别系统必须具有很强的环境适应能力。

雷达舰船目标识别系统的设计目标是构造一个适合多种对海监视雷达需要的通用舰船目标识别系统,这就要求识别系统的硬件设备能够适应多种接口信号,具有良好的适配性,能够兼容各种对海监视雷达的触发脉冲、视频回波、天线方位等信号接口的电气特性。

2. 开放式架构[105,139-141]

雷达舰船目标识别系统的架构是构建雷达目标识别系统所需要解决的核心问题之一。雷达舰船目标识别系统研制过程中最重要的一个特点在于,理论算法研究与工程实现往往需要同步进行,系统开发与用户操作密切结合,需要不断提出和测试不同的处理方法和实现技术。在这个过程中,将对大量的数据处理和分类识别方法进行选择和优化。因此,雷达舰船目标识别系统的架构必须具有不依赖于具体数据处理算法的通用性和扩展性,为算法的调整、测试、替换和重用、系统识别性能与综合能力的扩展提供支持和发展空间,从而能够适用于不同的使用环境和工作状态。

雷达舰船目标识别系统在借鉴模块化系统设计思想优点的基础上,对模块的概念进行了补充和抽象;针对雷达舰船目标识别系统的实际需求和研制特点,提出了"层"的概念和基于层的系统设计方法,实现了识别系统的层式架构。"层"是具有相同性质和任务的数据处理单元的集合与抽象,从数据交互和系统控制的角度描述识别系统中数据处理过程的特定阶段;"层"反映系统中不同阶段的数据处理过程之间的关系,定义系统中算法模块所应实现的功能,其中所包含的每个独立处理单元则被称之为"模块"。采用"层"思想描述雷达舰船目标识别系统,可以忽略不同数据处理算法在实现方法上的差异,着重解决每一个数据处理阶段中的共性问题,确保系统软件结构与具体实现方法的有效分离,提高系统的通用性、适用性和可重用性。

层式框架将雷达舰船目标识别系统划分为八个功能层,分别是获取层、整理层、表述层、匹配层、综合层、存储层、控制层和评价层,如图 7.5 所示,与一般目标识别系统中的数据采集与获取、预处理、特征提取与选择、分类识别、决策融合、模板训练、数据库、算法库等模块相对应。

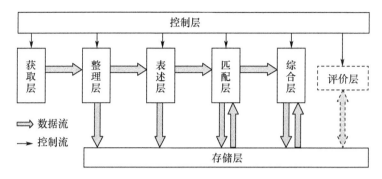

图 7.5 基于层的雷达目标识别系统开放式架构

(1) 获取层包括数据采集模块,用于从雷达系统获得目标原始数据。针对不同性质和用途的原始数据,采集模块可以有不同的实现方法。在雷达舰船目标识别系统中,该层通过"精采"工作模式为后续功能层提供原始目标回波数据序列,同时还通过"粗采"工作模式向目标检测/跟踪、综合显示等处理非目标识别功能提供原始回波数据。系统可能使用的上下文知识以及友邻传感器信息也通过该功能层接入。

(2) 整理层包括数据预处理、滤波等模块,对原始数据进行初步处理,以保证数据满足一定的质量要求;并按照特定的格式将原始数据归整为元数据(meta data),规范成统一的数据表征形式。在雷达舰船目标识别系统中,该层将原始目标回波数据序列的幅度限定在同一范围内,滤除回波序列中的高频噪声,检验回波序列是否满足保真性、完备性和有效性要求。

(3) 表述层由特征提取、选择与变换模块构成,将元数据转换表述成为特定的特征数据,提供给识别算法。该层属于雷达舰船目标识别系统的核心处理层,从目标回波序列中提取有效的统计特征、视觉特征和运动特征,提取的特征具有较为明确的物理意义,方便理解和使用。目标类别的划分方式不同,监视海域约束条件不同,均会导致选用的不同的差异性特征和显著性特征进行分类识别,该层还将在匹配层的引导下为不同的分类识别器选择不同的差异性特征和显著性特征子集。

(4) 匹配层为分类算法模块,对特征数据进行处理后产生一组关于目标类型的属性匹配测度数据,匹配层使用多个分类识别算法,每个算法分别输出匹配识别结果。综合层则通过结果综合模块对接收的属性测度数据进行处理,从而得到最终的分类结果。当匹配层中采用多个识别器时,需要通过综合层的处理将这些结果组合成为对该目标唯一的最终属性信息。通常,这一综合处理过程的基本方法就是数据融合中所研究的决策层综合识别方法。在雷达舰船目标识别系统中,匹配层就存在多个模区的分类器以及基于规则知识的分类器,它们输出各自的匹配识别结果,在综合层再进行融合处理。

(5)控制层以统一的功能调用方式连接系统中的各处理层,对系统的总流程进行控制。该层属于识别系统的协同控制机构,一方面控制数据流按照规定方向在功能层间流动,另一方面协调系统加入新的特征提取以及分类识别等算法模块,更换新的识别模板等控制功能。

(6)存储层综合运用多种手段,存储和管理识别系统相关的各种数据,如目标样本数据、特征数据、处理模块参数等。

(7)评价层则对识别系统的综合性能进行度量,并通过存储层的作用实现对各个数据处理层的修正和更新。在雷达舰船目标识别系统中,该定期对系统的分类识别性能进行统计分析,当系统的正确识别率等指标低于规定门限时,则重新启动识别模板的学习训练过程,生成新的识别模板。

以"层"作为目标识别系统的基本架构,通过不同层对数据的逐步处理,实现由具体的原始数据到抽象的目标属性判定的转化过程。由于层式结构可以合理组织雷达目标识别中不同的数据处理方法,适合于目标识别系统的构建,工作性能稳定,可快速移植,具有良好的扩展能力,为创建通用的识别系统开发、测试及应用平台提供了实现途径。

7.2.2 特征提取与选择

1. 目标回波样本数据

1)目标回波数据录取

对海监视雷达通常是低分辨雷达,能够利用的电磁特征信息主要是雷达目标回波的动态变化规律。单个目标回波脉冲表现为有一定幅度、宽度和起伏的包络,只能看出舰船目标相对海面的反射强度,而难以分析舰船目标的上层结构。而将多个连续目标回波脉冲连缀分析,则可以观察到回波脉冲串在一段时间内的动态特征,包括回波包络的脉间起伏、波峰跳动、包络扭动、顶部凹口等,这些动态特征尽管与舰船目标的散射特性没有一一对应的映射关系,但是也确实反映了舰船目标整体结构以及上层建筑与电磁波相互作用的变化规律。通过对低分辨目标回波脉冲串样本的长期积累和分析,可以建立目标回波动态特征与舰船目标类型的大致关系,从而构建具有一定识别能力的舰船目标分类器。

舰船目标识别对回波样本数据的要求包括完整性、连续性、保真性[140]。完整性是指单个目标回波脉冲必须具有一定的长度,能够包含完整的回波包络及其起伏,否则如果录取的目标回波的包络不完整,无法充分提取包络的上升段、波峰以及下降段的动态特征。假设目标回波的带宽为 f_H,则根据奈奎斯特采样定理,回波采样频率为 $f_s \geq 2f_H$,假设单脉冲雷达发射脉冲宽度为 τ,则雷达的距离分辨率为 $r_\tau = c\tau/2$,那么径向长度为 L 的目标占据的分辨单元数据为 $n_L = L/r_\tau$,假设每

个分辨单元采集 m 个数据点,则共采集 $N = mn_L = mL/r_\tau = 2mL/(c\tau) = 2f_sL/c$ 个数据点,其中 f_s 为采样率(精采频率或者 R 显采样率),N 为采样数据点数,L 为目标径向尺寸。设定 f_s 的单位为兆赫(MHz),L 的单位为米(m),其中 $c = 3 \times 10^8 \text{m/s}$,则有 $N = f_sL/150$。为了处理方便,一般取采样点数为 $N = 2^n$,假设采样率为 $f_s = 40\text{MHz}$,则 128 点对应的径向距离长度为 480m,舰船目标的长度通常不会超过这个值。连续性是指连续采集多个目标回波脉冲,尽可能体现目标回波一次完整的动态过程,否则会发生运动突变,造成跳动过程或者扭动过程不连续。目标回波表现的跳动、扭动、凹口与丝纹等动态特征具体持续多少个脉冲重复周期才能完成,受周围环境的影响,无法进行精确的计算,只能通过长期观察积累经验规律。一般来说,大型舰船目标的跳动特征比较少,扭动特征相对较多,完成一次扭动持续 3~5s。当雷达的脉冲重复频率为 $f_P = 400\text{Hz}$ 时,则需要连续采集 2000 个脉冲。保真性是指目标回波脉冲要具有一定的动态特征,不能出现饱和、截顶、截底、失谐等现象,回波脉冲的信噪比不能太低,目标回波中必须包含显著差异性特征。

按照上述要求录取雷达目标回波数据,每个样本包括连续 $C_N = 2048$ 个脉冲的回波,每个回波的采样点数为 $WS_N = 128$。定义 $\overline{D}_i = \{(r_{i,1}, d_{i,1}), (r_{i,2}, d_{i,2}), \cdots, (r_{i,WS_N}, d_{i,WS_N})\}$ 表示第 i 个脉冲的回波,其中 $r_{i,j}$ 表示第 j 个采样点的序号,$d_{i,j}$ 为其幅值,已被归一化到 $[0,1]$ 之间。$\overline{D} = \{\overline{D}_1, \overline{D}_2, \cdots, \overline{D}_{C_N}\}$ 表示整个目标回波序列。为了便于区分,这里将目标的单个回波脉冲信号 $\overline{D}_i$ 称为目标**波形**;而将连续的脉冲回波信号 $\overline{D}$ 称为目标**回波序列**,也称为一个**目标数据**。

通常情况下,大型目标的雷达视频回波具有距离维较宽且幅度较高的特点,回波较为稳定饱满;叠加后的回波序列中波内丝纹状表征少且微弱。而小型目标的回波则正好与之相反,距离维较窄、幅值较低且不稳定,叠加后的回波序列中具有丰富的波内"丝纹"现象。然而,由于低分辨雷达系统的距离分辨率有限、目标运动状态多样,且回波容易受到多种因素的影响,目标回波并不一定严格遵循上述规律。这对低分辨雷达目标特征的有效提取带来了许多困难。

2) 目标有效波形确定

从 128×2048 目标回波样本中提取动态特征时,必须区分哪些样本点属于目标波形,哪些样本点属于背景杂波波形。图 7.6 是某大型目标回波数据中的一个波形,由 128 个采样点组成,分为目标波形和噪声波形两部分[141]。其中反映目标散射信号的部分(图中灰色区域),称为**有效波形**,是雷达目标特征提取的研究对象;而灰色区域之外的噪声部分,则应在进行特征提取之前被剔除。有效波形部分可以根据其梯度特性和幅值特性被划分为上升沿、下降沿和波峰(即有效波形的主体部分,图中阴影所示)三个部分。不论基于何种方法来提取

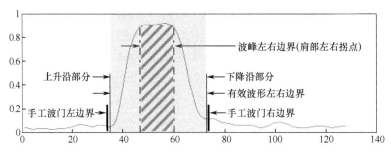

图 7.6　回波信号有效波形及组成部分

目标特征,界定有效波形的起止边界都是极为关键的环节,直接影响到目标信号各部分的准确划分和后续所有的特征提取环节,决定着各个特征量的正确性和有效性。

确定有效波形,看似一个简单的基础问题,但是对实际应用中出现的大量、复杂的回波信号而言,设计一个通用、稳健的定界算法却相当困难。通常,界定有效波形的方法可分为门限定界法和频域滤波法两种[138,141,142]。门限定界是指确定一个阈值 θ 作为目标和噪声信号的门限,波形中幅值高于 θ 的认为属于目标信号,而幅值低于 θ 的点则被认为是噪声。频域滤波是指通过分析波形信号的频谱特征,确定目标信号和噪声的分界频率,从而设计低通或者带通滤波器将噪声滤除。这两种方法都可以看作基于硬性定界的思路,即硬性地确定一个判决标准而不再变化。虽然它们在实际中被广泛应用,但是,通过对大量目标回波信号的分析,我们发现基于硬性定界思想确定有效波形边界的方法缺乏适应性和抗干扰性[105,141]。从图 7.6 可以看出硬性定界方法存在的局限性。

对于图 7.7(a)所示波形,如果按照门限定界思想,从回波峰值处向两边搜索判断,如果阈值 θ 取值合理,能够确定出有效波形的左右边界。对图 7.7(b)来说,目标和噪声混叠程度较高,如果门限值 θ 取值过高,大量目标回波将被

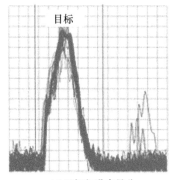
(a) 目标与噪声易分

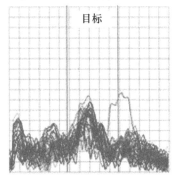
(b) 目标与噪声幅值特性难区分

图 7.7　雷达目标信号与噪声对比示意图

"拒之门外";若 θ 取值过低,则将有大量噪声信号被保留,对后续的特征提取和目标识别带来较大的干扰。需要指出的是,由于目标运行环境复杂等原因,在从多个雷达观通站采集到的目标数据中,类似于子图(b)所示质量的回波信号比例高达 20% 左右。

这里采用一种柔性定界的思路,通过挤压内搜和扩张外推两个步骤[105,141]来确定有效波形的起止边界。挤压内搜是指以数据采集时操作人员手工确定的波门 m_iLeft 和 m_iRight 位置为起点(如图 7.6 中的短粗线所示,在采集雷达目标数据的过程中,要求操作人员人工确定一组回波序列的总体边界,称为手工波门左右边界),以每个波形 $\overline{D}_i$ 各自的最大值 $f\text{Peak}^i$ 为终点,向波形中心搜索其中满足挤压内搜条件的上升/下降点 P_U^i/P_D^i。扩张外推则是由挤压内搜所确定的 P_U^i 和 P_D^i 点为起点,以 m_iLeft 和 m_iRight 为终点,分别向左、右两个方向寻找满足扩张外推条件的第一个连续上升点 P_S^i 和最后一个连续下降点 P_E^i,称为有效波形的起始和终止边界。

基于柔性思想,将有效波形的定界过程分为两个步骤,且对挤压内搜和扩张外推分别建立不同约束条件,内搜的限制要严于外推,这是由 LRR 雷达目标信号本身的特点决定的。真实回波信号的表现形态极其复杂,如出现较大杂波、回波上升/下降沿部分出现小凹口以及多峰现象等,需要针对每个波形的特点调整确定边界的方法,以提高稳健性和抗干扰性。故首先基于手工确定的波门位置,按照较为严格的标准向内搜索,确定满足条件的上升/下降点 P_U^i 和 P_D^i。由于挤压内搜条件在某些情况下过于严格,所确定的点很可能已经处于实际回波的主体位置,因此必须再进行一个较为宽松的扩张外推处理,找出满足条件的第一个连续上升点 P_S^i 和最后一个连续下降点 P_E^i。

通过上述定界方法,基本上能够较为准确地确定出各种复杂情况下雷达目标回波序列中每个波形的起止位置,图 7.8 给出了柔性定界算法的效果示意图。在各个子图中条带状区域代表了一组回波序列,由一系列波形排列而成;横向和纵向分别代表了波形序列中波形的采样顺序和每个波形的采样点幅值;条带灰度的深浅代表了波形幅度强弱;其中 A、B 灰度标号的线条代表了经过柔性定界方法确定的有效波形部分的起始和终止边界,C、D 灰度标号的线条代表了波峰部分的起止分界。图 7.8 中的四组回波序列具有不同的表征和杂波,有效波形边缘复杂。可以看出,对于不同形态的雷达目标信号,柔性波形定界法均能够有效地从复杂回波信号中挑选出目标信号的有效部分,作为后续各种特征提取算法的起点。

2. 目标特征提取[105,138,141]

从目标回波序列中可以提取两个方面的统计特征:一是静态特征,主要是指回波形状特征和凹口特征;二是动态特征,主要是指回波脉冲间的扭动、跳动和

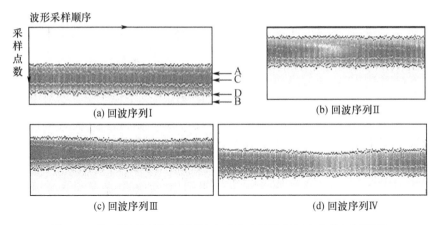

图7.8 基于柔性思想确定回波序列中有效波形起止边界(见彩图)

平动特征。舰船目标回波的静态特征与其吨位大小、上层结构、甲板布局等物理特征有较强的对应关系,舰船目标回波的形状从总体上讲是底宽顶窄的梯形结构,其本质是舰船目标的舰艏、舰桥和舰艉对电磁波脉冲的展宽效应,目标吨位越大,对电磁波脉冲的展宽效应也越明显,回波包络的梯形结构就越明显。舰船目标在吨位、结构等方面的差异,就反映在梯形包络的腰部和顶部变化。小型舰船目标的顶部更窄,导致梯形结构退化为三角形结构,大型舰船目标的长度达到一定尺寸时,舰艏、舰桥和舰艉的电磁响应在时间延迟上出现明显差异,导致梯形结构的顶部出现起伏现象,顶部起伏的谷底即形成凹口,大型舰船目标的凹口特征比较明显。动态特征的成因则更为复杂,是舰船目标的整体结构、上层建筑、目标运动与电磁波脉冲相互作用形成的回波响应,并且受海面风浪、雷达视角变化等因素的影响,其稳定性较差。扭动特征的视觉表现为回波峰值点在梯形回波脉冲的顶部和腰部左右走动,其物理含义是船体在海面上摇摆造成舰艏、舰桥和舰艉在雷达视线上的相对位置发生改变,强散射源合成回波的峰值位置发生变化。跳动特征的视觉表现是回波峰值点的整体幅度上下起伏,梯形(三角形)回波脉冲内部还闪烁着丝纹,其物理含义是舰桥上有复杂的金属结构,受风浪的影响,金属结构的等效散射中心散射截面剧烈变化。中小型船只的跳动特征更为明显。平动特征的视觉表现为目标回波脉冲在R显上向左或者向右的整体跑动,其物理含义是舰船目标在雷达视线上具有相对雷达的高速运动。动态特征属于显著差异性特征,一旦出现,非常有利于快速准确分类识别。下面对具有代表性的静态凹口特征,动态扭动和跳动特征进行详细分析。

1) 回波凹口特征

当目标具有较强散射特性时,低分辨雷达的回波虽然不足以描述它们的RCS及散射中心分布,但仍能够在一定程度上反映其散射特性的部分细节,出现多峰现象[11]。这时,回波中将存在凹口,如图7.9所示。由于舰船目标主要的电磁散射中心一般位于船体前、后部位和舰桥等位置,当目标姿态角与雷达视线夹角较小时,这些散射中心到达雷达的距离相差较大,由它们造成的反射回波峰值在出现时间上存在差异,有可能被区分开,从而在回波中出现凹口。凹口存在的内因在于目标结构特性,但受到目标姿态的影响[141]。在不同类型目标的雷达回波中,凹口是否存在以及出现的位置和形状,均具有一定的规律性。

图7.9所示的目标回波中存在三个局部极大值点A、C、D,在A、C和C、D之间分别连接直线AC和CD。通常,当进行人工观察时,会认为AC与原有波形之间的区域1是反映目标特性的凹陷,称为一个凹口;而直线CD与波形之间的区域2则只是回波受到干扰或信号处理算法的影响而产生的抖动,不能称为凹口。描述单个波形$\overline{D}_i$中的凹口时,采用以下五个物理量:

(1) 凹口数目$\mathrm{Sunk}_{\mathrm{Num}}^i$,波形$\overline{D}_i$中包含的凹口个数。

(2) 凹口位置$\mathrm{Sunk}_{\mathrm{Pos}}^i$,区域1中的局部极小值点$B$点所对应的距离维数值。

(3) 凹口深度$\mathrm{Sunk}_{\mathrm{Dep}}^i$,$B$点与直线$AC$上相应点$B'$之间线段的长度。

(4) 凹口宽度$\mathrm{Sunk}_{\mathrm{Wid}}^i$,线段$AC$在距离维上的投影长度。

(5) 凹口能量$\mathrm{Sunk}_{\mathrm{Pow}}^i$,区域1的面积。

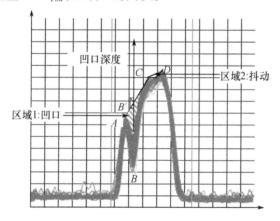

图7.9 雷达目标回波中的凹口现象

描述回波的凹口特征,首先需要确定单个波形中凹口的位置,获得其深度、宽度、能量等特征;然后,一方面基于数理统计获取回波序列的整体凹口特征量,另一方面结合序列中表现出的凹口视觉效果对其进行修正和完善。

目标回波凹口特征提取的关键在于有效波形内的有效极大值筛选和有效凹口判定[105,141]。首先搜索单个波形的所有局部极大值点$M_k(r_k^M, d_k^M)$($k=1,\cdots, n_M$),r_k^M和d_k^M分别为M_k的横坐标距离刻度和纵坐标波形幅值,n_M为波形中极大值点个数。如果只有1个极大值(即最大值),则不存在凹口。如果有效极大值多于1个,相邻有效极大值之间可能存在凹口,再进行有效凹口判定。

图7.10说明了局部极大值凹口搜索法的处理过程。图(a)中的波形共存在3个局部极大值点 M_1、M_2 和 M_3,首先由有效极大值点筛选条件知,M_2 有效;继而运用凹口约束条件可知在 M_1 和 M_2 之间、M_2 和 M_3 之间均存在一个凹口,该波形共包括2个凹口。图(b)中的波形同样存在3个局部极大值点,经筛选条件和约束条件的检查,M_2 无效,在 M_1 和 M_3 之间有一个凹口。确定了波形凹口的数目 $Sunk_{Num}^i$ 和位置 $Sunk_{Pos}^i$ 之后,则可以按照所定义的凹口特征量求取凹口深度 $Sunk_{Dep}^i$、凹口宽度 $Sunk_{Wid}^i$ 和凹口能量 $Sunk_{Pow}^i$。

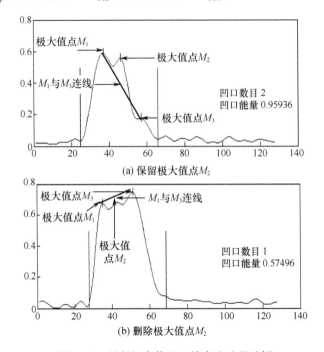

图7.10 局部极大值凹口搜索法过程示例

为了求取整个回波序列的凹口特征,既可以按照统计理论直接求有关指标,如平均凹口深度、宽度、能量等,也可以再次结合观察经验和视觉效果,对单个波形的凹口特征量进行约束和加权。对于不同类型的目标,其雷达视频回波中出现的凹口数目及其能量都具有重要作用;且凹口特性属于细微特征,出现后可能很快就会消失,因此,必须迅速捕捉并进行处理。

2) 回波扭动特征

通常,当目标形体较大或者结构较为复杂时,其雷达视频回波表现出稳定、多峰的特点;海面风浪、雷达视角变化等因素所造成的影响,不会引发波形幅度的大范围变化,而仅使其局部发生改变,并且保持一种"此消彼涨"的形态。不会发生整个波形幅度的大幅度增加或降低,而是局部抬升的同时伴随着另一局部的下降。这在波形整体趋于平稳的基础上,就表现为一种左右"扭动"或者"摇摆"的形式。因此,扭动现象所表现出来的特性,只有在整个回波序列中才能被有效捕捉。图 7.11 为某大型商船雷达回波序列在连续四个不同时刻的波形串,由于扭动属于回波序列动态变化的现象,通过静态图只能进行简单的示意性说明。

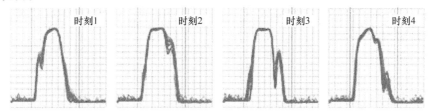

图 7.11 回波序列扭动现象示意图

回波扭动现象主要体现在扭动次数、强度、快慢等方面,通常大型目标的雷达回波信号扭动频繁且强度高,并且极易出现快变化的扭动现象,而中小型目标则相反。扭动表现为波形重心的变化,可以采用基于波形重心序列的处理方法对其进行描述。波形的重心位置反映了波形能量在水平方向和垂直方向的分布。将一组回波重心的横坐标和纵坐标分别按照其波形序号排列成为时间序列,可以反映回波能量在横向和纵向上的变化情况,其横向变化特性可用于描述扭动现象。同时,重心位置不受有效波形起点的影响,是一个描述能量分布的绝对量,避免了基准不一致的干扰。

首先,根据重心定义,波形 $\overline{D}_i$ 的质量、重心横坐标、重心纵坐标分别定义如下,还可以得到整个回波序列 $\overline{D}$ 的重心横坐标及纵坐标序列 CG_X 和 CG_Y。

$$\text{Mass}^i = \sum_{j=P_S^i}^{P_E^i} d_{i,j} \tag{7.1}$$

$$CG\_X^i = \sum_{j=P_S^i}^{P_E^i} j \times d_{i,j} \Big/ \text{Mass}^i \tag{7.2}$$

$$CG\_Y^i = \sum_{j=P_S^i}^{P_E^i} 0.5 \times d_{i,j}^2 \Big/ \text{Mass}^i \tag{7.3}$$

描述回波扭动现象时,必须注意消除噪声和杂波带来的"假性扭动"。这是指,当背景噪声过高而与有效波形部分混叠在一起时,由于噪声出现的位置和强度随机变化,当它出现或消失时可能将造成回波扭动的"假象"。为了消除这种影响,采用"定幅-双门限过零检测法",只有当波形的最大幅值达到一定强度时,才对其重心横坐标序列进行双门限的过零检测,提取反映回波扭动现象的物理量。

首先,对重心横坐标序列 CG_X 进行"去直流"处理,即减去其均值,构成 CG_X';然后,对 CG_X' 进行低通滤波,去除部分高频噪声和杂波的干扰;进而,对回波中最大值超过幅值下限 T_W 的波形进行"定幅－双门限过零检测"。当回波的重心横坐标位置连续经过上、下两个扭动门限 $\pm T_A$ 的时候,认为发生了一次扭动。同时,比较前后两个波形重心横坐标的变化量,若超过变化强度门限 T_D,则认为在这两个波形串间发生了快速扭动,否则为慢速扭动。针对波形的扭动,共提取扭动频率 Twist_{Fre}、扭动程度 Twist_{Pow}、扭动快/慢比 $\text{Twist}_{H/L}$ 三个特征量。

3) 回波跳动特征

与扭动现象不同,回波的跳动表现为整个波形的上下振动,忽起忽落。通常出现在小型船只的雷达目标回波中。图 7.12 为某小型商船雷达回波序列在连续四个不同时刻的波形串,由于跳动同样属于回波序列动态变化的现象,通过静态图只能对它建立大概印象。跳动现象也包括跳动快慢、幅度等情况,采用与提取扭动特征相似的方法来描述回波的跳动现象。

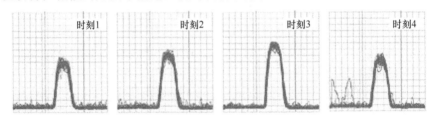

图 7.12　回波序列跳动现象示意图

刻画回波跳动时可以利用波形的重心纵坐标信息。然而,由于跳动和扭动对于人眼产生的刺激和作用不同,因此不应直接沿用描述扭动现象的方法。它们的差别表现如下:

(1) 跳动主要反映在波峰幅值的变化上,并非质心纵向分布上的变换;而扭动则主要体现在波形整体的偏移上。

(2) 跳动属于快变化过程,而扭动属于慢变化过程。

(3) 当回波中存在凹口时,凹口的移动、扩张收缩等现象,容易造成"假性跳动"。

因此,为了准确、有效地描述回波的跳动特征,将基于回波最大幅值序列 $f\text{Peak}$ 进行处理;为了捕获快变化过程的信息,针对 $f\text{Peak}$ 的差值序列 $f\text{Peak}_{delta}$ 提取跳动信息,即

$$f\text{Peak}_{delta} = \{f\text{Peak}^{i+1} - f\text{Peak}^i\}, i = 1, 2, \cdots, C_N - 1 \quad (7.4)$$

然后,仍然采用"双门限过零检验"法提取回波的跳动特征量。只是不再进

行幅值的限制,而是仅对凹口数目为 0 的波形分析其跳动特性。最终得到跳动频率 Jump_{Fre}、跳动程度 Jump_{Pow} 和跳动快/慢比 $\text{Jump}_{H/L}$ 三个物理量。

在求得回波扭动频率、扭动程度、跳动频率、跳动程度等特征量之后,我们对其进行综合提出了两个刻画回波整体扭动和跳动情况的特征量,分别称为扭/跳因子 $\text{Ratio}_{\text{Twist/Jump}}$ 和跳/扭因子 $\text{Ratio}_{\text{Jump/Twist}}$。通常,大型目标由于体积及吨位大,其回波中经常出现凹口,回波整体呈现扭动姿态,而跳动较弱;小型目标则正好与之相反。扭/跳因子就是为了描述回波扭动和跳动成分的大小及比值的特征量。定义如下:

$$\text{Ratio}_{\text{Twist/Jump}} = \frac{\text{Twist}_{Pow}}{\text{Jump}_{Pow}} \times \exp(a \cdot \text{Inc}_{Var} - b \cdot \Delta) \tag{7.5}$$

$$\text{Ratio}_{\text{Jump/Twist}} = \frac{\text{Jump}_{Pow}}{\text{Twist}_{Pow}} \times \exp(c \cdot \Delta - d \cdot \text{Inc}_{Var}) \tag{7.6}$$

式中:Inc_{Var} 为回波序列的倾斜程度方差;Δ 为对回波最大幅值序列 $f\text{Peak}$ 高频成分与低频成分能量之比;a、b、c、d 分别为非负常数。当 $\text{Ratio}_{\text{Twist/Jump}}$ 取值较大时,回波主要表现为扭动;当 $\text{Ratio}_{\text{Jump/Twist}}$ 取值较大时,信号则主要表现为跳动。

根据这里描述的方法,围绕雷达目标回波的形状、凹口、扭动、跳动、平动等视觉现象,提取了 40 余维特征进行视觉刻画。这些特征在应用到不同场景、不同目标时,发挥作用的权重有很大差别,在舰船目标识别系统中通过特征选择过程得到所需的特征集。

3. 雷达目标特征选择

由于训练一个分类器所需的样本数目与特征维数可能呈现指数关系[143],这一被称为维数灾难的现象同时导致了峰效应(peaking)[144],即在样本数量不够充分时,特征维数的增加往往导致分类器性能的降低[33]。如果将前面提取的所有 40 余维特征矢量都用于后续的分类识别环节,不仅会花费大量的运算时间和处理资源,而且需要极大规模的样本数据,才能保证产生识别正确率高且泛化能力强的分类器。

前面提取的低分辨雷达目标特征,出发点源于人对目标视频回波的直观认识和主观经验,虽然具备一定的实用性和有效性,但是缺乏严格的理论基础。由于人感观认识上的各个描述角度存在一定的交叉和相互影响,由此提取的特征之间不可避免地存在相关性[145]。同时,由于人类认识的主观性,上述特征中也会存在冗余,某些特征甚至还会对分类器的构造和使用产生干扰。因此,要建立具有实用价值的目标识别系统,必须经过有效的特征选择环节,确保参与识别的每一维特征量均能发挥正面作用。下面基于特征重要度和判别准确性分别建立特征选择准则函数,运用前馈神经网络和顺序前向选择方法,自适应地进行特征选择。

1）基于判别准确性的特征选择

基于判别准确性来衡量特征重要程度,是一种最直接的思路[33]。按照这种思路进行特征选择,首先需要基于待挑选的特征建立分类器,然后根据该分类器识别性能的优劣来判定特征的质量。然而,对于雷达目标识别而言,由于其目标特征形式复杂、相互影响且不存在具有绝对优势的物理量,导致了基于单维特征常常难以成功训练分类器。因此难以准确地单独评价某维特征对于识别所发挥的作用。通常,可以根据经验知道哪些特征可能有利于识别,或者通过统计各维特征的直方图、分布图,了解不同类别样本在单维特征上的差异性。因此,进行特征选择时,可以首先根据经验挑选 m 维特征,构成整个 d 维特征空间的基本特征集 $F_{\text{base}}(m<d)$,作为特征选择的起点,再利用前馈神经网络分类器(Feed-forward Neural Network,FNN)进行综合特征评价与选择。

前馈神经网络 FNN 由多层神经元组成,令 FNN 输入层到隐含层的传递函数为

$$o_i = f\left(\sum_{j=1}^{m+1} w_{ij} \cdot x_j\right), i = 1,2,\cdots,n \tag{7.7}$$

式中:o_i 为隐含层神经元的输出;x_j 为 o_i 的第 j 个输入;w_{ij} 为从第 j 个输入层神经元到 o_i 的网络权值。FNN 用于目标识别时,通常要求对待识别样本的各维输入特征进行归一化,即要求不同特征的取值范围相当。因而,当 FNN 训练收敛后,它的 w_{ij} 可以被看作第 j 个输入特征的重要性程度。由此,定义第 j 维特征的显著性指标 S_C^j,即为输入层节点到隐含层节点连接权的绝对值之和:

$$S_C^j = \sum_i |w_{ij}|^p, p = 1,2,\cdots \tag{7.8}$$

S_C^j 的取值越高,即第 j 维特征量对神经网络的贡献就越大,那么该维特征的作用越显著。

令 F 为整个特征空间,则 $\overline{F}_{\text{base}}$ 为待选特征集,为 $(d-m)$ 维。以 F_{base} 为输入矢量训练神经网络(可采用任意分类器形式),得到平均正确识别率为 P_{base}。将 $\overline{F}_{\text{base}}$ 中的各个待选特征分别加入 F_{base} 构成新的输入矢量,采用同样的网络参数和初始条件训练神经网络,将产生一组平均正确识别率 $P^i(i=1,2,\cdots,d-m)$。由此,可以得到特征的显著性指标:

$$S_A^i = P^i - P_{\text{base}}, i = 1,2,\cdots,d-m \tag{7.9}$$

可见,当 $S_A^i > 0$ 时,新增加第 i 维待选特征能够使 FNN 的识别性能得到提高。选择使 S^i 取值最大的特征添加进 F_{base},即可开始下一轮特征选择。

2）具有自适应性的特征选择过程

结合上述特征重要度和判别准确性的特征选择准则函数,基于网络剪枝和前向搜索的思想,建立一种具有自适应筛选特征的处理方法[141,146],其流程如

图 7.13 所示。

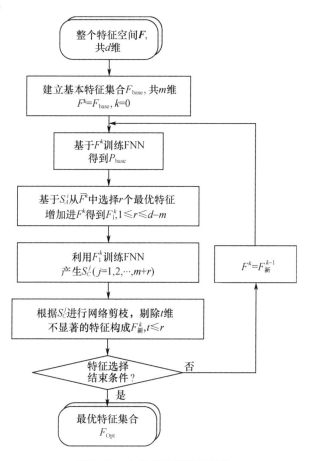

图 7.13 自适应特征选择流程

特征选择通常按照迭代处理的方式进行。首先，在 d 维初始特征空间中设置 m 维的基本特征集合 F_{base}，即进入第一轮迭代过程。规定 F^k 表示第 k 次顺序前向搜索开始时选中的特征集合，维数为 m_k；$\overline{F^k}$ 表示此时未选中的特征集合，维数为 $d-m_k$。从 $\overline{F^k}$ 中依次选择第 i 个未被选中的特征合并到 F^k 训练前馈神经网络（Feedforward Neural Network，FNN）[147]，基于特征选择准则 S_A^i 自适应地挑选出其中最大的 r 个（$1 \leqslant r \leqslant d-m_k$），将它们合并到 F^k 中，构成特征集合 F_1^k，即进入网络剪枝操作。在剪枝过程，使用特征集合 F_1^k 训练前馈神经网络得到 $(r+m_k)$ 个特征的显著性指标 S_C^i，自适应地剔除其中 t（$1 \leqslant t \leqslant r$）维不显著的特征后，得到 $F_{\text{新}}^k$。当 FNN 网络的识别率达到给定要求或者选择的特征已经进入循环稳定状态时，特征选择算法终止，否则，$k=k+1$，$F^k=F_{\text{新}}^{k-1}$ 开始下一轮特征迭代选择过程。

3) 特征选择分析

利用上述特征选择方法,对提取的40余维低分辨雷达目标特征进行处理,得到后续进行目标识别所采用的特征矢量[105,141]。利用三个月时间积累的数据作为网络训练样本,大/中/小三类目标数据个数分别为4732个、4553个、4270个;采用其后一周内新采集的目标样本作为测试数据,三类目标个数分别为924个、617个、549个。

特征选择运行过程中网络剪枝运算的部分结果如表7.1所列。表中的数字为成功完成网络训练后的FNN输入层节点到各隐含层节点连接权值绝对值之和 S_C^j,其中粗体数字为神经网络所反映出的最不显著的输入矢量,也就是剪枝操作将要剔除的特征。在第1次迭代后,特征5的 S_C^j 仅为4.45987,被剔除,后续迭代中再无 S_C^j;第2次迭代后,特征12被剔除;第3次迭代后,特征7被剔除;第4次迭代后,特征3被剔除。"识别率变化"是指,对于测试数据而言,剔除最不显著特征后FNN的平均正确识别率与剔除前的平均正确识别率之差。可以看到,剪枝算法所剔除的输入层节点(特征)在不同的特征组合下通常都处于较不显著的位置上,如表中的斜体数字所示,即特征5、12、7、3,它们的取值都比较低;这同时说明了基于网络连接权值评价特征显著性方法的有效性和稳定性。剔除这些特征,对网络识别性能的影响很微弱,如特征5剔除后,正确识别率下降0.5%。在某些情况下,由于剔除了与分类无关的特征,整体识别能力还出现了提升,如特征12剔除后,正确识别率上升3.2%。

表7.1 网络剪枝进行特征选择(部分过程)

特征维数 \ 迭代选择	特征输出权值和			
	第1次迭代	第2次迭代	第3次迭代	第4次迭代
特征1	28.80845	37.40133	43.70752	53.65312
特征2	9.97470	10.63498	9.02299	18.35665
特征3	6.15662	5.65473	6.88896	**8.16542**
特征4	7.36166	8.07588	8.25871	11.67302
特征5	**4.45987**			
特征6	8.54776	7.39677	9.80668	16.26807
特征7	5.24398	6.53482	**5.76368**	
特征8	10.76961	9.82489	10.17128	11.76226
特征9	9.56723	16.00544	13.38658	17.44855
特征10	12.36789	9.77821	11.47948	11.47070
特征11	8.08265	11.28742	11.60523	9.67233
特征12	5.41270	**5.33080**		
…	…	…	…	…
识别率变化/%	−	−0.5	+3.2	+2.3

作为对比,我们有意剔除一些显著指标较大的特征,进一步分析正确识别率的变化情况。分析表 7.2 的第 1 次迭代结果,可以看出第 1、10、8、2、9 维特征的 S_C^j 最为显著。分别剔除第 1、10、8、9 维特征后,FNN 网络训练后,各维特征的 S_C^j 和正确识别率变化情况如表 7.2 所列,剔除特征 1 后,正确识别率下降 24.8%;剔除特征 10 后,正确识别率下降 18.3%,识别性能均显著下降。

表 7.2 对比结果:剔除较显著特征时的剪枝运算

特征维数 \ 比较项目	特征输出权值和			
	剔除第 1 维	剔除第 8 维	剔除第 9 维	剔除第 10 维
特征 1		18.6172	33.7510	28.9988
特征 2	9.5581	12.3549	8.8926	12.9747
特征 3	5.6613	8.0858	5.5018	5.2870
特征 4	8.8594	17.5788	7.4028	8.7016
特征 5	5.0003	7.3579	5.7523	4.8943
特征 6	12.4547	8.1483	9.2539	8.6066
特征 7	6.1394	9.3840	8.9423	6.1459
特征 8	13.2108		6.4563	7.2178
特征 9	9.4161	9.5050		8.1566
特征 10	8.9311	8.0651	10.9333	
特征 11	9.5465	11.9219	7.9481	7.3617
特征 12	6.4998	5.1278	6.0009	4.4599
…	…	…	…	…
识别率变化/%	-24.8	-14.8	-16.3	-18.3

经过反复运用上述特征选择方法,我们从所提取的 40 余维雷达目标特征中选择了 28 维矢量,作为参加分类识别的目标特征,如表 7.3 所列。需要注意,若识别环境及目标特性发生变化时,还将实时进行特征选择,以确保当前条件下的最佳特征子集参与到识别中。

表 7.3 低分辨雷达目标特征清单

序号	名称	符号	序号	名称	符号
1	距离	Range	2	方位	Angle
3	展宽均值	$Mean_{Wid}$	4	展宽方差	Var_{Wid}
5	肩宽均值	$Mean_{Shd}$	6	肩宽方差	Var_{Shd}
7	整体能量均值	Pow_{Mean}	8	整体能量方差	Pow_{Var}
9	肩部能量均值	$Pow_{Shd-Mean}$	10	肩部能量方差	$Pow_{Shd-Var}$

(续)

序号	名称	符号	序号	名称	符号
11	能量比	$Ratio_{Pow}$	12	凹口数目	$Sunk_{Num}$
13	凹口能量	$Sunk_{Pow}$	14	凹口位置	$Sunk_{Pos}$
15	凹口深度	$Sunk_{Dep}$	16	凹口宽度	$Sunk_{Wid}$
17	凹口清晰因子	F_{Clear}	18	倾斜程度均值	Inc_{Mean}
19	倾斜程度方差	Inc_{Var}	20	扭动频率	$Twist_{Fre}$
21	扭动程度	$Twist_{Pow}$	22	扭动快/慢比	$Twist_{H/L}$
23	扭跳因子	$Ratio_{Twist/Jump}$	24	跳动频率	$Jump_{Fre}$
25	跳动程度	$Jump_{Pow}$	26	跳动快/慢比	$Jump_{H/L}$
27	跳扭因子	$Ratio_{Jump/Twist}$	28	平移因子	F_{Move}

7.2.3 目标分类识别

1. 层次化分类过程

在人的思维中,对目标进行基于特征的分类时,层次化分类[140,141,148,149]是一种常用的方法。根据目标某些显著特征,粗略地得到目标所属的大致类别;然后,根据另一些特性,来判定目标的确切类型属性。将这一判别过程使用算法表现出来,就构成了分类树。分类树中的节点包含分支节点和叶节点两类。每一个分支节点都表示一定的分类算法,既可以是针对某个特征值的判断规则,也可以是概率统计中的假设检验等方法。分支节点根据特定的条件判定一个目标更符合该节点下哪一个分支所具有的特性,然后目标落入该分支中,由该分支内的节点进行处理。而分类树的叶节点则代表了特定的目标类型,当一个目标经过分支节点的层层判定落入一个叶节点时,可以认为该叶节点所代表的类型就是该目标的类型。

当分类树的每一层分支节点都将目标划分为特定的类型集合,并且该类型集合具有一定的含义时,则构成了一个层次化的识别算法。通过分类树每一层的判别,目标的属性由粗到细逐渐明确。图7.14就是一棵对海警戒雷达的目标分类树[139,140]。第一层的分支节点C1,1将目标划分为空中目标和水面目标两大类,第二层中针对水面目标的分支节点C2,2将水面目标进一步划分为大型、中型、小型三类,第三层中的分类器识别出各类水面目标的具体类型。

分类树采用层次化的结构,通过节点及其相互连接关系,将一个复杂模式逐步划分成一系列的简单子模式。在每一个分支节点的识别器构造中,只需要考虑进行比较简单的类别划分,以整体结构复杂度的增加换取每一个识别器复杂度的降低。

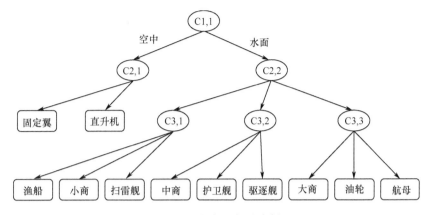

图 7.14 舰船目标分类树

对于一个直接划分 K 类目标的识别器,由于在任意两个类别之间都必须进行划分,所需求取划分边界的分析次数为 $C_K^2 = K(K-1)/2$,因此分类器构造过程的总体复杂度至少为 $O(K^2)$。用于对同样类别数目进行划分的分类树,假设是一棵具有 L 层识别器节点的 n 分完全树,可以识别的类型总数为 K,分类树中的识别器总个数为 M,则有

$$\begin{cases} K = n^L \\ M = 1 + n + \cdots + n^{L-1} = (n^L - 1)/(n-1) = (K-1)/(n-1) \end{cases} \quad (7.10)$$

由于树状结构本身的构造难度远低于目标特征分析和识别器的构造难度,因此在复杂度分析中可以忽略结构复杂度,仅考虑所有分类器的总复杂度:

$$\begin{cases} O(n^2) \cdot M = O(n^2) \cdot (n^L - 1)/(n-1) & (7.11) \\ O(n^2) \cdot M = O(n^2) \cdot (n+1) < O(n^3) < O(n^4) = O(K^2), L = 2 & (7.12) \\ O(n^2) \cdot M < O(n^2) \cdot n^L = O(n^{L+2}) = O(K \cdot K^{2/L}) < O(K^2), L = 3 & (7.13) \end{cases}$$

可见,在目标类型较多的识别问题中,与使用单个分类器识别所有类型相比较,采用层次化的分类树方法可以有效地降低识别器构造过程的整体复杂度,对于大样本集分类和复杂模式识别的问题能够自适应地快速确定分类器网络的结构和规模,有利于解决雷达目标识别问题。在层次化分类树中,当使用神经网络作为单个分类器时,就形成了神经网络树。神经网络树是常用的自适应分类器,主要优点在于神经网络分类器不需要像模板匹配和基于规则的识别方法那样依赖于领域知识,同时避免了统计模式识别方法直接求取样本分布的困难,神经网络分类器在训练过程中直接"记住"样本数据的分布。常见的神经网络树有 BP(Back Propagation,反向传播)网络树[141,147]、RSOM(Recursive Self Organizing Map,递归自组织映射)网络树[140,141]、Adaboost 分类器[150]等。

2. 分类树的训练与识别

分类树在能够用于目标分类识别之前,必须通过学习过程记忆训练样本,标记出叶节点的类型属性,该过程通常称为分类树学习(或者分类树生长)[140,141]。分类树学习的基本过程是,首先用一个分类器(如 K 均值、BP 网络、自组织网络等)对所有带有类别属性标识的原始训练样本进行学习训练,得到一组输出节点,之后按最近邻准则将所有原始训练样本分配到相应的节点,由此形成分类树的根节点。考察根节点的所有输出节点,对分配到其中的样本进行可分性判决条件的检测,若不可分,则将该节点属性赋为叶节点,停止该节点的分解;若可分,则对该节点进行训练,得到相应的子节点分类器,并将该子节点的样本分配到相应的输出节点。由此,通过递归方法对所有中间节点进行类似的分析,直到没有节点需要进一步生长为止。

叶节点的组成结构及连接方式代表了分类树的有效分类能力,决定了分类树的整体质量。根据叶节点对训练样本数据空间的划分情况及其有效分类能力,可以将它们划分为三种类型:单一型叶节点、倾向型叶节点和混淆型叶节点[105,141]。单一型叶节点是指只包含一类训练样本数据的叶节点,分类时将落入其中的样本完全判定为该类;当分类树的叶节点均为单一型叶节点时,将具有非常高的识别率,也是非常期望的训练结果。倾向型叶节点包括多种类型样本数据,但是在一定判决准则(如类内类间距离、节点纯度等)下,表现出对于某种类型的倾向性;用于分类时则将落入其中的样本完全判定成该"强势类型"。随着训练样本的积累,在后续学习过程中,倾向型叶节点会向单一型叶节点或者混淆型叶节点转化。混淆型叶节点包括多种类型样本数据且无法明确判断样本所属类型的叶节点,用于分类时落入其中的样本可能将被拒判。混淆型叶节点为分类树提供了继续生长、识别新目标类型的可能,随着训练样本的积累,原来的混淆型叶节点中必然有一种样本占据优势地位,慢慢转化为倾向型叶节点,或者原来的混淆型叶节点升级为子节点(分支节点),使分类树的层级增加。

3. 识别性能评估

尽管自动目标识别技术已经取得了相当多的研究成果,但是关于雷达目标识别系统的评价却还处于起步阶段。这是因为每个目标识别系统均与其具体的问题背景紧密结合,存在许多与特定环境相关的具有主导意义的性能度量、代价指标和特性需求,如识别速度、资源消耗、可扩展性等,难以进行统一规定。美国空军研究实验室研究 ATR 分类系统时,从准确性、稳健性、可扩展性及可用性四个方面,对基于模型建立的目标识别系统进行评价[151]。他们将目标识别系统的可能运行环境划分为训练条件、测试条件、建模条件和实际工作条件四种情况,如图 7.15 所示。进行系统性能评估时,构造有效的性能度量,通过特定的测试条件(测试集)来分析系统的综合性能。当测试数据处于不同的条件范围时,

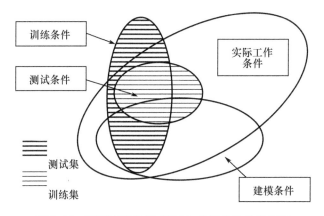

图 7.15 识别系统训练、测试与建模条件的关系图

所产生的性能度量指标代表了不同含义。准确性指的是识别系统在对包含于训练条件集中的测试集进行识别的性能;稳健性指的是测试时,识别系统在训练条件和建模条件之外的性能;可扩展性指的是测试时,识别系统在训练条件外建模条件内的性能;可用性是指系统在实际工作条件下的性能,由前三种综合构成。

在雷达目标识别领域中尚不存在被广泛接受的通用的系统评价方法,分类器正确率 P_c(或者错误率 P_e)是对识别性能度量的最直接、最基本的标准,成为评价分类器性能时最常用的指标。分类器正确率是一个关于特征数目、训练样本数目、测试样本数目以及先验概率分布的函数。尽管基于特定分类器和有限样本获得 P_e 非常容易,但若希望得到它的严格表达却十分困难。评价识别系统的错误率必须基于所有可利用样本来进行,并将其划分为训练集和测试集两部分。训练集和测试集的划分以及它们之间的独立性关系,直接影响到误差估计的准确程度。

混淆矩阵能够给出所有目标类型的分类器正确率 P_c(或者错误率 P_e),也是雷达目标识别领域常用的一种分类器性能评估方法。下面使用混淆矩阵对雷达舰船目标识别系统的性能进行评估。

1) 混淆矩阵

混淆矩阵[39,152]是模式识别领域中一种常用的表达形式。它描绘样本数据的真实属性与识别结果类型之间的关系,是评价分类器性能的一种常用方法。假设,对于 c 类模式的分类问题,识别数据集 D 包括 N 个样本,每类模式分别含有 N_i 个数据 $(i=1,2,\cdots,c)$。采用某种识别算法构造分类器 C,cm_{ij} 表示第 i 类模式被分类器 C 判断成第 j 类模式的数据占第类模式样本总数的百分比,则可得到 $c \times c$ 维混淆矩阵 $\boldsymbol{CM}(C,D)$,其中 $\sum_{j=1}^{c} cm_{ij} = 1$,即

$$CM(C,D) = \begin{pmatrix} cm_{11} & cm_{12} & \cdots & cm_{1i} & \cdots & cm_{1c} \\ cm_{21} & cm_{22} & \cdots & cm_{2i} & \cdots & cm_{2c} \\ \vdots & \vdots & \ddots & \vdots & \ddots & \vdots \\ cm_{i1} & cm_{i2} & \cdots & cm_{ii} & \cdots & cm_{ic} \\ \vdots & \vdots & \ddots & \vdots & \ddots & \vdots \\ cm_{c1} & cm_{c2} & \cdots & cm_{ci} & \cdots & cm_{cc} \end{pmatrix} \quad (7.12)$$

混淆矩阵中元素的行下标对应目标的真实属性,列下标对应分类器产生的识别属性。对角线元素表示各模式能够被分类器 C 正确识别的百分率,而非对角线元素则表示发生错误判断的百分率。

通过混淆矩阵的行元素,可以获得分类器的正确识别率和错误识别率:

各类模式正确识别率:

$$R_i = cm_{ii}, i = 1, 2, \cdots, c \quad (7.13)$$

平均正确识别率:

$$R_A = \sum_{i=1}^{c}(cm_{ii} \times N_i)/N \quad (7.14)$$

各类模式错误识别率:

$$W_i = \sum_{j=1, j \neq i}^{c} cm_{ij} = 1 - cm_{ii} = 1 - R_i \quad (7.15)$$

平均错误识别率:

$$W_A = \sum_{i=1}^{c}\sum_{j=1, j \neq i}^{c}(cm_{ij} \times N_i)/N = 1 - R_A \quad (7.16)$$

2) 性能评估试验

试验数据采用从某型低分辨对海监视雷达上实测得到的舰船目标样本数据,这些目标可以按照其吨位不同被划分成为大型、中型、小型三大类,也可以根据其用途划分成军用、民用两大类[141]。每个舰船目标样本数据由 128×2048 个数据点组成,表示对雷达"凝视"状态下的连续 2048 个脉冲进行采样,在目标距离窗内每个脉冲采集 128 个数据点。使用凹口、扭动、跳动等特征提取方法,形成表 7.3 所列的目标特征数据矢量。将目标特征矢量分成两组:一组用于层次化分类树训练;另一组用于层次化分类树测试。

共有 6 类舰船目标的 14711 个样本,根据样本数据的录取日期划分训练样本和测试样本,以某一日期为分界线,该日期之前录取的数据作为训练样本,该日期之后的数据作为测试样本,训练样本与测试样本无交叉,不重复。第一种试验方案从每类目标中选择相同数量的训练样本和相同数量的测试样本,A 类目标的样本数量最少,从其中选择出 700 个训练样本、279 个测试样本,B、C、D、E、F 类目标中也分别选择出 700 个训练样本、279 个测试样本,共计 4200 个训练样本,1674 个测试样本,训练样本的选择原则是使样本数据在时间和海域上的分布相对均匀。第二种方案使用每类目标尽可能多的样本数据,但保留训练样本数量与测试样本数量的比例不变,A、E 类目标与第一种试验方案相同,B 类目标样本数量增长为 4 倍,C、D、E 类目标增长为 2 倍,共计 8400 个训练样本,3348 个测试样本。

表 7.4 目标样本分布

目标类型		A	B	C	D	E	F	合计
样本总量		1079	4386	2015	3815	2088	1328	14711
试验 1	训练	700	700	700	700	700	700	4200
	测试	279	279	279	279	279	279	1674
试验 2	训练	700	2800	1400	1400	1400	700	8400
	测试	279	1116	558	558	558	279	3348

试验 1 的混淆矩阵如表 7.5 所列,直接列出了混淆矩阵百分比。B 类目标的正确识别率为 84.95%,其他 5 类目标的正确识别率都在 85% 以上,E、F 类目标的正确识别率最高,达到 90% 以上。6 类目标的测试样本数量相同,它们的平均正确识别率为 88.05%,平均错误识别率为 11.95%。

表 7.5 试验 1 混淆矩阵

真实类型	识别类型						正确识别率/%
	A	B	C	D	E	F	
A	**89.61**	6.09	3.94	0.36	0.00	0.00	89.61
B	9.32	**84.95**	4.66	0.72	0.36	0.00	84.95
C	0.36	1.43	**87.10**	10.39	0.72	0.00	87.10
D	0.36	0.36	10.75	**85.66**	2.87	0.00	85.66
E	0.00	0.00	1.08	1.43	**90.68**	6.81	90.68
F	0.00	0.00	0.00	0.36	9.32	**90.32**	90.32
正确标记率/%	89.93	91.51	81.00	86.59	87.24	92.99	

表中还列出了 6 类目标的正确标记率。正确标记率定义为,在被标记为某种类型的目标中,标记类型与真实类型相同的目标数量所占的比例。在每类目标测试样本数量相同的条件下,每类目标的正确标记率为其正确识别率除以混淆矩阵中对应列元素之和。对比看出,B 类目标的正确识别率虽然最低,但是其正确标记率却达到了 91.51%,而 C 类目标的正确标记率则低至 81.00%。这是因为,其他目标与 B 类目标混淆的概率较低,共有 22 个其他目

标(A类17个、C类4个、D类1个)被识别为B类目标,而与C类目标混淆的概率较高,共有57个其他目标(A类11个、B类13个、D类30个、E类3个)被识别为C类目标。

试验2的混淆矩阵如表7.6所列。D类目标的正确识别率为82.08%,在6类目标中最低,E类目标的正确识别率为91.04%,在6类目标中最高。它们的平均正确识别率为86.95%,平均错误识别率为13.05%,与试验1相比,相对差别较小。但是在正确标记率方面出现了较大的起伏,A类、F类目标的正确标记率显著下降,B类目标显著上升,C类、D类目标下降,E类目标上升。这是测试样本的目标数量差异造成的,因为A类目标的测试样本数量偏少,尽管有235个测试样本正确识别,但是仍有89个其他目标(B类83个、C类3个、D类3个)与其混淆,导致其正确标记率显著下降;与B类目标混淆的其他目标仅有39个,与981个正确识别的测试样本相比,所占比例就非常小了。因此,正确标记率是测试样本不均衡的有效测试指标。

表7.6 试验2混淆矩阵

真实类型	识别类型						正确识别率/%
	A	B	C	D	E	F	
A	**235**	26	13	3	2	0	84.23
B	83	**981**	35	12	5	0	87.90
C	3	6	**487**	58	4	0	87.28
D	3	6	80	**458**	10	1	82.08
E	0	1	6	4	**508**	39	91.04
F	0	0	1	7	29	**242**	86.74
正确标记率/%	72.53	96.18	78.30	84.50	91.04	85.82	

除此之外,还可以根据目标类型间的关系定义混淆矩阵的其他指标。例如,A、C、F类目标为军用目标,B、D、E类为民用目标,民用目标误判为军用目标定义为识别虚警,只是引起雷达操作员的重点关注,不会产生严重后果,军用目标误判为民用目标定义为识别漏警,可能导致重要情报丢失,造成严重后果。据此还可以定义严重漏警率指标,严重漏警率定义为军用目标被误判为民用目标的概率,试验2中的严重漏警率如表7.7所列,B、D、E列表示严重漏警率,A、C、F列表示民用目标被误判为军用目标的虚警,D类目标具有最严重的漏警率,达到12.55%。

雷达舰船目标识别系统的混淆矩阵与训练样本、测试样本的分布有很大关系,训练样本越完备,通过混淆矩阵获取的正确识别率、正确标记率、严重漏警率等指标越具有代表性。受雷达参数、海域环境、气象等条件的约束,训练样本从

表 7.7 试验 2 的识别率指标

真实类型	识别类型					
	A	B	C	D	E	F
正确识别率/%	84.23	87.90	87.28	82.08	91.04	86.74
正确标记率/%	72.53	96.18	78.30	84.50	91.04	85.82
严重漏警率/%	26.54	**3.14**	19.45	**12.55**	**6.27**	14.18

来都是不完备的,层次化分类树结构固定后,随着识别系统的使用,正确识别率等指标具有逐步下降趋势,需要定期评估识别系统的性能,当评估指标下降到一定门限后,重新进行训练,生成新的层次化分类树。舰船目标识别系统的"积累-学习-识别(积累)-学习-识别(积累)-……"过程是循环迭代的,因为层次化分类树的结构具有一致性,训练简单方便,易于操作使用。

7.3 知识辅助雷达舰船目标识别

7.3.1 雷达舰船目标识别中的不确定性因素[139,141]

雷达舰船目标识别系统面对的不确定性因素可以分为两个方面:一方面,由于识别系统中的很多需求指标是主观确定的,不同的人可能会采用不同的评判标准,导致了缺乏客观的依据来进行评价;另一方面,目标识别系统的实现方法与实际性能对样本数据具有很强的依赖性,然而由于试验条件、保障条件等多方面因素的制约,导致了实际获取的目标样本数据是个非充分的数据集,这对识别系统的稳定性和适用性存在很大的影响。下面详细介绍这些不确定性因素及其影响。

1. 训练数据的非完备性

不同的识别方法实际上是以不同的形式来描述训练样本数据在特征空间中的分布。统计识别方法是显式地求取各类目标的分布密度,然后根据贝叶斯准则求取划分目标类型的边界;模板匹配是将每一类目标分解成由一组标准模板的邻域构成的集合,而其中的每一个标准模板通常都是由许多的样本综合得到的;规则识别的方法是通过一组判断规则直接描述类别间的分类边界,而这种边界是对已有数据进行分析的结果;神经网络则是通过训练学习的过程将不同类型的分布边界记录到了节点的连接权值中。

在构建识别系统时,人们往往希望能够通过理论分析直接获得在特征空间中用来划分各类目标的分界点、分界面或者标准模板,而在实际目标识别应用中,目标、环境与雷达之间存在非常复杂的交互作用,导致了真实环境中的雷达目标特征不够稳定和显著。许多影响目标雷达回波的因素难以参数化、定量化描述,理论模型虽然可以在一定程度上反映它们对于目标的雷达特征的影响和规律，但是其准确性和稳健性不足以用来推算确切的目标特征分布形式。因此，在实际目标识别应用系统中，通常做法是先积累一定数量的目标数据，然后通过对这些数据的分析来探索并确定各种识别方法所需要的分类条件。由于难以得到外界环境条件对目标特性影响规律的数学表达，只有在不同条件下采集大量的样本，才能够以统计的方法来完整描述目标特性的变化规律。

实际工作中，许多影响目标雷达特性的因素，如空气中尘埃和水滴的大小与密度、空气湿度、气温等，它们的变化范围很大，其影响往往需要相当长的时间才能够完全表现出来。与之相比，识别系统研制前期研究人员所能够参与的数据积累过程及时间跨度都是短期的，常常只能获得有限条件下的、只反映了局部特性的目标数据。而当这些影响因素发生变化的时候，目标的雷达特征信号会表现出新的形式，此时就会导致目标识别系统的识别能力下降[139,141]。例如，在风浪较小、天气良好的时候，大型舰船目标雷达回波的强度通常变化很小，而小型舰船目标回波强度起伏较大；当风浪较大或空气中的水雾达到一定程度的时候，大型目标的回波起伏也会非常剧烈，仅据此条件很难区分目标的大小。图 7.16 所显示的就是不同条件下分别对大型和小型目标录取的雷达视频回波。图 7.16(c) 的大型目标由于采样时气象条件比较差，回波表现出与通常条件下的小型目标回波及

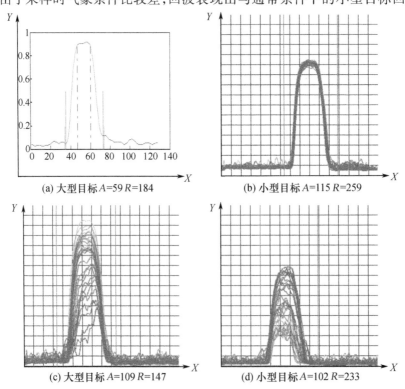

图 7.16　不同条件下的目标回波

其相似的强跳动特性。

此外,许多直接影响目标特性表现的因素常常很难获取。例如,在雷达和目标之间的某个区域的气象条件可能和其他地区不一样;目标处于非直线匀速运动下,无法得到其准确的姿态等。这些因素也导致了样本数据的积累过程实际上不可能完全实现对各类目标在不同条件下的完备采样。这种非完备采样的直接结果就是导致根据采集得到的数据不可获取完整、精确的目标特征分布。同时由于大量随机因素的非参数化影响,难以使用数值方法来描述不同条件下目标雷达特征的变化规律。这些不确定性直接影响了雷达目标识别系统对不同环境条件的适应能力。

2. 目标和雷达特性的变化

一个目标识别系统的待识别目标的类型划分是一个很关键的问题。由于分类识别的本质是根据目标特征数据的差异进行的,因此各个目标类型内部所含雷达特征的相似性和不同目标类型之间雷达特征的差异性,是识别判性的根本出发点,直接影响目标识别结果的好坏。如果同一类中的目标相似性高而不同类别之间的目标差异比较大,则通常可以获得较好的识别效果;反之,目标识别的工作就比较困难。这一点与人工目标识别时是一致的。

在军事领域中,人们十分关心的一个问题是被观测的目标对己方所产生的威胁程度,而这主要是由目标用途决定的。与民用目标相比,非我方的军用目标一般具有更高的威胁程度,因此通常会根据目标的用途来进行类别的划分[139,141]。在舰船目标识别中,可能存在驱逐舰、护卫舰、商船、货船、油轮、运输舰等多种类型,其中驱逐舰与护卫舰在外形上很相似,它们之间的差异很大程度上在于吨位/排水量的不同。但是由于同类舰船不同型号的设计方案不同,驱逐舰的吨位可能从2000t到8000t,护卫舰的吨位却是在3000t~4000t,前者完全覆盖了后者的分布范围;后四种类型的区分则完全是从用途上进行的,其吨位均覆盖了数百吨、数千吨直至数万吨的范围。

但是,在进行雷达目标识别时,低分辨雷达目标回波信号的强度与变化规律与目标的雷达截面积(RCS)的大小有直接关系。在雷达发射信号参数一定的条件下,目标的RCS与目标的吨位有关。从雷达信号中所获得的目标特征,更多地反映了目标的大小,难以支持上述的根据用途进行划分的方法。因此,完全根据目标用途来主观地确定目标类型给雷达目标识别系统的实现带来了最根本的困难。实际上,在人工识别中雷达操作员也主要是依赖于其他渠道(如友邻通报等)获得的情报信息来对这些类型进行划分。

在雷达舰船目标识别系统中,训练数据通常是非完备的,目标与雷达特性也是随着环境条件变化的,仅依靠目标回波特征数据来构造舰船目标识别系统难以满足分类识别的需求,还需要使用监视海域的环境知识、目标活动规律知识以及友邻传感器信息等上下文知识,建立以雷达目标回波特征数据为主,上下文知识为辅的舰船目标综合识别系统,才能使系统保持较高的识别性能。下面来分析雷达舰船目标识别系统可利用的辅助知识。

7.3.2 目标识别辅助知识

1. 舰船目标活动规律

正如汽车必须在公路上、火车必须在铁轨上、飞机必须在航线上航行一样,各类船只也只能在固定的航道上航行,按照固定航线进出港口。平静的海面下隐藏着礁石、暗流等危险因素,人们通过海洋测绘,水文调查,潮汐和洋流分析,建设灯塔和浮标等人工目标,在海图上标注海水深度、暗礁位置、岛屿水下分布、潮汐时段、洋流流向等信息,设计出供各类船只安全航行的航道,舰船目标在航行过程中如果偏离航道就容易发生触礁、沉船等险情。客轮、集装箱船、运输船、渔船等商业船只只能在固定的航道上航行,按照规定进出港;航空母舰、驱逐舰、潜艇等军用舰船也有固定的航道。

各个国家还在领海内划分一定海域,作为军事训练或者军事试验用途,称为训练区或者试验区,只有参与训练或者试验的军用舰船才能在训练区或者试验区内航行、停留,其他船只严禁驶入训练区或者试验区。多个国家为举行联合军演在公海上划定的海域,也是一种特殊的训练区,参演国家的多种军舰在划定海域集结,商业船只一般绕行军演海域。公海上的训练区持续时间短,经常变化。海面上还存在渔场、钻井平台等作业区,作业区内主要是商业船只。例如,渔场内主要以渔船为主,夹杂少量的执法船只和运输船只;钻井平台区域以运输船和油轮为主。

把航道、港口、训练区(试验区)、作业区统称为海区,海区的位置可以使用附近的岛屿、灯塔、浮标等标记,或者海区虚拟边界的地理坐标标记,也可以使用相对对海监视雷达的斜距、方位进行标记。在特定海区只出现特定类型的舰船目标,比如,客轮、集装箱船、运输船在航道上和港口内,航空母舰、驱逐舰、潜艇在训练区和军港内,油轮、运输船在钻井平台、航道上和港口内,渔船、执法船在渔场和港口。将舰船目标在固定海区的规律性活动信息转换为可供雷达舰船目标识别系统使用的辅助知识,则可以提高系统的识别性能与实用性[138,141]。

有两种途径可以获取舰船目标的活动海区知识。一是雷达监视海域的海图,高分辨率海图上明确标注了海域内的港口、岛屿、暗礁、浅滩、航道、灯塔、浮标等地理信息,这些信息长期稳定,很少发生变化,有强烈军事用途的训练区不一定标注在海图上,但会有明确的地理坐标说明,作业区也会在海图上标注。二是雷达监视海域内积累的舰船目标样本,将雷达录取的舰船目标样本静态显示在雷达 PPI 显示器上,每个样本使用 1 个像素点表示,当样本积累达到一定数量后,将会发现样本点在 PPI 显示器上有一定的聚类特点:样本密集区域形成狭窄的长条状,则表明该海区属于航道;样本密集区域的目标类型大都属于军事类目标,则表明该海区属于训练区(或者试验区);样本密集区域的目标类型大都属于渔船、执法船,则表明该海区属于渔场。

舰船目标活动规律知识的实质上表现为舰船目标样本数据在时间、空间、密度等方面的聚类特性。例如,舰船轨迹的空间-密度聚类特性与可能的航线知识存在强相关关系,舰船目标的时间-空间聚类特性则与舰船目标的出没规律和作业区域等知识存在强相关关系。因此,可以采用5.2.1节"基于数据分析与挖掘的知识获取方法"来获取舰船目标活动规律知识,采用5.3.2节的"模区本体模型"和"航道知识本体"来进行舰船目标活动规律的知识建模。这些知识经过本体建模后便可以被知识辅助的识别系统有效利用。

图7.17为某对海警戒雷达的观测范围示意图。图中菱形方块表示雷达所在位置,不规则的白色曲边形为海面固定目标,密密麻麻的白色点表示海上舰船目标。两根虚线之间的区域为该海域的一个航道,过往船只大多成南北航向航行;靠近雷达站的海域中的目标信号容易受到近海杂波、潮汐、海面气象等因素的影响,回波数据信噪比低;远离雷达站海域信号相对较为平稳,回波信号"干净"。可以从图像中提取航道与海区的边界曲线,它们由一系列像素点连接而成,像素点的坐标用相对于雷达的位置坐标表示。根据边界曲线将训练样本集划分为具有不同特性的子样本集,训练生成不同的分类器。例如,航道上的舰船的航行方向与雷达视线几乎垂直,回波脉冲的展宽特征主要受舰船宽度的影响,海区4的舰船主要向远离雷达(或者接近雷达)的方向航行,回波脉冲的展宽特征主要受舰船长度的影

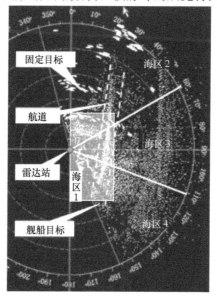

图7.17 某对海雷达警戒海域及海区划分

响,同样的展宽特征在两个分类器中发挥的作用是不同的。分类识别过程中,可以根据待识别样本的位置坐标,送入相应的分类器进行识别处理。

以上分析可见,舰船目标活动规律可有效减少目标和雷达特性变化的不确定性。

2. 目标情报信息[168]

外军舰船是对海监视雷达的重要监控目标,外军舰船只有在两国海军进行军事交流时才会进入国家领海,相关部门会事先通报外军舰船交流访问的时段、航线、停靠港口等信息。那么雷达站收到这些信息后,就会判断外军舰船是否经过雷达监视海域,制定相应的外军舰船目标过海域监视与目标样本录取计划。外军舰船一般严格按照规定航线航行,停靠指定港口,那么对海监视雷达只需重点关注航道入口处出现的异常目标,即可快速捕获外军舰船目标。这些情报信息可以量化为:××目标行走××航线,自××点××分至××点××分经过××港口,雷达舰船目标识别系统提供相应的录入界面[153,154],一旦录入情报信息,就会在特定的时段激活,系统将在综合层对分类器识别结果和情报信息进行融合分析,综合推断被识别为军舰的目标是否为来访的外军舰船,或者推断拒判目标(未知类型属性)是否为来访的外军舰船。

对海监视雷达附近通常还配置了电子侦察传感器,电子侦察传感器虽然无法准确判断目标的位置,但是可以测量舰船上导航雷达的波段、带宽、脉冲重复频率等电磁指纹信息,电磁指纹信息有助于准确判断目标的类型与属性。电子侦察传感器建立了监视海域内的舰船目标的电磁指纹数据库,外军舰船出现时,电子侦察传感器侦收到其电磁指纹信息,与数据库进行匹配,能够准确判断异常目标(外军舰船)在监视海域出现。

雷达舰船目标识别系统可以接收电子侦察传感器的电磁指纹识别结果,将自身的准确位置测量能力结合在一起,在时间域和空间域上对过海域通报信息进行比对确认,建立外军舰船目标的样本数据库。外军舰船在雷达监视海域属于稀有目标,样本库中几乎没有该类目标的电磁特征数据,雷达舰船目标识别系统很难正确识别,可能造成已有目标类型的混淆。系统接收到友邻电子侦察传感器的情报信息后可以提高拒判概率,由雷达操作员人工综合多种信息来确认拒判目标是否为外军舰船,既可以避免系统正确识别率急剧下降,又为识别系统进化积累正确的外军舰船目标的样本数据,使系统在以后使用时能够正确识别外军舰船。

通报型信息的知识建模问题主要考虑两方面的内容,包括目标的类型集合、目标的具体航行计划(包括航行海区、通过时间段等信息),描述清楚这两部分内容并将它们本体化,识别系统便可以利用这些通报信息,实现特定时段特定区域内目标先验概率的自动调整。目标电磁辐射信息的使用则必须对已有领域知识库进行扩展,加入辐射源本体,并建立它们与原有领域知识库内目标概念、属性之间的联系,识别系统通过本体推理技术便可实现辐射源信息的有效利用,可减少样本数据的目标类别标识的不确定性。

3. 气象条件信息

海面上气象条件复杂多变。云雾、雨雪、海浪均会对目标回波样本数据造成严重影响。在晴朗无风的气象条件下,电磁波空间衰减小,海面反射小,在海面上传播距离远,目标样本数据受环境污染小,提取目标电磁特征稳定可靠。云雾、雨雪较大时,电磁波空间衰减大,水滴、雪花的反射强,在海面上传播距离变近,渔船、快艇等小型目标的回波可能完全淹没在背景噪声中,大、中型舰船目标的回波的信杂比严重降低,导致大、中型舰船目标的回波特征向中、小型舰船目标靠拢,造成目标类型混淆。海浪较大时,海杂波急剧增强,舰船目标的前后晃动、左右摇摆加剧,舰船目标回波与海杂波耦合在一起,舰船目标回波与背景杂波的对比度降低,造成大、中型舰船目标回波的丝纹增多,跳动加剧,向中、小型舰船目标的回波特征靠拢。

可以认为,气象条件对目标回波有一定的"衰减"作用,异常气象条件使大、中型舰船目标的雷达回波特征向中、小型舰船目标靠拢。雷达舰船目标识别系统提供气象条件信息输入接口,使用气象条件信息来约束其输出中、小型目标的概率,进一步提高系统的可靠性与实用性。气象条件信息不进入识别系统的主流程,只在综合层对分类器的识别结果进行约束分析。

气象条件信息的知识建模可以参考 5.3.2 节上下文知识建模中的"海况约束知识"部分。本体化后的气象知识通过本体推理技术与原有的领域知识库进行交互,实现气象信息对目标的约束筛选,从而实现气象信息的有效利用。

7.3.3 知识辅助舰船目标识别

单纯依靠雷达回波序列特征的雷达舰船目标识别系统的分类识别能力有限,可以利用相关的辅助知识提高其性能。根据前面分析,系统能够利用的辅助知识主要包括目标活动规律、(目标通报与友邻传感器等)情报信息、环境气象信息等,这些辅助知识来源不同,描述方式不同,颗粒度差异大,可以作用于目标识别流程的特征提取与变换、分类器设计、分类识别等节点,如图 7.18 所示。下面分别进行描述。

1. 在知识引导下进行特征提取与选择

知识在特征提取与选择中的作用可以概括为两个方面:一方面是将专家对目标的认识描述为雷达舰船目标识别系统可以使用的数学特征矢量;另一方面是指导雷达舰船目标识别系统从通用特征集中选择最适合分类器使用的特征子集。

雷达操作员能够获取的目标信息主要来自 PPI 显示器上的目标航迹、微 B 型显示器上的目标轮廓像、A/R 型显示器上的目标视频回波序列。PPI 显示器

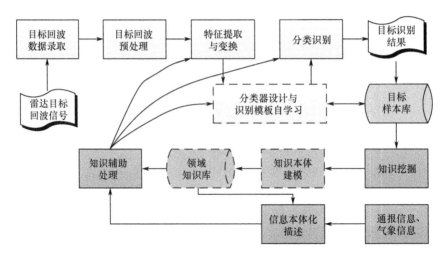

图 7.18　知识辅助的雷达舰船目标识别系统目标识别流程

上的目标航迹清楚标明了目标相对雷达的运行态势,米粒状轮廓像与目标尺寸大小对应,而视频回波序列包含的幅度、展宽、跳动、扭动、凹口、平动等直观视觉特征与目标类型有一定的对应关系。例如,大型舰船的视频回波展宽大,幅度高,小型舰船的视频回波宽度小,幅度低;小型舰船的视频回波跳动剧烈,没有扭动和凹口特征;大型军用舰船具有明显的扭动和凹口特征,视频回波中有丝纹闪烁;舰船目标快速运动时,其视频回波具有明显的平动特征。

雷达操作员的上述经验积累本质上就是专家知识,使用计算机可以理解的描述语言将上述知识描述成目标特征矢量,不仅使特征矢量具有明确的物理意义,也可以快速建立特征矢量与目标类型的映射关系,本章第二节的目标特征提取过程正是对上述专家知识的计算机描述。

不同类型目标其特征表现形式也有很大差异。以凹口特征为例,小型舰船的视频回波序列不具有凹口特征,大型舰船的视频回波序列凹口清晰,凹口深度和宽度都很大,凹口的位置与上层建筑结构、目标姿态具有对应关系,大型运输船(集装箱船)的凹口一般在波峰中部,航空母舰的凹口则偏向一侧。因此,在区分大、中、小型目标时,凹口数量、凹口能量和凹口清晰因子等特征发挥重要作用,而在区分大型舰船中的航空母舰和大型运输船时,凹口位置特征则发挥很大作用。

在不同雷达监视海域的舰船目标有很大差异。例如,雷达监视海域的航道较浅时,其近程区域的舰船目标以中小型舰船为主,大型舰船很难通过,只在其远程区域出现,当雷达舰船目标识别系统只分类识别其中近程区域的目标时,与大型舰船目标紧密相关的特征如果也参与分类识别过程,只能发挥干扰项作用,比较合理的做法是无关特征不参与目标的分类识别过程。可以通过特征选择过程从通用特征集中剔除无关特征,形成与监视区域分类识别紧密相关的特征子集。

专家知识也在特征选择过程中发挥重要的作用。在特征选择过程中,除非遍历分析所有特征组合的性能,否则无法得到全局最优解。当通用特征集规模较大时,遍历分析所有特征组合需要消耗大量的计算资源,耗费时间可能难以承受。而利用专家知识指导特征选择过程既可以得到性能较优的特征子集,又可以做到缩短计算时间。

专家知识在特征选择过程中的作用主要是用于初始特征集的选择,初始特征集的选择依赖于待识别的目标类型。视频回波序列统计特征既然是在雷达操作员的专家知识指导下分析提取的,那么特征与目标类型之间就具有较强的依赖关系,以大、中、小三种类型目标为例,就可以建立如表7.8所列的依赖关系。

表7.8 回波特征与目标类型依赖关系表

类型	展宽均值	肩宽均值	整体能量均值	凹口清晰因子
大型目标	大	大	大	有
中型目标	适中	适中	适中	无
小型目标	小	小	小	无

表7.8说明,在区分大、中、小三种类型目标时,展宽均值、肩宽均值、整体能量均值和凹口清晰因子将发挥重要作用。大型目标的视频回波不仅整体展宽较大,顶部比较平坦,具有较大的肩宽,回波能量也比较大,在特定姿态角下还具有明显的凹口特征。而小型目标的视频回波则整体展宽小,顶部比较尖,不具有明显的肩部特征,回波能量也比较小,通常不存在凹口特征。如果也对上述三类目标进行分类识别,在构建其特征集,则可以选择上述4维特征作为初始特征集。特征选择试验也表明,仅使用上述4维特征即可以使粗分类的正确率达到70%以上。

2. 基于知识的舰船目标类别识别[105,141]

由第5章可知,可以通过一定的门限值对目标特征进行简单却能力有限的划分;对于无法直接区分的特征空间,则需要由非线性、复杂分类器对其进行识别。为此,可以采用判决规则的形式,对具备一定直接分类能力的特征建立相应的判别机制,形成目标识别专家知识。方法如下:

(1) 为了与雷达操作员的分类思路一致,同时考虑到门限式判决的有限能力,基于专家知识分类时,仅将目标划分为大型目标、中型目标和小型目标三种类型。

(2) 针对各维特征建立不同置信水平的判决门限,如95%——硬门限、90%——软门限等。

(3) 对硬门限可以区分的特征量,直接判定目标类型,不再经过后续的其他分类器。

(4) 对软门限范围内的特征量,只对样本类型分配相应的信度,与后续分类器的识别结果进行综合。

（5）硬门限既不能设置得过于严格，避免难以发挥识别规则的实质作用，也不能设置得过于宽泛，以免造成过高的误判率。

（6）仅针对单一特征建立硬门限式判决规则，而不研究组合特征的相关规则。主要原因在于：基于特征组合建立专家知识库，难度高、工作量大且可靠性有限；基于组合规则进行目标分类，可能出现较高的错判率；通过组合规则的判别，会在一定程度上扩大硬规则判决区域，导致在混叠区域中的样本缺乏可分性，难以建立分类器。

相应地，在分类器训练过程中应该遵循如下原则：

（1）只要一个样本的某维特征可通过硬门限进行判断，就不再参与分类器训练过程。

（2）除满足情况（1）之外的所有样本数据均应参与分类器训练。

按照上述原则，针对1万余个样本的28维特征分别进行分析。当硬门限有效，产生一条硬判决规则；否则，进一步判断软门限是否有效，产生软判决规则。由此，得到表7.9所示的判决规则表，在判决规则表中，包括基于展宽均值、肩宽均值、整体能量均值、倾斜度方差、凹口清晰因子、平移因子等十余维特征的20余条判别规则。

表7.9 判别规则表

规则编号	特征名称	硬判决规则	目标类型	软判决规则	目标类型
1	展宽均值	<8.320	小型	[8.320, 11.069]	小型
		>25.727	大型	[23.345, 25.727]	大型
2	肩宽均值	>20.563	大型	[15.715, 20.563]	大型
3	能量均值	<9.678	小型	[9.678, 12.621]	小型
		>30.492	大型	[27.338, 30.492]	大型
4	凹口清晰因子	>31.655	大型	[28.126, 31.655]	大型
5	倾斜度方差	>0.037	小型	[0.037, 0.045]	小型
6	扭动能量	<407.180	小型	[407.180, 612.635]	小型
		>7181.211	大型	[6967.24, 7181.21]	大型
7	扭跳因子	<0.276	小型	[0.276, 0.458]	小型
		>5.725	大型	[5.071, 5.725]	大型
8	跳动能量	>2456.978	小型	[2456.98, 1780.05]	小型
9	跳扭因子	>1.427	小型	[0.984, 1.427]	小型
10	平移因子	>1883.257	小型	[1209.21, 1883.26]	小型
		...			

可见,低分辨雷达目标识别知识库是对分类识别所运用的基础知识的积累,强调知识的独立性和有效性。由于基于规则的判决方法仅通过线性门限进行决策,故只能解决部分简单的分类问题,还需要与其他类型分类器配合使用。为此,在整个雷达目标识别系统中将其统称为辅助分类器,而前文所论述的神经网络分类器和层次化分类器被称为主要分类器。辅助分类器的有效应用,可以承担部分识别任务,同时还可以降低主要分类器中各个子分类器设计、实现及维护的难度。

基于判别规则知识的辅助目标识别过程:雷达目标特征数据被送到知识辅助分类器中;在知识辅助分类器中,特征数据依次经过每一条判别规则(知识)的检验,当满足硬判决规则时,产生目标类型结果,并结束基于规则知识的分类过程,否则,进入软判决规则的筛选。在软判决环节中,不论是否满足某一条软规则,特征数据都将经历所有规则的检验,并获得相应的信度分配。辅助分类器得到的规则判决信度将和主要分类器所产生的分类信息综合,做出关于目标类型的最终判断。

3. 知识辅助雷达舰船目标识别

前面讲述了将知识信息加入雷达舰船目标识别系统提高识别能力的途径,称为知识辅助的雷达舰船目标识别系统,其性能势必得到一定程度的提高。在知识辅助的雷达舰船目标识别系统中,目标的分类识别过程存在多个并联的分支,需要在综合层进行融合处理才输出最终识别结果。在图7.19所示的知识辅助雷达舰船目标识别系统中,共包含三类分类器,分别是全海域分类器、海区分类器和知识推理分类器。

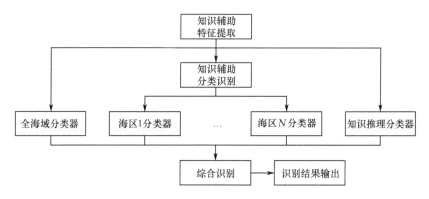

图7.19 知识辅助的雷达舰船目标识别系统

全海域分类器采用了一种层次化分类树,包含全海域的所有目标类型。海区分类器是根据目标活动规律将全海域划分为四个海区后,根据每个海区常出现的目标类型,仍然采用了相同的层次化分类树,分别进行学习训练得到的海区分类器。单个待识别目标只属于四个海区中的某个海区,因此只有一个海区分类器有识别输出结果。海区分类器的输入节点(即特征选择后的输入特征向量)各不相同,但均为通用特征集的子集,海区分类器的输出节点(即目标类型数量)也各不相同,也是全海域目标类型的子集。层次化分类树的输出为待识别目标属于各类目标的置信水平,所有目标类型的置信水平之和为1.000,如表7.10所列。海区2分类器的输出结果如表7.11所列,只包含表7.10中的部分目标模型,类型B、D和F。

表7.10　海域1的全海域层次化分类树的输出结果表

目标类型	A	B	C	D	E	F
	大型商船	大型军舰	中型商船	中型军舰	小型商船	小型军舰
试验1置信水平	0.103	0.822	0.031	0.016	0.021	0.007
试验2置信水平	0.110	0.233	0.212	0.415	0.017	0.013

表7.11　海域1的海区2层次化分类树的输出结果表

目标类型	B	D	F
	大型军舰	中型军舰	小型军舰
试验1置信水平	0.843	0.119	0.038
试验2置信水平	0.246	0.713	0.041

知识推理分类器的输出结果也是待识别目标属于各类目标的置信水平,但是其输出的目标类型很可能与层次化分类树的输出不在一个层次上,不能输出目标直接属于A、B、C、D、E、F中的哪一类,而是输出更高层次的目标类型,如大型舰船(A或B)或者军用舰船(B、D、F),如表7.12所列。

表7.12　海域1的知识推理分类器的输出结果表

目标类型	A′(A、B)	B′(C、D)	C′(E、F)
	大型船只	中型船只	小型船只
试验1置信水平	0.843	0.119	0.038
试验2置信水平	0.231	0.732	0.037

综合识别环节存在两次不同的融合处理,首先是全海域识别结果与海区识别结果的融合处理,其次是层次化分类树识别结果与知识推理结果的融合处理。可以根据少数服从多数原则,采用简单的投票方法,确定最终输出结果。表7.10、表7.11、表7.12是知识辅助的雷达舰船目标识别系统在某海域的某次分类识别试验的输出结果。试验1中,全海域分类器与海区分类器的识别结果完全一致,而知识推理分类器的输出结果与前两者相符合,因此,可以认为三个分类器的判决结果完全一致,识别为大型军舰。试验2中,虽然全海域分类器的识别结果低于0.500,但是与海区分类器的识别结果一致,并且与知识推理分类器的输出结

果相符合,因此也可以认为三个分类器的判决结果完全一致,识别为中型军舰。

在另一个海域,除了要识别大型商船、军舰、中型商船、中型舰艇、渔船、小型舰艇外,还需要识别浮标与直升机两类特殊目标。两个海域的知识辅助雷达舰船目标识别系统均采用了层次化分类树分类器和知识推理分类器,辅助知识在识别浮标与直升机过程中发挥了重要作用。试验3是浮标目标的识别结果,如表7.13、表7.14所列。层次化分类树的输出结果中,没有哪个目标类型占据优势地位,渔船、小型舰艇、浮标的置信水平均低于0.5,不过它们均属于小型目标。知识推理分类器的输出结果中,固定目标获得了非常高的置信水平。两种分类器的判断结果相容,综合判断为浮标目标。对识别结果进行回溯分析,浮标的雷达回波与小型舰艇以及某些铁质渔船的雷达回波非常相似,均为上窄下宽的梯形脉冲,没有表现出凹口、扭动等显著差异性特征,所以层次化分类树没有准确分类结果,浮标固定在礁石上,其速度几乎为零,在知识推理分类器中,速度特征发挥重要作用,以0.958的置信水平判断为固定目标。

表7.13 海域2的层次化分类树的输出结果表

目标类型	A	B	C	D	E	F	G	H
	大型商船	军舰	中型商船	中型舰艇	渔船	小型舰艇	浮标	直升机
试验3	0.000	0.001	0.025	0.014	0.413	0.309	0.238	0.000
试验4	0.000	0.000	0.000	0.000	0.385	0.188	0.043	0.384

表7.14 海域2的知识推理分类器的输出结果表

目标类型	A'(A、B)	B'(C、D)	C'(E、F)	D'(G)	E'(H)
	大型船只	中型船只	小型船只	固定目标	快速目标
试验3	0.000	0.009	0.033	0.958	0.000
试验4	0.000	0.000	0.207	0.000	0.793

试验4是直升机目标的识别结果,如表7.13、表7.14所列。层次化分类树判断为小型目标,知识推理分类器判断为快速目标,综合推断为直升机目标。这是因为,直升机目标的雷达回波与渔船非常相似,回波起伏大,跳动特征明显;但是,直升机具有非常快的飞行速度,成为知识推理分类器的重要推理规则。

根据以上技术思路设计的该海域的知识辅助雷达舰船目标识别系统操作界面如图7.20所示。该系统能够作为试验雷达的嵌入式终端,具有PPI显示、微B显示、A/R显示、识别回波、识别显示等主要显示功能,雷达操作员像在雷达显控终端上操作一样,控制天线扫描,对目标进行编批跟踪。当雷达操作员对某目标感兴趣时,只需将天线"凝视"在目标上,按下"识别"键,系统自动录取待识别目标的高精度回波,自动调用知识辅助的目标识别算法,弹出专门设计的目标识别窗口,回放用于识别的动态目标回波,并输出识别结果。

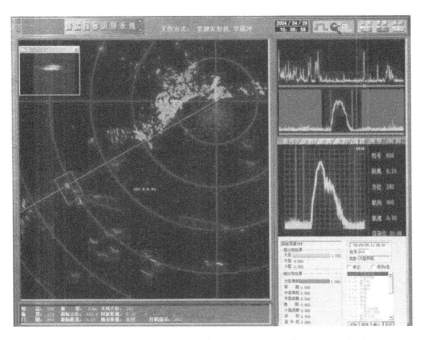

图 7.20 知识辅助雷达舰船目标识别系统的操作界面(见彩图)

附录 A
信号表示与压缩感知基本知识

A.1 信号的稀疏表示

A.1.1 关于稀疏性的朴素认识

为了认识客观世界和客观事物的本质属性,人们通常利用各种观测系统对待研究的目标进行测量,获得各种观测数据,这个过程称为数据获取。随着现代传感器技术的发展,人们面临着日益膨胀的各类数据,如图像数据、金融数据、工业控制数据、音频数据、天文数据、地球物理数据、基因数据等。从这些数据中获得关于研究对象的有用信息,是科学探索和技术研究的一个重要目标,这个过程通常称为数据分析。

随着科学技术的发展和实际应用需求的推动,数据分析方法也不断发展,推陈出新[155-161]。从应用目的和使用的手段上看,数据分析至少包括两种主要的类型:自适应数据分析和结构化数据分析。前者的主要目的是挖掘数据中隐含的时间相依关系和空间相依关系,发现数据中的隐含结构及各种局部结构之间的变化,从而对被观测对象做出相应的推断。后者的目的是根据一定的先验信息,利用预先构造出的结构有效地表示观测数据。这二者在本质上都是基于一个朴素的认识:在很多情况下,传感器获得的观测数据可以嵌入到一个表象高维的空间中,但它们一般不会弥漫在整个高维空间,而是位于一个低维的流形上。例如,针对某静止的物体随角度的变化获得一个图像序列,其中每帧图像的大小为 $N \times N$。如果将每帧图像看作 $\mathbb{R}^{N^2}$ 空间中的一个点,由于图像序列描述了该物体的空间动态变化特性,因此图像序列对应的轨迹不会杂乱无章地弥漫于整个 $\mathbb{R}^{N^2}$ 空间,而是位于一个低维的流形上。自适应数据分析就是要发现并研究高维数据所处的低维流形,而结构化数据分析就是根据这个低维流形的结构类型,获取观测数据的有效表达。当然,这二者是相互联系的,因此,从广义上讲,这二者都可称为数据表示,只是侧重点不同,在此我们重点探讨后者。对于电子信息系统的观测数据而言,一般称为信号。本书主要采用信号表示这个术语。

从实际应用的意义上讲,信号表示就是把给定的信号在已知的函数(或矢量)集上进行分解,在变换域上表达原始信号,其中以加性分解最为常见。例如,傅里叶分析就是将信号在傅里叶基函数上展开,在频域表示信号;小波分析就是将信号在小波基上展开,在小波域表示信号;(线性)时频分析就是将信号在时频平面上展开,获得信号的时频表示。由于这些基函数具有较强的物理意义,因此能从变换域表示上获得原始信号的一些自然属性。前文已提到,很多情况下传感器的测量数据可嵌入到一个表象高维的空间中,但它们实际是位于一个低维的流形上。具体到信号表示问题,就是在变换域上用尽量少的基函数来(准确地)表示原始信号,从而抓住信号的本质。这就是信号的稀疏表示。对于傅里叶分析、小波分析及时频分析等信号分析工具而言,给定信号的表示形式是唯一的。如果信号的特性与基函数不完全匹配,获得的分解结果不一定是信号的稀疏表示,造成这种情形的一个重要原因是用于信号表示的函数集不具有冗余特性。因此,从信号表示的稀疏性上考虑,更合适的信号表示方法应该是数据自适应的,能够根据信号自身的特点从冗余的函数集中选择基函数。

由于信号的稀疏表示能在一定程度上自然地贴近信号的本质特征,因此受到了广泛的关注并在各个领域都有重要的应用。事实上,稀疏表示可追溯到统计回归领域的"投影追踪(Projection Pursuit,PP)"法[162]。作为信息处理领域的一个重要研究方向,模式识别也要求获得信号的稀疏表示。模式识别过程一般包括三个步骤:数据获取与预处理;数据表示(信号表示);数据分类(信号分类)。其中信号表示是一个重要的环节,影响着特征提取的有效性并最终影响模式识别的性能。基于"维数祸根(Curses of Dimensionality)"的考虑,一般要求用尽量少的特征尽量准确地描述测量数据,即满足稀疏表示的要求,从而能提高分类器的分类性能。支持矢量机作为一种重要的学习机器,在学习过程中也强调稀疏表示,其求解过程就是寻找少部分的样本(即支持矢量)来有效描述所有的观测样本并提高学习机器的推广性能[163-167]。

A.1.2 稀疏表示的例子

如前所述,在信号分析领域,通常将观测信号在某种完备集或正交基上予以分解,并对分解系数进行分析和处理以提取感兴趣的信息。但是,这种固定的分解方式有时无法准确地提取信号内蕴结构。例如,利用傅里叶变换对观测信号做频谱分析时,由于采样数据长度的限制,频谱分辨率将正比于数据长度的倒数。此时,表示基函数可写为 $\boldsymbol{\varphi}_n = [e^{j2\pi n \cdot 0/N}, e^{j2\pi n \cdot 1/N}, \cdots, e^{j2\pi n \cdot (N-1)/N}]^T$ ($n=0, 1, \cdots, N-1$)。如果待分析信号中某两个信号分量的频率差小于频率分辨率,则单从频谱上难以对这两个信号进行区分。即使利用补零傅里叶变换能减小两根谱线间的频率间隔,但是信号的本质分辨率仍然不会变化,数据长度的加窗效应仍决定着频谱的主瓣宽度。当信号进行一倍补零时,相应补零傅里叶变换的信号分析模型可以写为

$$\boldsymbol{\alpha} = \boldsymbol{F}_{2N \times 2N} \cdot \begin{bmatrix} \boldsymbol{s} \\ \boldsymbol{0} \end{bmatrix} \quad (\text{A}.1)$$

式中:$\boldsymbol{F}_{2N \times 2N}$ 表示 $2N \times 2N$ 的傅里叶变换阵。令 $\boldsymbol{F}_{2N \times 2N}^{-1} = \begin{bmatrix} \boldsymbol{F}_1 \\ \boldsymbol{F}_2 \end{bmatrix}$, $\boldsymbol{F}_1$、$\boldsymbol{F}_2$ 均为 $N \times 2N$ 的部分傅里叶变换阵,则式(A.1)可写为信号表示形式:

$$\begin{bmatrix} \boldsymbol{s} \\ \boldsymbol{0} \end{bmatrix} = \begin{bmatrix} \boldsymbol{F}_1 \\ \boldsymbol{F}_2 \end{bmatrix} \cdot \boldsymbol{\alpha} \quad (\text{A}.2)$$

可见,信号补零的同时也对表示系数 $\boldsymbol{\alpha}$ 提出了一定的约束,即

$$\boldsymbol{0} = \boldsymbol{F}_2 \boldsymbol{\alpha} \quad (\text{A}.3)$$

事实上,该约束通常情况下与信号的本质特性是不相符的,因为我们只是观测到了信号的一部分,未观测到的部分只能说是未知,并不代表一定为零。因此,观测模型写为如下形式更加合适:

$$\boldsymbol{s} = \boldsymbol{F}_1 \boldsymbol{\alpha} \quad (\text{A}.4)$$

关键的问题是如何从这个不定方程中估计出所需要的信号。如果信号 s 本身就是由少数几个正弦信号分量组成,即它在傅里叶基上具有稀疏表示,那么增加稀疏性约束就可以从中估计出原始信号。为此,先了解一下信号稀疏表示的基本理论。

A.1.3 稀疏表示的一般理论

信号稀疏表示可看作是从冗余的函数集中寻找少数几个基函数来表达原始信号。在连续情况下可写为

$$s(t) = \sum_{\gamma_n \in \Gamma} \alpha_{\gamma_n} g_{\gamma_n}(t) \quad (\text{A}.5)$$

式中:$s(t)$ 为原始信号;$\{g_\gamma(t):\gamma \in \Gamma\}$ 表示一个冗余的函数集,Γ 为指标集。在离散情况下,式(A.5)可写为矩阵形式:

$$\boldsymbol{s} = \boldsymbol{\Phi} \boldsymbol{\alpha} \quad (\text{A}.6)$$

式中:$\boldsymbol{s} \in \mathbb{R}^M$ 为观测信号;$\boldsymbol{\Phi} \in \mathbb{R}^{M \times N}$ 为离散化的函数集;$\boldsymbol{\alpha} \in \mathbb{R}^N$ 为系数。

定义1 设 $\boldsymbol{\Phi} = [\phi_0, \phi_2, \cdots, \phi_{N-1}] \in \mathbb{R}^{M \times N}$,其中 $\phi_n \in \mathbb{R}^M$,$\|\phi_n\| = 1$,$n = 0, 1, \cdots, N-1$。称 $\boldsymbol{\Phi}$ 是一个词典,如果 $\text{rank}(\boldsymbol{\Phi}) = M < N$,此时,也称 $\boldsymbol{\Phi}$ 是过完备

的。词典 $\boldsymbol{\Phi}$ 的元素 ϕ_n 称为原子。

定义 2 设 $\boldsymbol{\Phi}$ 是一个词典,$s \in \mathbb{R}^M$ 是给定的观测信号,$\Theta \triangleq \{\boldsymbol{\alpha} \in \mathbb{R}^N : s = \boldsymbol{\Phi}\boldsymbol{\alpha}\}$。如果 $\boldsymbol{\alpha} \in \Theta$,则称 $\boldsymbol{\alpha}$ 为信号 s 在词典 $\boldsymbol{\Phi}$ 上的一个表示。如果 $\|\boldsymbol{\alpha}\|_0 < M$,则称 $\boldsymbol{\alpha}$ 为 s 的一个稀疏表示,其中 $\|\boldsymbol{\alpha}\|_0 = \mathrm{Card}(\{n : |\alpha_n| \neq 0\})$,$\mathrm{Card}(\cdot)$ 表示集合的势。特别地,如果 $\widetilde{\boldsymbol{\alpha}} = \arg\min_{\boldsymbol{\alpha} \in \Theta} \|\boldsymbol{\alpha}\|_0$,则称 $\widetilde{\boldsymbol{\alpha}}$ 为最稀疏表示。记 $K \triangleq \|\boldsymbol{\alpha}\|_0$,则称 $\boldsymbol{\alpha}$ 为 K-稀疏信号。

如非特殊说明,信号稀疏表示问题通常是寻求最稀疏表示。此时,其数学模型可表示为

$$\begin{cases} \min\limits_{\boldsymbol{\alpha} \in \mathbb{R}^N} \|\boldsymbol{\alpha}\|_0 \\ \mathrm{s.t.} \quad s = \boldsymbol{\Phi}\boldsymbol{\alpha} \end{cases} \tag{A.7}$$

关于最稀疏解,存在如下的唯一性定理。

定义 3 设 $\boldsymbol{\Phi}$ 是一个词典,称 $\nu(\boldsymbol{\Phi}) = \sup\{|\phi_k^\mathrm{T}\phi_j| : 0 \leq k < j \leq N-1\}$ 为词典 $\boldsymbol{\Phi}$ 的互不相干度。记 $D(\boldsymbol{\Phi}) = \min\{\mathrm{Card}(T) : T \subseteq \{0, 1, \cdots, N-1\}, \boldsymbol{\Phi}_T \text{ 线性相关}\}$,其中 $\boldsymbol{\Phi}_T$ 表示 $\boldsymbol{\Phi}$ 中由 T 对应的列矢量组成的矢量组,则称 $D(\boldsymbol{\Phi})$ 为词典 $\boldsymbol{\Phi}$ 的最小线性相关数。

定理 1(稀疏性的界) 设 $\boldsymbol{\Phi}$ 是一个词典,γ_1、γ_2 为信号 s 在 $\boldsymbol{\Phi}$ 上的不同表示,则有 $\|\gamma_1\|_1 + \|\gamma_2\|_1 \geq D(\boldsymbol{\Phi})$。

定理 2(唯一性定理) 设 γ 为信号 s 在 $\boldsymbol{\Phi}$ 上的一个表示,如果 $\|\gamma\|_0 < D(\boldsymbol{\Phi})/2$,则 γ 是唯一的最稀疏表示。

注 1 定理 2 表明,只要过完备词典的互不相干度足够小(或最小线性相关数足够大),则利用信号稀疏表示方法可以获得唯一解。互不相干度越小,则要求词典各个原子之间的内积尽量小,即原子之间离得越远越好。此时,能分辨出具有更多非零元的稀疏解。如果真正的信号驱动源是稀疏的,则利用稀疏表示方法获得的解就正好是我们所需要的真实信号。

由于 l_0-范数优化问题比较困难,Donoho 等提出了基于 l_1-范数的基寻踪方法[168],其基本思想是利用 l_1-范数近似式(A.7)中的 l_0-范数,优化模型可写为

$$\begin{cases} \min\limits_{\boldsymbol{\alpha} \in \mathbb{R}^N} \|\boldsymbol{\alpha}\|_1 \\ \mathrm{s.t.} \quad s = \boldsymbol{\Phi}\boldsymbol{\alpha} \end{cases} \tag{A.8}$$

其中 $\|\boldsymbol{\alpha}\|_1 = \sum\limits_{n=0}^{N-1} |\alpha_n|$。令 $\boldsymbol{H} = [\boldsymbol{\Phi} - \boldsymbol{\Phi}]$,$\boldsymbol{w} = [(\boldsymbol{\alpha}^+)^\mathrm{T}, (\boldsymbol{\alpha}^-)^\mathrm{T}]^\mathrm{T}$,其中 $\boldsymbol{\alpha}^+ = (\alpha_0^+, \alpha_1^+, \cdots, \alpha_{N-1}^+)^\mathrm{T}$,$\boldsymbol{\alpha}^- = (\alpha_0^-, \alpha_1^-, \cdots, \alpha_{N-1}^-)^\mathrm{T}$,$\alpha_n^+ \geq 0$ 和 $\alpha_n^- \geq 0$ 分别表示 α_n 的正部和负部($n = 0, 1, \cdots, N-1$),从而有 $\boldsymbol{\alpha} = \boldsymbol{\alpha}^+ - \boldsymbol{\alpha}^-$,$\|\boldsymbol{\alpha}\|_1 = \mathbf{1}^\mathrm{T}\boldsymbol{w}$,其中 $\mathbf{1} =$

$(1,1,\cdots,1)^T$ 表示全 1 矢量。显然,式(A.8)可写为

$$\begin{cases} \min\limits_{\boldsymbol{\alpha}\in\mathbb{R}^N} \mathbf{1}^T \boldsymbol{w} \\ \text{s. t.} \begin{cases} \boldsymbol{H}\boldsymbol{w}=\boldsymbol{s} \\ \boldsymbol{w} \geq 0 \end{cases} \end{cases} \quad (A.9)$$

这是一个标准的线性规划模型,可用单纯形法求解。求解过程就是根据一定的准则确定进基和出基的操作,基寻踪也是因此而得名。Donoho、Elad 等的研究表明[169,170],在一定的条件下,模型式(A.7)和模型式(A.8)的解是等价的。

定理 3(等价性定理) 设 $\boldsymbol{\Phi}$ 是一个词典,$\boldsymbol{\gamma}$ 为 s 在 $\boldsymbol{\Phi}$ 上的一个表示,如果 $\|\boldsymbol{\gamma}\|_0 < (1+1/\nu(\boldsymbol{\Phi}))/2$,则模型式(A.7)和模型式(A.8)的解等价。

定理 3 说明,在一定条件下给定信号的最稀疏表示唯一且可通过线性规划求得。

注 2 式(A.7)描述的问题是 NP 完全的,直接搜索所有可能的组合比较困难,通常采用其他的近似方法,如包括以匹配追踪及其变形为代表的序贯方法和以 p - 范数优化为代表的松弛优化方法等,基寻踪方法是松弛优化方法的一个特例。

A.2 压缩感知的基本原理

下面将以信号稀疏表示为基础,进一步探讨压缩感知的基本原理。在信号稀疏表示模型中,信号的采样方式并没有发生变化。其主要目的是针对已有的观测数据,如何提高变换域的参数分辨能力。对于压缩感知而言,其主要目的则是通过改变采样方式,以尽量少的观测数据获得相同的变换域参数分辨能力。因此,这二者具有一定的对偶性,压缩感知也可以看作是信号稀疏表示基础上的一种反馈控制。

具体说来,如式(6.2)所示,压缩感知控制的是测量矩阵 $\boldsymbol{H}$ 的选取。此时,$\boldsymbol{\Phi} \triangleq \boldsymbol{H}\boldsymbol{\psi}$ 组合形成一个新的过完备词典。要想获得好的信号表示结果,根据定理 2 可知,信号表示词典 $\boldsymbol{\Phi}$ 同样应该具有足够小的互不相干度。这也是选择采样矩阵的重要指标。在压缩感知领域,Candes 和 Tao 给出了另外一种用于描述信号表示词典结构的概念,即约束等距性质(Restricted Isometry Property, RIP)[126]。粗略地说,就是要求该词典对于限制在坐标面上的稀疏信号而言近似是一个保范映射。

定义 4 设 $\boldsymbol{\Phi}=[\boldsymbol{\phi}_0,\boldsymbol{\phi}_1,\cdots,\boldsymbol{\phi}_{N-1}]$ 是一个 $M \times N$ 大小的过完备词典。$\boldsymbol{\Phi}_T$ 表示 $\boldsymbol{\Phi}$ 中由指标集 T 对应的列矢量组成的子矩阵,$T \subseteq \{0,1,\cdots,N-1\}$。称 δ_K 为词典 $\boldsymbol{\Phi}$ 的 K 阶约束等距常数,如果

$$\delta_K = \min\left\{\delta > 0 : 1 - \delta \leq \frac{\|\boldsymbol{\Phi\alpha}\|_2^2}{\|\boldsymbol{\alpha}\|_2^2} \leq 1 + \delta, \mathrm{Supp}(\boldsymbol{\alpha}) = T, \mathrm{Card}(T) \leq K\right\}$$

(A.10)

式中：$\mathrm{Supp}(\boldsymbol{\alpha})$表示矢量$\boldsymbol{\alpha}$的支集(即非零元对应的指标集)。

定义5(约束等距性质)　称过完备词典$\boldsymbol{\Phi}$具有K阶约束等距性质,如果该词典存在K阶约束等距常数$\delta_K < 1$。

对于具有K阶约束等距性质的过完备词典,由式(A.10)可知其任意K个原子均是近似正交,因而,K-稀疏信号在变换前后的范数(或长度)是近似不变的。这既是"约束等距"这个名称的由来,同时也是K-稀疏信号可恢复的基础。另一方面,约束等距性质也揭示了词典对稀疏信号恢复能力的描述。

定理4(唯一性定理)　设γ为信号s在$\boldsymbol{\Phi}$上的一个表示,即$s = \boldsymbol{\Phi}\gamma$,过完备词典$\boldsymbol{\Phi}$具有$2K$阶约束等距性质。若$\|\gamma\|_0 \leq K$,则$\gamma$是唯一的最稀疏表示。

事实上,如果存在另外一个最稀疏表示$\bar{\gamma}$,则必有$\|\bar{\gamma}\|_0 \leq K$。令$\boldsymbol{\beta} = \gamma - \bar{\gamma}$,则有$\boldsymbol{\Phi\beta} = 0$,$\|\boldsymbol{\beta}\|_0 \leq 2K$。由于词典$\boldsymbol{\Phi}$具有$2K$阶约束等距性质,故存在$2K$阶约束等距常数$\delta_{2K} < 1$。根据定义4可知,$0 = \|\boldsymbol{\Phi\beta}\|_2^2 \geq (1 - \delta_{2K})\|\boldsymbol{\beta}\|_2^2$,故$\boldsymbol{\beta} = \boldsymbol{0}$,从而$\gamma = \bar{\gamma}$,即$\gamma$是唯一的最稀疏表示。

定理4和定理2从不同的角度阐述了最稀疏解的唯一性。平行地,从约束等距的角度同样也有与定理3类似的等价性定理,即压缩感知问题可用线性规划方法求解的一个充分条件。当然,从大量的实际数据处理结果来看,这些充分条件的要求还是相对比较严苛的。事实上,对于不满足该条件的过完备词典来说,很多时候也能获得令人满意的信号恢复效果。

在前面已经说过,压缩感知与信号稀疏表示问题的不同在于测量矩阵$\boldsymbol{H}$是可以事先设计的,原则就是让词典$\boldsymbol{\Phi}$更好地满足约束等距性质。在压缩感知理论的研究过程中,人们也提出了另外的一些描述方法。例如,要求测量矩阵$\boldsymbol{H}$的行和表示矩阵$\boldsymbol{\psi}$的列之间互相不能稀疏表示,即具有互不相干性。此时,矩阵$\boldsymbol{\Phi}$将具有较好的约束等距性质。例如,单位矩阵和傅里叶变换阵满足这种关系,随机矩阵(包括高斯分布的随机矩阵、伯努利分布随机矩阵等)与常见的确定性变换矩阵之间也以高概率满足这种关系。随机矩阵的这种性质为压缩感知的应用提供了良好的基础,因为有时在采样之前我们对于被观测对象能在哪个域上具有稀疏表示暂时是不清楚的,但这并不妨碍我们利用随机矩阵对原始信号进行压缩采样,可以在采样完成后再对稀疏表示基进行探索研究。

Candes和Tao等是较早从事压缩感知理论研究的研究者之一,其开创性工作就是利用随机选取的频域观测恢复稀疏信号[171]。具体说来,该问题可表示为

$$\begin{cases} \min_{\boldsymbol{\alpha} \in \mathbb{R}^N} \|\boldsymbol{\alpha}\|_0 \\ \text{s.t.} \quad s = HF\boldsymbol{\alpha} \end{cases} \tag{A.11}$$

式中：F 表示 $N \times N$ 大小的傅里叶变换矩阵；$H = [h_{mn}]_{M \times N}$ 是大小为 $M \times N$ 的随机矩阵。具体说来，$h_{mn} = \delta(n - \xi_m)$，其中 $\delta(n) = \begin{cases} 1 & (n=0) \\ 0 & (n \neq 0) \end{cases}$，$G_N = \{(n_0, n_1, \cdots, n_{M-1}) | 0 \leq n_m \leq N-1, n_m \in \mathbb{Z}; \forall m \neq k : n_m \neq n_k\}$，$\boldsymbol{\xi} = (\xi_0, \xi_1, \cdots, \xi_{M-1})$ 是 G_N 上均匀分布的随机矢量，即 $\Pr\{\boldsymbol{\xi} = (n_0, n_1, \cdots, n_{M-1})\} = \frac{1}{|G_N|}$，$|G_N|$ 表示集合 G_N 的势。显然，此时的过完备词典 $\boldsymbol{\Phi} \triangleq H\boldsymbol{\psi}$ 为部分傅里叶矩阵。Candes 等的研究结果表明[171]，对于这种随机选取的频域观测，当原始信号 $\boldsymbol{\alpha}$ 充分稀疏时，可以利用凸优化稀疏信号恢复方法以高概率重构出来，其主要结果如定理 5 所述。

定理 5（随机采样） 设 $\boldsymbol{\alpha}$ 是时域 K - 稀疏信号，即 $\|\boldsymbol{\alpha}\|_0 = K$，$\boldsymbol{\xi} = (\xi_0, \xi_1, \cdots, \xi_{M-1})$ 是 G_N 上均匀分布的随机矢量，记 $\boldsymbol{\alpha}_1$ 是如下凸规划问题的解：

$$\begin{cases} \min_{\boldsymbol{\alpha} \in \mathbb{R}^N} \|\boldsymbol{\alpha}\|_1 \\ \text{s.t.} \quad s = HF\boldsymbol{\alpha} \end{cases} \tag{A.12}$$

则当采样数目 $M \geq cK\log N$ 时，模型式（A.12）能以高概率重构原始信号，即

$$\Pr(\boldsymbol{\alpha}_1 = \boldsymbol{\alpha}) \geq 1 - O(\eta) \tag{A.13}$$

式中：c 是与 η 有关的某个常数。

由定理 5 可以看出，利用随机矩阵作为测量矩阵时，所需要的样本数据基本上与信号的稀疏度 K 是同阶的，通常远小于 N。随机测量矩阵 H 在压缩感知理论中具有比较重要的地位，除了上述的选取方式外，常用的还有高斯矩阵、伯努利矩阵等。对比式（A.11）、式（A.12）可以看出，一定条件下利用 l_1 - 范数作为优化目标函数也可以重构出稀疏信号，因此一个很自然的问题就是：如何有效地求解式（A.12）描述的优化模型？下一节将结合信号稀疏表示理论进行介绍。

A.3 稀疏信号恢复的基本方法

在信号稀疏表示及其后发展出的压缩感知中，最终都会面临一个相同的问题，那就是在获得"不完全"的观测样本后如何有效地重构出所需的稀疏信号。这里所说的有效，至少包括两个方面的含义：一是信号的重构精度可控且达到应用要求；二是计算效率要高。对于模型式（A.11）而言，直接搜索所有可能的组合可以获得最稀疏解，但是这种直接搜索算法复杂度较高，因此常常采用一些近似的优化方法。目前，常用的可以分为两大类：一是序贯优化法；二是松弛优化

法。前者在每一步都根据信号贴近的原则选择最佳的一个原子,而后者则通过选取不同优化函数和优化算法来计算各个原子的贡献。

A.3.1 序贯法

匹配追踪是序贯法的一个典型代表,是由 S. Mallat 和 S. Qian 等从信号处理的角度独立提出的[172,173],基本思想与统计回归中的投影追踪法类似。其目的是将信号 s 表示为少数几个原子的线性组合,即

$$s = \sum_{k=0}^{K-1} \alpha_k \phi_{n_k} \quad n_k \in \{0,1,\cdots,N-1\} \tag{A.14}$$

式中:K 表示参与信号表示的原子数目,且 $K \ll N$。匹配追踪就是用投影的思想给出了一种选择原子的方法。

(1) 令 $s_0 = s, k = 0, \varepsilon > 0$。

(2) 计算当前残差信号 s_k 与词典 $\boldsymbol{\Phi}$ 中各原子的内积并选择最大的一个作为入选原子,即

$$n_k = \arg\max_n |\phi_n^T s_k| \tag{A.15}$$

(3) 计算新的残差信号

$$s_{k+1} = s_k - \alpha_k \phi_{n_k} \tag{A.16}$$

式中:$\alpha_k = \phi_n^T s_k$ 为残差信号 s_k 在新入选原子上的投影系数。

(4) 如果 $\|s_{k+1}\| < \varepsilon$,则算法停止,输出相应的入选原子及其投影系数;否则,$k+1 \to k$,返回步骤(2)。

注3 从匹配追踪的实现过程看,在每一步中都寻找与当前的残差信号最匹配的原子,是一种贪婪算法,某一步的选择错误需要多步才可能修正。

注4 为了避免新入选的原子与已入选原子出现重复,出现了若干变形的匹配追踪方法,如正交匹配追踪(Orthogonal Matching Pursuit,OMP)。在利用匹配追踪获得新入选原子后增加了一个正交投影操作,即把原始观测信号投影到所有已入选原子张成的子空间中。原始信号与该投影的差即为新的残差信号。其他步骤与匹配追踪相同,不再赘述。

A.3.2 松弛优化法

模型式(A.11)中,l_0 - 范数优化问题具有较高的复杂度,因此可将其进行一定的松弛,采用某种稀疏性度量 $d(\cdot)$ 来逼近,从而获得稀疏解。此时,优化模型变为

$$\begin{cases} \min_{\boldsymbol{\alpha} \in \mathbb{R}^N} d(\boldsymbol{\alpha}) \\ \text{s.t.} \quad s = \boldsymbol{\Phi}\boldsymbol{\alpha} \end{cases} \tag{A.17}$$

目前,常用的稀疏性度量函数有 l_p - 范数、对数函数等。我们首先看看一般的稀疏性度量函数应具有的特点以及相应的求解方法。

直观上看,稀疏性度量函数 $d(\cdot)$ 应该是对 l_0 - 范数的逼近,l_p - 范数本身就是一个很好的选择。当然,在实际运用过程中也可以选择其他的度量函数。需要注意的是,l_0 - 范数在第一象限具有凹函数特性,这提示我们在选择稀疏性度量函数时应该充分关注凹函数。这是获得稀疏表示的一个重要条件。图 A.1(a)显示了不同稀疏性度量函数的一维图形,如 l_p - 范数、对数函数等;图 A.1(b)显示了对数函数的等高线图。作为对比,图中还给出了 l_2 - 范数的情形(利用该度量函数可以获得解析解)。

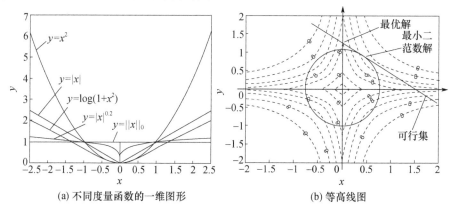

(a) 不同度量函数的一维图形　　(b) 等高线图

图 A.1　稀疏性度量函数示意图

图 A.1(b)中斜实线表示由线性方程组(A.17)确定的可行集,虚线表示二维稀疏性度量函数的等值线,而圆形表示 l_2 - 范数的等值线;最小化稀疏性度量获得的最优解位于坐标轴上,具有稀疏性,最小 l_2 - 范数解位于第一象限内,不具有稀疏性。事实上,补零傅里叶变换就是一种最小 l_2 - 范数解。研究表明,当稀疏性度量函数在第一象限是单调递增的凹函数,且满足坐标轮换对称性以及 $d(\boldsymbol{\alpha}) = d(|\boldsymbol{\alpha}|)$ 等条件时,可获得稀疏解。

由于稀疏性度量函数 $d(\boldsymbol{\alpha})$ 对矢量 $\boldsymbol{\alpha}$ 的任何一个分量都没有特别的偏好,自然地可以选择可分的度量以保证轮换对称性,即

$$d(\boldsymbol{\alpha}) = \sum_{n=0}^{N-1} \rho(\alpha_n) \tag{A.18}$$

式中:$\rho: \mathbb{R} \to \mathbb{R}^+ \cup \{0\}$ 是连续的偶函数,在 $[0, +\infty)$ 内严格单调递增且是严格凹的,$\rho(0) = 0$。为了便于优化计算还可要求 ρ 在 $(0, +\infty)$ 内可微。利用罚函数法将式(A.17)变为无约束模型:

$$\min_{\boldsymbol{\alpha} \in \mathbb{R}^N} J(\boldsymbol{\alpha}) = d(\boldsymbol{\alpha}) + \frac{\mu}{2} \|\boldsymbol{\Phi}\boldsymbol{\alpha} - \boldsymbol{s}\|_2^2 \tag{A.19}$$

式中：$\mu > 0$ 为惩罚因子。当 $\mu \to +\infty$ 时，式（A.19）的解收敛到式（A.17）的解。目标函数 J 的梯度为

$$\nabla J(\boldsymbol{\alpha}) = \nabla d(\boldsymbol{\alpha}) + \mu[\boldsymbol{\Phi}^{\mathrm{T}}\boldsymbol{\Phi}\boldsymbol{\alpha} - \boldsymbol{\Phi}^{\mathrm{T}}s] \quad (\text{A.20})$$

式中：$\nabla d(\boldsymbol{\alpha}) = \mathrm{diag}\left\{\dfrac{\mathrm{d}\rho}{\mathrm{d}\alpha_n}\right\}$。由于函数 ρ 在原点不可微，因此先用函数族 $\{\rho_\varepsilon(t), \varepsilon > 0\}$ 来近似 ρ，其中 $\rho_\varepsilon(t) = \rho(\sqrt{t^2 + \varepsilon})$。根据链式求导法则有

$$\frac{\mathrm{d}\rho_\varepsilon(t)}{\mathrm{d}t} = \left.\frac{\mathrm{d}\rho(y)}{\mathrm{d}y}\right|_{y=\sqrt{t^2+\varepsilon}} \cdot \frac{t}{\sqrt{t^2+\varepsilon}} = \rho'(\sqrt{t^2+\varepsilon}) \cdot \frac{t}{\sqrt{t^2+\varepsilon}}$$

令 $\varepsilon \to 0^+$，可将式（A.20）写为

$$\nabla J(\boldsymbol{\alpha}) = \boldsymbol{\Pi}_\alpha \cdot \boldsymbol{\alpha} + \mu[\boldsymbol{\Phi}^{\mathrm{T}}\boldsymbol{\Phi}\boldsymbol{\alpha} - \boldsymbol{\Phi}^{\mathrm{T}}s] \quad (\text{A.21})$$

式中：$\boldsymbol{\Pi}_\alpha = \mathrm{diag}\left\{\dfrac{\rho'(|\alpha_i|)}{|\alpha_i|}\right\}$。在此进行了梯度分解。于是，式（A.19）的最优解可通过求解方程 $\nabla J(\boldsymbol{\alpha}) = \mathbf{0}$ 获得，即

$$\boldsymbol{\Pi}_\alpha \cdot \boldsymbol{\alpha} + \mu[\boldsymbol{\Phi}^{\mathrm{T}}\boldsymbol{\Phi}\boldsymbol{\alpha} - \boldsymbol{\Phi}^{\mathrm{T}}s] = \mathbf{0} \quad (\text{A.22})$$

由此可得求解最优解的迭代格式：

$$\boldsymbol{\alpha}^{k+1} = [\boldsymbol{\Phi}^{\mathrm{T}}\boldsymbol{\Phi} + \lambda \boldsymbol{\Pi}_k]^{-1} \boldsymbol{\Phi}^{\mathrm{T}}s \quad (\text{A.23})$$

式中：$\lambda = \dfrac{1}{\mu}$ 为正则化参数。当没有观测噪声时，可以令 $\lambda \to 0^+$，选择一个很小的正数即可。在噪声条件下，正则化参数 λ 需要细致选择，与噪声水平相适应。"L" 曲线法是一种常用的正则化参数估计方法，但是计算量相对较大。

l_p-范数是一种常用的稀疏性度量函数。如果 $p=1$，则对应于 S. Chen 和 D. L. Donoho 提出的基寻踪方法，Candes 和 Tao 等研究压缩感知理论时也采用了这种优化函数，如式（A.12）所示。此时，模型式（A.17）可以写为

$$\begin{cases} \min\limits_{\boldsymbol{\alpha} \in \mathbb{R}^N} \sum\limits_{n=0}^{N-1} |\alpha_n| \\ \text{s.t.} \quad s = \boldsymbol{\Phi}\boldsymbol{\alpha} \end{cases} \quad (\text{A.24})$$

令 $\widetilde{\boldsymbol{\Phi}} = [\boldsymbol{\Phi} - \boldsymbol{\Phi}]$，$\boldsymbol{w} = [(\boldsymbol{\alpha}^+)^{\mathrm{T}}, (\boldsymbol{\alpha}^-)^{\mathrm{T}}]^{\mathrm{T}}$，其中 $\boldsymbol{\alpha}^+ = (\alpha_0^+, \alpha_1^+, \cdots, \alpha_{N-1}^+)^{\mathrm{T}}$，$\boldsymbol{\alpha}^- = (\alpha_0^-, \alpha_1^-, \cdots, \alpha_{N-1}^-)^{\mathrm{T}}$，$\alpha_n^+ \geq 0$ 和 $\alpha_n^- \geq 0$ 分别表示 α_n 的正部和负部（$n = 0, 1, \cdots, N-1$），从而有 $\boldsymbol{\alpha} = \boldsymbol{\alpha}^+ - \boldsymbol{\alpha}^-$，$\|\boldsymbol{\alpha}\|_1 = \mathbf{1}^{\mathrm{T}}\boldsymbol{w}$，其中 $\mathbf{1} = (1, 1, \cdots, 1)^{\mathrm{T}}$ 表示全 1 向量。显然，式（A.24）可写为

$$\begin{cases} \min\limits_{\boldsymbol{\alpha} \in \mathbb{R}^N} \mathbf{1}^{\mathrm{T}}\boldsymbol{w} \\ \text{s.t.} \begin{cases} \widetilde{\boldsymbol{\Phi}}\boldsymbol{w} = s \\ \boldsymbol{w} \geq 0 \end{cases} \end{cases} \quad (\text{A.25})$$

这是一个标准的线性规划模型,可用单纯形法求解。求解过程就是根据一定的准则确定进基和出基的操作,基寻踪也是因此而得名。

A.3.3 稀疏表示与贝叶斯分析

针对噪声条件下的观测,下面从另一个角度考虑信号稀疏表示。此时的观测信号模型可写为

$$s = \boldsymbol{\Phi}\boldsymbol{\alpha} + e \tag{A.26}$$

设测量噪声是高斯白噪声,则观测信号 s 的条件概率密度函数可写为

$$p(s|\boldsymbol{\alpha}) = \left(\frac{1}{\sqrt{2\pi}\sigma}\right)^M \exp\left\{-\frac{1}{2\sigma^2}(s-\boldsymbol{\Phi}\boldsymbol{\alpha})^{\mathrm{T}}(s-\boldsymbol{\Phi}\boldsymbol{\alpha})\right\} \tag{A.27}$$

式中:σ^2 表示噪声方差。针对稀疏性度量函数 $d(\boldsymbol{\alpha})$,取系数矢量 $\boldsymbol{\alpha}$ 的先验概率密度函数为 $p(\boldsymbol{\alpha}) = c \cdot \exp\left\{-\frac{1}{2\beta^2}d(\boldsymbol{\alpha})\right\}$,其中 c、β 为归一化参数(有些情况下 $p(\boldsymbol{\alpha})$ 可能是非正常密度);于是,$\boldsymbol{\alpha}$ 的后验密度函数 $p(\boldsymbol{\alpha}|s) = \frac{p(s|\boldsymbol{\alpha})p(\boldsymbol{\alpha})}{p(s)} \propto p(s|\boldsymbol{\alpha})p(\boldsymbol{\alpha})$。根据最大后验原理,可以获得矢量 $\boldsymbol{\alpha}$ 的最大后验估计

$$\hat{\boldsymbol{\alpha}}_{\mathrm{MAP}} = \arg\max_{\boldsymbol{\alpha}\in\mathbb{R}^N} p(s|\boldsymbol{\alpha})p(\boldsymbol{\alpha}) = \arg\max_{\boldsymbol{\alpha}\in\mathbb{R}^N}\{\log p(s|\boldsymbol{\alpha}) + \log p(\boldsymbol{\alpha})\} \tag{A.28}$$

令 $\lambda = \frac{\sigma^2}{\beta}$,将式(A.27)和 $\boldsymbol{\alpha}$ 的先验概率密度函数代入式(A.28)可得

$$\hat{\boldsymbol{\alpha}}_{\mathrm{MAP}} = \arg\max_{\boldsymbol{\alpha}\in\mathbb{R}^N} \|\boldsymbol{\Phi}\boldsymbol{\alpha} - s\|_2^2 + \lambda \cdot d(\boldsymbol{\alpha}) \tag{A.29}$$

对比式(A.29)和式(A.19)可以看出,在高斯测量噪声的条件下,随机信号的稀疏表示与贝叶斯分析结果是一致的。

A.3.4 稀疏贝叶斯学习

稀疏贝叶斯学习(Sparse Bayesian Learning,SBL)是 Tipping 在 2000 年研究相关矢量机时提出来的,2004 年 David P. Wipf 将其引入到信号稀疏表示领域[174]。前文已经提到,松弛优化法与贝叶斯分析的结果是等价的。顾名思义,稀疏贝叶斯学习本质上也是运用了贝叶斯原理,二者之间有何区别呢?事实上,松弛优化法将稀疏信号的表示系数 $\boldsymbol{\alpha}$ 认为是由独立同分布的随机变量组成的,而稀疏贝叶斯学习则将其建模为独立异方差的高斯随机变量,通过方差的变化来适应系数的变化。具体来说,就是在模型式(A.26)的基础上对 $\boldsymbol{\alpha}$ 的先验分布建立如下模型:

$$p(\boldsymbol{\alpha}) = \frac{1}{(2\pi)^{N/2}|\boldsymbol{\Gamma}|^{-1/2}}\exp\left\{-\frac{1}{2}\boldsymbol{\alpha}^{\mathrm{T}}\boldsymbol{\Gamma}^{-1}\boldsymbol{\alpha}\right\} \tag{A.30}$$

式中:$\boldsymbol{\Gamma} = \mathrm{diag}\{\gamma_0, \gamma_1, \cdots, \gamma_{N-1}\}$ 为先验分布的协方差矩阵。于是,$\boldsymbol{s}$、$\boldsymbol{\alpha}$ 的联合概率密度函数为

$$p(\boldsymbol{s}, \boldsymbol{\alpha} | \sigma^2, \boldsymbol{\Gamma}) = p(\boldsymbol{s} | \boldsymbol{\alpha}) p(\boldsymbol{\alpha})$$
$$= \frac{1}{(2\pi)^{M+N/2} (\sigma^2)^{M/2} |\boldsymbol{\Gamma}|^{1/2}} \exp\left\{-\frac{1}{2}\left[\frac{1}{\sigma^2}(\boldsymbol{s} - \boldsymbol{\Phi}\boldsymbol{\alpha})^{\mathrm{T}}(\boldsymbol{s} - \boldsymbol{\Phi}\boldsymbol{\alpha}) + \boldsymbol{\alpha}^{\mathrm{T}} \boldsymbol{\Gamma}^{-1} \boldsymbol{\alpha}\right]\right\}$$
(A.31)

类似于式(A.29)可得 $\boldsymbol{\alpha}$ 的最大后验概率估计 $\boldsymbol{\alpha}_{\mathrm{map}}$ 满足

$$\boldsymbol{\alpha}_{\mathrm{map}} = [\boldsymbol{\Phi}^{\mathrm{T}} \boldsymbol{\Phi} + \sigma^2 \boldsymbol{\Gamma}^{-1}]^{-1} \boldsymbol{\Phi}^{\mathrm{T}} \boldsymbol{s} \quad (\mathrm{A}.32)$$

因此,下一步的关键是获得参数 σ^2 和 $\boldsymbol{\Gamma}$ 的估计量。为此,仍然可以从式(A.31)出发,对未知变量 $\boldsymbol{\alpha}$ 积分后,即可获得未知参数 σ^2 和 $\boldsymbol{\Gamma}$ 的似然函数,即

$$p(\boldsymbol{s} | \sigma^2, \boldsymbol{\Gamma}) = \int p(\boldsymbol{s}, \boldsymbol{\alpha} | \sigma^2, \boldsymbol{\Gamma}) \mathrm{d}\boldsymbol{\alpha} = \frac{1}{(2\pi)^M |\boldsymbol{\Sigma}|^{1/2}} \exp\left\{-\frac{1}{2} \boldsymbol{s}^{\mathrm{T}} \boldsymbol{\Sigma}^{-1} \boldsymbol{s}\right\}$$
(A.33)

式中:$\boldsymbol{\Sigma} = \sigma^2 \boldsymbol{I} + \boldsymbol{\Phi} \boldsymbol{\Gamma} \boldsymbol{\Phi}^{\mathrm{T}}$。根据第二类极大似然估计方法,可从式(A.33)得到参数 σ^2 和 $\boldsymbol{\Gamma}$ 的极大似然估计:

$$(\sigma^2_{\mathrm{ml}}, \boldsymbol{\Gamma}_{\mathrm{ml}}) = \arg \max_{\sigma^2 \geq 0, \gamma_n \geq 0} \ln p(\boldsymbol{s} | \sigma^2, \boldsymbol{\Gamma})$$
$$= \arg \min_{\sigma^2 \geq 0, \gamma_n \geq 0} \{\ln |\boldsymbol{\Sigma}| + \boldsymbol{s}^{\mathrm{T}} \boldsymbol{\Sigma}^{-1} \boldsymbol{s}\} \quad (\mathrm{A}.34)$$

式(A.34)可利用 EM 算法求解,将得到的极大似然估计量代入式(A.32)即可获得信号表示系数 $\boldsymbol{\alpha}$ 的估计量。在实际应用过程中,$\boldsymbol{\alpha}$、σ^2 和 $\boldsymbol{\Gamma}$ 是不断迭代估计的。

注5 稀疏贝叶斯学习利用第二类极大似然估计方法估计信号表示模型中的超参数,可以避免额外增加正则化参数的估计过程,降低运算量,同时便于在计算过程中进行精度控制。

参考文献

[1] 柯有安. 雷达目标识别(上)[J]. 国外电子技术, 1978(4): 22-30.
[2] Dane F F. How to Develop a Robust Automatic Target Recognition Capability by the Year 2030[D]. Maxwell AFB: Air Command and Staff College, Air University, 2008.
[3] Owens W A, Offley E, Owens B. Lifting the Fog of War[M]. Baltimore: Johns Hopkins University Press, 2001.
[4] Guerci J R. Cognitive Radar: the Knowledge – aided Fully Adaptive Approach [M]. Boston: Artech House, 2010.
[5] 黄培康, 殷红成, 许小剑. 雷达目标特性[M]. 北京: 电子工业出版社, 2005.
[6] 郭桂蓉, 胡卫东, 杜小勇. 基于电磁涡旋的雷达目标成像[J]. 国防科技大学学报, 2013, 35(6): 71-76.
[7] Chamberlain N E, Walton E K, Garber F D. Radar Target Identification of Aircraft Using Polarization – Diverse Features[J]. IEEE Transactions on Aerospace Electronic Systems, 1991, 27(1): 58-67.
[8] 边肇祺. 模式识别[M]. 2版. 北京: 清华大学出版社, 2000.
[9] Nebabin V G. Methods and Techniques of Radar Recognition [M]. Boston: Artech House, 1990.
[10] Bhanu B. Automatic Target Recognition: State – of – the – art Survey[J]. IEEE Transactions on Aerospace Electronic Systems, 1986, 22(4): 364-379.
[11] 郭桂蓉, 庄钊文, 陈曾平. 电磁特征提取与目标识别[M]. 长沙: 国防科技大学出版社, 1995.
[12] Bhanu B, et al. Introduction to the Special Issue on Automatic Target Detection and Recognition[J]. IEEE Transactions on Image Processing, 1997, 6(1): 1-6.
[13] Wissinger J, et al. Search Algorithms for Model – based SAR ATR[C]. Proceedings of SPIE, 1996, 2757: 279-293.
[14] DARPA's MSTAR Public website[OL]. http://maco.dc.isx.com/iso/battle/mstar.html.
[15] Wissinger J, Diemunsch J, Severson W, et al. MSTAR's Extensible Search Engine and Model – based Inferencing Toolkit [C]. Proceedings of SPIE, 1999, 3721: 554-570.
[16] John F, Gilmore, et al. Knowledge – based Target Recognition System Evolution[J]. Optical Engineering, 1991, 30(5): 557-570.
[17] Moses R L, Cetin M, Ertin E. Integrated Fusion, Performance Prediction, and Sensor Management for Automatic Target Exploitation[C]. 10th International Conference on Information

[18] NIMA Public website[OL], http://www.nima.mil/publications/srtmfactsheet.html. NIMA Geospatial Intelligence, Capstone Concept, 2003.

[19] 胡卫东. 雷达目标识别技术的再认识[J], 现代雷达, 2012, 34(8): 1-6.

[20] Tian B, Schnitzler H U. Echolocation Signals of the Greater Horseshoe Bat (Rhinolophus Ferrumequinum) in Transfer Flight and During Landing[J]. Journal of Acoustical. Society of America, 1997, 101(4): 2347-2364.

[21] Ostwald J. Tonotopical Organization and Pure Tone Response Characteristics of Single Units in the Auditory Cortex of the Greater Horseshoe Bat[J]. Journal of Comparative Physiology A, 1984, 155(6): 821-834.

[22] Von Der Emde G, Schnitzler H U. Fluttering Target Detection in Hipposiderid Bats[J]. Journal of Comparative Physiology A, 1986, 159(6):765-772.

[23] Sotavalta O. The Flight Tone (Wing Stroke Frequency) of Insects[J]. Acta Entomologica Fennica, 1947, 4:5-117.

[24] Von Der Emde G, Schnitzler H U. Classification of Insects by Echolocating Greater Horseshoe Bats[J]. Journal of Comparative Physiology A, 1990, 167(3):423-430.

[25] Kober R, Schnitzler H U. Information in Sonar Echoes of Uttering Insects Available for Echolocating Bats[J]. Journal of Acoustics Society of America, 1990, 87(2):882-896.

[26] Schnitzler H U. Echoes of Fluttering Insects: Information for Echolocating Bats, Recent Advances in the Study of Bats[M]. Cambridge: Cambridge University Press, 1987.

[27] 邓志鸿, 唐世渭, 张铭, 等. Ontology 研究综述[J]. 北京大学学报(自然科学版), 2002, 38(5):730-738.

[28] DanielA, Keim. Information Visualization and Visual Data Mining[J]. IEEE Transactions on Visualization and Computer Graphics, 2002, 8(1):100-107.

[29] Alan N S. Context-Sensitive Data Fusion using Structural Equation Modeling[C]. 12th International Conference on Information Fusion. Seattle USA, 2009: 725-731.

[30] Brenden M L, Ruslan S, Joshua B T. Human-level Concept Learning Through Probabilistic Program Induction[J]. Science, 2015, 350(6266): 1332-1338.

[31] 埃德米尼斯特尔 J A. 工程电磁场基础[M]. 雷银照, 等译. 北京: 科学出版社, 2002.

[32] Constantine A B. Advanced Engineering Electromagnetics[M]. Chichester: John Wiley & Sons, 1989.

[33] Kline M, Key I W. Electromagnetic Theory and Geometrical Optics[M]. New York: Wiley, 1965.

[34] Hansen R C. Geometrical Theory of Diffraction[M]. USA: IEEE Press, 1981.

[35] Ruck G T, et al. Radar Cross Section Handbook[M]. New York: Plenum Press, 1970.

[36] Brett B. Mathematical Problems in Radar Inverse Scattering[M]. Inverse Problems 18: 1-28. Bristol: Institute of Physics Publishing, 2002.

[37] Bertero M, Boccacci P. Introduction to Inverse Problems in Imaging[M]. Bristol: Institute

of Physics Publishing, 1998.

[38] Trischman J, Jones S, Bloomfield R, et al. An X – band Linear Frequency Modulated Radar for Dynamic Aircraft Measurement[C]. Proceedings of AMTA, Long Beach, CA, 1994:431 – 435.

[39] David B, Hugh G. Radar Automatic Target Recognition (ATR) and Non – Cooperative Target Recognition (NCTR) [M]. London: IET, 2013.

[40] 屠善澄,陈义庆,严恭添,等. 卫星姿态动力学与控制[M]. 北京:宇航出版社,2001.

[41] 雷鹏. 空间目标惯性参数及微多普勒特征分析研究[D]. 北京:北京航空航天大学,2012:18 – 22.

[42] Chobotov A A. Spacecraft Attitude Dynamics and Control [M]. Malabar: Krieger Publishing Company, 1991:1 – 21.

[43] Coppola V T. The Method of Averaging for Euler's Equations of Rigid Body Motion [J]. Nonlinear Dynamics, 1997, 14(4): 295 – 308.

[44] 耿长福. 航天器动力学[M]. 北京:中国科学技术出版社,2006.

[45] Masuani Y, Iwatsu T, Miyazaki F. Motion Estimation of Unknown Rigid Body under No External Forces and Moments[C]. IEEE International Conference on Robotics and Automation, USA: IEEE Press, 1994:1066 – 1072.

[46] Gradshteyn I S, Ryzhik I M. Table of Integrals, Series and Products [M]. Burlington: Academic Press, 2007:631 – 879.

[47] 戴征坚. 空间目标的雷达特性预估与识别[D]. 长沙:国防科技大学,2000.

[48] 黄剑. 空间目标 RCS 特征参数提取技术研究[D]. 长沙:国防科技大学,2009.

[49] 黄培康,印国泰. 雷达目标特征信号[M]. 北京:宇航出版社,1993.

[50] 保铮,邢孟道. 雷达成像技术[M]. 北京:电子工业出版社,2005.

[51] Steven M K. Fundamentals of Statistical Signal Processing: Estimation Theory [M]. New Jersey: Prentice Hall PTR, 1993.

[52] 王成. 雷达信号层融合成像技术研究[D]. 长沙:国防科技大学,2006.

[53] 王正明,易东云. 测量数据建模与参数估计[M]. 长沙:国防科技大学出版社,1996.

[54] Rissanen J. Modeling by Shortest Data Description[J]. Automatica, 1978, 14: 465 – 471.

[55] Roy R, Paulraj A, Kailath T. ESPRIT: A Subspace Rotation Approach to Estimation of Parameters of Cissoids in Noise[J]. IEEE Transactions on Acoustics, Speech, Signal Processing, 1986, 34: 1340 – 1342.

[56] 黄德双. 高分辨雷达智能信号处理技术[M]. 北京:机械工业出版社,2001.

[57] Kie B E. Time – varying Autoregressive Modeling of HRR Radar Signatures [J]. IEEE Transactions on Aerospace Electronic Systems, 1999, 35 (3): 974 – 988.

[58] 李娜,刘方. 基于模糊聚类视区划分的 SAR 目标识别方法[J]. 电子学报,2012,40(2):394 – 399.

[59] 杨松. 舰船目标 SAR 图像特征提取与分类技术[D]. 长沙:国防科技大学,2015.

[60] 匡纲要,高贵. 合成孔径雷达目标检测理论、算法及应用[M]. 长沙:国防科技大学出

版社, 2007.
[61] 张红, 王超, 张波, 等. 高分辨率SAR图像目标识别[M]. 北京: 科学出版社, 2009.
[62] 张泽兵. 知识辅助的SAR目标索引及特征提取技术研究[D]. 长沙: 国防科技大学, 2013.
[63] Godfried T. Solving Geometric Problems with the Rotating Calipers [C]. Proceeding of IEEE MELECON'83, 1983: 1 – 8.
[64] Potter L C, Moses R L. Attributed Scattering Centers for SAR ATR [J]. IEEE Transactions on Image Processing, 1997, 6(1): 79 – 91.
[65] 计科峰. SAR图像目标特征提取与分类方法研究[D]. 长沙: 国防科技大学, 2003.
[66] Vapnik V N. 统计学习理论的本质[M]. 张学工, 译. 北京: 清华大学出版社, 2000.
[67] Hummel R. Model – based ATR Using Synthetic Aperture Radar[C]. Radar Conference, 2000: 856 – 861.
[68] Hummel R. Moving and Stationary Target Acquisition and Recognition [OL]. http://www.alphatech.com/secondary/techpro/projects/mstar/MSTARTopLevel.html. 2002 – 9 – 10.
[69] Xue K. The Evaluation of Synthetic Aperture Radar Image Segmentation Algorithms in the Context of Automatic Target Recognition[R]. Dayton: Wright State University, 2002.
[70] Dubes R C, Jain A K, Nadabar S G. MRF Model – based Algorithms for Image Segmentation [C]. Proceedings of SPIE, 1990: 808 – 814.
[71] Devore M D, O'Sullivan J A. Target – centered Models and Information – theoretic Segmentation for Automatic Target Recognition [J]. Multidimensional Systems and Signal Processing, 2003, 14(1): 139 – 159.
[72] Chen F, Yu H, Hu R. Deep Learning Shape Prior for Object Segmentation[C]. IEEE Computer Vision and Pattern Recognition, 2013: 1870 – 1877.
[73] Liu G, Sun X, Fu K. Aircraft Recognition in High – resolution Satellite Images Using Coarse – to – fine Shape Prior[J]. IEEE Geoscience and Remote Sensing Letters, 2013, 10 (3): 573 – 577.
[74] 胡利平, 刘宏伟, 吴顺君. 一种新的SAR图像目标识别预处理方法[J]. 西安电子科技大学学报, 2007, 34(5): 733 – 737.
[75] Power G J, Wilson K S. Segmentation Shadows from Synthetic Aperture Radar Imagery Using Edge – enhanced Region growing[C]. Proceedings of SPIE, 2000: 106 – 114.
[76] Wilson K S, Power G J. Region Growing Shadow Segmentation in Synthetic Aperture Radar Images[C]. International Conference on Imaging Science, Systems and Technology, 2000: 37 – 41.
[77] 高贵. SAR图像目标ROI自动获取技术研究[D]. 长沙: 国防科技大学, 2007.
[78] Sakurikar P, Narayanan P J. Fast Graph Cuts Using Shrink – expand Reparameterization [C]. 2012 IEEE Workshop on Applications of Computer Vision, 2012: 65 – 71.
[79] 刘永坦. 雷达成像技术[M]. 哈尔滨: 哈尔滨工业大学出版社, 1999.
[80] 宋建社, 郑永安, 袁礼海. 合成孔径雷达图像理解与应用[M]. 北京: 科学出版

社,2008.

[81] Novak L M, Owirka G J, Brower W S. The Automatic Target Recognition System in SAIP[J]. The Lincoln Laboratory Journal, 1997, 10(2): 187 – 202.

[82] Binford T O, Wang B H, Levitt T S. Context and Quasi – invariants in ATR with SAR Imagery[C]. DARPA Image Understanding Workshop, 1997: 1031 – 1039.

[83] Wang B H. An Automatic Target Recognition System for SAR imagery [D]. Stanford University, 1997.

[84] Schlomera T, Deussena O. Accurate Spectral Analysis Two – dimensional Point Sets[J]. Journal of Graphics, GPU, and Game Tools, 2011, 15(3): 152 – 160.

[85] Nicoli L P, Anagnostopoulos G C. Shape – based Recognition of Targets in Synthetic Aperture Radar Images Using Elliptical Fourier Descriptors[C]. Proceedings of SPIE, 2008: 9670 – 9675.

[86] Hupton J R, Saghri J A. Three – dimensional Target Modeling with Synthetic Aperture Radar [C]. Proceedings of SPIE, 2010, 7798: 77980P – 77980P – 14.

[87] Dickey F M, Doerry A W. Recoverying Shape from Shadow in Synthetic Aperture Radar Imagery[C]. Radar Sensor Technology XII, 2008, 6947.

[88] Miller R J, Samo G C, Shphard D J. Progress in Radar Recognition of Aircraft without Using Radar – derived Databases[C]. Electromagnetic Remote Sensing DTC 1st Technical Conference, 2004.

[89] Miller M I. Radar NCTR Using Non – radar Referents[C]. Electromagnetic Remote Sensing DTC 3rd Technical Conference, 2006.

[90] Miller M I. Model – based Aircraft Recognition[C]. International Radar Symposium, 2006: 1 – 4.

[91] 马林. 雷达目标识别技术综述[J]. 现代雷达. 2011, 6(33):1 – 7.

[92] 胡卫东, 宋锐. 雷达目标识别开放系统结构与应用[J]. 现代雷达, 2008, 30(3): 58 – 61.

[93] 胡卫东. 自动目标识别技术现状与发展思考[C]//国防科技大学科学技术委员会年会论文集. 长沙:国防科技大学,2010: 134 – 137.

[94] Mark W M. The New Knowledge Management: Complexity, Learning, and Sustainable Innovation [M]. KMCI Press, 2003:9 – 12.

[95] 钟义信. 智能科学技术导论 [M]. 北京: 北京邮电大学出版社, 2006.

[96] Denise L, Irene M, Sergio T. Knowledge Management Model: Practical Application for Competency Development[J]. The learning Organization, 2007(14):196 – 202.

[97] 邱均平, 段宇锋. 论知识管理与竞争情报[J]. 图书情报工作, 2000(4): 11 – 14.

[98] 袁磊. 组织内部知识共享方式及策略[R]. AMT 研究院, 2011.

[99] Novak L M, Halversen S D, Owirka G J, et al. Effects of Polarization and Resolution on the Performance of a SAR ATR system [J]. The Lincoln Laboratory Journal, 1995, 8(1): 49 – 68.

[100] 计科峰,匡纲要,粟毅,等. 基于 SAR 图像的目标散射中心特征提取方法研究[J]. 国防科技大学学报, 2003, 25(1): 45 – 50.

[101] 刘拥军,葛德彪,张忠治,等. 有属性的散射中心理论及应用[J]. 电波科学学报, 2003, 18(5): 559 – 563.

[102] 张进,闫冬梅,王超,等. 高分辨率 SAR 图像目标属性散射中心特征提取方法[J]. 中国图像图形学报, 2009, 14(1): 35 – 39.

[103] 史忠植. 知识发现[M]. 北京:清华大学出版社, 2002.

[104] 夏火松. 数据仓库与数据挖掘技术[M]. 北京:科学出版社, 2005.

[105] 张静. 柔性雷达目标识别技术研究与实现[D]. 长沙:国防科技大学, 2004.

[106] Han J, Kamber M. Data Mining: Concepts and Techniques[M], 2nd Edition. San Francisco: Morgan Kaufmann, 2006.

[107] Hart J, Kamber M, Pei J. Data Mining: Concepts and Techniques[M]. 3rd ed. San Francisco: Morgan Kaufmann, 2012.

[108] Huang Zhexue. Extensions to the K – means Algorithm for Clustering Large Data Sets with Categorical Values[J]. Data Mining and Knowledge Discovery, 1998, 2: 283 – 305.

[109] Shaharanee I N M, Hadzic F, Dillon T S. Interesting Measures for Association Rules Based on Statistical Validity[J]. Knowledge – Based Systems, 2011, 24(3): 386 – 392.

[110] 陶勇. 知识辅助的 SAR 图像目标特性分析与识别研究[D]. 长沙:国防科技大学, 2010.

[111] 虞华,胡卫东,杨宏文. 知识辅助的目标识别处理框架[C]. 深圳:第五届中国信息融合会议, 2013: 840 – 845.

[112] 谌夏,胡卫东. 基于概念层次的异质多属性信息融合在海洋监视上的应用[C]. 南京:第六界中国信息融合大会, 2015: 233 – 239.

[113] 梁循. 数据挖掘算法与应用[M]. 北京:北京大学出版社, 2006.

[114] 丁鹭飞,陈建春. 雷达原理[M]. 北京:电子工业出版社, 2009.

[115] Heckerman D. Bayesian Network for Data Mining[J]. Data Mining and Knowledge Discovery, 1997(1): 79 – 119.

[116] 关著华. 基于贝叶斯网数据挖掘若干问题研究[D]. 吉林:吉林大学, 2009.

[117] Pourret O, Naim P, Marcot B. Bayesian Networks: A Practical Guide to Applications[M]. Chichester: John Wiley & Sons, 2008.

[118] 高升. 基于本体的产品设计知识表示研究与实现[D]. 南京:南京理工大学, 2012.

[119] 陶勇,胡卫东. 基于图像域的属性散射中心分析[J]. 信号处理, 2009, 25(10): 1510 – 1515.

[120] 陶勇,胡卫东. 基于方位特性表征的属性散射中心模型参数估计方法[J]. 信号处理, 2010, 26(5): 736 – 740.

[121] Koller D, Firedman N. Probabilistic Graphical Models: Principles and Techniques[M]. Cambridge: The MIT Press, 2009.

[122] Gerry M J, Potter L C, Gupta I J, et al. A Parametric Model for Synthetic Aperture Radar

Measurements[J]. IEEE Transactions on Antenna Propagation,1999,47(7):1179-1188.

[123] 熊珑. 复杂观测条件下雷达辐射源识别方法研究[D]. 长沙：国防科技大学,2013.

[124] Toby S, Colin E, Jamie T. Programming the Semantic Web [M]. Sebastopol O'Reilly Media,2009.

[125] Donoho, D L. Compressed Sensing[J]. IEEE Transactions on Information Theory,2006, 52(4):1289-1306.

[126] Baraniuk R G, Candes E, Elad M. Special Issue on Applications of Sparse Representation & Compressive Sensing[J]. Proceedings of IEEE,2010,98(6):903-1101.

[127] Wakin M B, Baraniuk R G. High-resolution Navigation on Non-differentiable Image Manifolds[C]. IEEE International Conference on Acoustics, Speech and Signal Processing (ICASSP), Philadelphia, PA,2005,5:1073-1076

[128] Marco F. Duarte R, Mark A. Multiscale Random Projections for Compressive Classification [C]. IEEE International Conference on Image Processing (ICIP),2007,6:161-164.

[129] Davenport M A, Duarte M F, Takhar D, et al. The Smashed Filter for Compressive Classification and Target Recognition[C]. Proceedings of IS&T/SPIE Symposium on Electronic Imaging: Computational Imaging, San Jose, CA,2007,1:34-45.

[130] Duarte M F, Davenport M A, Wakin M B, et al. Sparse Signal Detection from Incoherent Projections[C]. IEEE International Conference on Acoustics, Speech and Signal Processing (ICASSP), Toulouse, France,2006,3:305-308.

[131] M Cetin. Feature-enhanced Synthetic Aperture Radar Imaging[D]. Boston University, 2001.

[132] Zhang L, Xing M, Qiu C, et al. Resolution Enhancement for Inversed Synthetic Aperture Radar Imaging under Low SNR via Improved Compressive Sensing[J]. IEEE Transactions on Geoscience, Remote Sensing,2010,48(10):3824-3838.

[133] Zhu X, Bamler R. Tomographic SAR Inversion by L1-norm Regularization: The Compressive Sensing Approach[J]. IEEE Transactions on Geoscience, Remote Sensing,2010,48 (10):3839-3846.

[134] Budillon, Evangelista A, Schirinzi G. Three-dimensional SAR Focusing from Multipass Signals Using Compressive Sampling[J]. IEEE Transactions on Geoscience, Remote Sensing,2011,49(1):488-499.

[135] Alonso M T, López-Dekker P, Mallorquí J J. A Novel Strategy for Radar Imaging Based on Compressive Sensing[J]. IEEE Transactions on Geoscience, Remote Sensing,2010,48 (12):4285-4295.

[136] Xu G, Xing M, Zhang L, et al. Bayesian Inverse Synthetic Aperture Radar Imaging[J]. IEEE Geoscience, Remote Sensing Letters,2011,8(6):1150-1154.

[137] Zhang L, Qiao Z, Xing M, Li Y, Bao Z. High-resolution ISAR Imaging with Sparse Stepped-frequency Waveforms[J]. IEEE Transactions on Geoscience, Remote Sensing, 2011,49(11):4630-4651.

[138] 郁文贤.智能化识别方法及其在舰船雷达目标识别系统中的应用[D].长沙：国防科技大学，1992.

[139] 宋锐.雷达舰船目标识别系统实现技术研究[D].长沙：国防科技大学，2003.

[140] 张乐锋.监视雷达目标识别信息处理系统的设计与实现[D].长沙：国防科技大学，2004.

[141] 张乐锋，宋锐，张静，等.海上雷达目标识别技术研制总结报告[R].长沙：国防科技大学ATR重点实验室，2004.

[142] 张贤达.现代信号处理[M].北京：清华大学出版社，1995.

[143] Bishop C. Neural Networks for Pattern Recognition[M]. New York：Oxford University Press，1995.

[144] Raudys S J, Jain A K. Small Sample Size Effects in Statistical Pattern Recognition：Recommendations for Practitioners[J]. IEEE Transactions on Pattern Analysis and Machine Intelligence, 1991,13：252 – 264.

[145] 周昌乐.认知逻辑导论[M].北京：清华大学出版社，2001.

[146] Pudil P, et al. Floating Search Methods in Feature Selection[J]. Pattern Recognition Letters, 1994, 15：1119 – 1125.

[147] 宋锐，张静，夏胜平，等.一种基于BP神经网络群的自适应分类方法及其应用[J].电子学报，2001，29(12A)：1950 – 1953.

[148] Grimson W E L, Shapiro J H, Willsky A S. Unified Multi – resolution Framework for Automatic Target Detection and Recognition[R]. NASA No. 19980015376.

[149] Song Rui, Ji Hu. Hierarchical Modular Structure for Automatic Target Recognition Systems [C]. Proceedings of SPIE, 2001, 4554：57 – 61.

[150] Freund Y, Schapire R E. A decision – theoretic Generalization of On – line Learning and an Application to Boosting[J]. Journal of Computer & System Sciences, 1997, 55(1)：119 – 139.

[151] Bassham. Automatic Target Recognition Classification System Evaluation Methodology [D]. Air Force Institute of Technology, 2002.

[152] Godbole S. Exploiting Confusion Matrices for Automatic Generation of Topic Hierarchies and Scaling up Multi – Way Classifiers[R]. Annual Progress Report, Bombay：Indian Institute of Technology, 2002.

[153] Kuperman G. Human System Interface Issues in Assisted Target Recognition (ASTR)[C]. Proceedings of NAECON'97, 1997：37 – 48.

[154] Riegler J T. Human Factors Evaluation of ESAR/ATR Integration for the TMD ATR RTM Program[R]. U. S. Air Force Research Laboratory, 1998.

[155] Donoho D L. High – dimensional Data Analysis：the Curses and Blessings of Dimensionality [C]. in International Congress of Mathematicians. 2000. Paris, France.

[156] 王守觉.仿生模式识别(拓扑模式识别)——一种模式识别新模型的理论与应用[J].电子学报，2002，30(10)：1417 – 1420.

[157] 张尧庭, 方开泰. 多元统计分析引论[M]. 北京: 科学出版社, 1982.

[158] 胡庆军, 吴翊. 主方差分析方法[J]. 国防科技大学学报, 2000, 22(2): 117-120.

[159] Comon P. Independent Component Analysis, a New Concept? [J]. Signal Processing, 1994, 36(3): 287-314.

[160] Scholkopf B, Smola A J. Nonlinear Component Analysis as a Kernel Eigenvalue Problem [J]. Neural Computation, 1998, 10(5): 1299-1319.

[161] Bach F R, Jordan M I. Kernel Independent Component Analysis[J]. Journal of Machine Learning Research, 2002, 3(1): 1-48.

[162] Huber P J. Projection Pursuit[J]. Annals of Statistics, 13(2): 435-475.

[163] Jain, Anil K, Duin, et al. Statistical Pattern Recgnition: a Review[J]. IEEE Transactions on Pattern Analysis and Machine Intelligence, 2000, 22(1): 4-37.

[164] Smola A J, Scholkopf B, Muller K R. The Connection between Regularization Operators and Support Vector Kernels[J]. Neural Networks, 1998, 11(3): 637-649.

[165] Girosi F. An Equivalence between Sparse Approximation and Support Vector Machines[J]. Neural Computation, 1998, 10(6): 1455-1480.

[166] Suykens, Johan A K. Support Vector Machines: a Nonlinear Modeling and Control Perspective[J]. European Journal of Control, 2001, 7(2-3): 311-327.

[167] Bi J B, Bennett K P, Embrechts, et al. Dimensionality Reduction via Sparse Support Vector Machine[J]. Journal of Machine Learning Research, 2003, 3(6): 1229-1243.

[168] Chen S, Donoho D L, Saunders M A. Atomic Decomposition by Basis Pursuit[J]. SIAM Review, 2001, 43(1): 129-159.

[169] Donoho D L, Huo X M. Uncertainty Principles and Ideal Atomic Decomposition[J]. IEEE Transactions on Information Theory, 2001, 47(7): 2845-2862.

[170] Elad M, Bruckstein A M. A Generalized Uncertainty Principle and Sparse Representation in Pairs of Bases[J]. IEEE Transactions on Information Theory, 2002, 48(9): 2558-2567.

[171] Candes E, Romberg J, Tao T. Robust Uncertainty Principles: Exact Signal Reconstruction from Highly Incomplete Frequency Information[J]. IEEE Transactions on Information Theory, 2006, 52(2): 489-509.

[172] Mallat S G, Zhang Z F. Matching Pursuits with Time-frequency Dictionaries[J]. IEEE Transactions on Signal Processing, 1993, 41(12): 3397-3415.

[173] Qian S, Chen D. Signal Representation Using Adaptive Normalized Gaussian Functions[J]. Signal Processing, 1994, 36(1): 1-11.

[174] Wipf D P, Rao B D. Sparse Bayesian Learning for Basis Selection[J]. IEEE Transactions on Signal Processing, 2004, 52(8): 2153-2164.

[175] Weiss M R. Inverse Scattering in the Geometric-optics Limit[J]. Joarnal of the optical society of America, 1968, 58(11): 1524-1536.

主要符号表

$\boldsymbol{A}$	矢量位函数
$\boldsymbol{B}$	磁感应强度
$\overline{\overline{\boldsymbol{D}}}$	并矢绕射系数
$\boldsymbol{D}$	电位移矢量
$\boldsymbol{E}^{\mathrm{i}}$	入射场电场强度
$\boldsymbol{E}^{\mathrm{s}}$	散射场电场强度
$\boldsymbol{E}$	电场强度
$\boldsymbol{H}^{\mathrm{i}}$	入射场磁场强度
$\boldsymbol{H}^{\mathrm{s}}$	散射场磁场强度
$\boldsymbol{H}$	磁场强度
$\boldsymbol{I}$	惯量矩阵
$\boldsymbol{J}(\boldsymbol{x},t)$	目标表面上的位置 $\boldsymbol{x}$ 处于 t 时刻产生感应电流
$\boldsymbol{J}$	导电媒质中的电流密度
k	波数
$\boldsymbol{n}$	媒质交界面法向分量
$\hat{\boldsymbol{R}}$	场点和源点的相对位置方向矢量
$\boldsymbol{R}$	场点和源点的相对位置矢量
$\hat{\boldsymbol{r}}$	原点 O 指向场点的单位矢量
$\boldsymbol{r}$	位置矢量
$\boldsymbol{S}$	极化散射矩阵
t	时间
ε	媒质的介电常量
$\hat{\boldsymbol{\varphi}}$	方位方向的单位矢量
μ	媒质的磁导率

$\hat{\boldsymbol{\theta}}$	俯仰方向的单位矢量
ρ	自由电荷的体密度
σ	媒质的电导率
$\boldsymbol{\omega}$	角频率,瞬时角速度矢量

缩略语

AFRL	Air Force Research Laboratory	空军研究实验室
AGC	Auto Gain Control	自动增益控制
AIC	Akaike Information Criterion	Akaike 信息准则
ATE	Automatic Target Exploitation	目标信息自动挖掘利用
ATR	Automatic Target Recognition	自动目标识别
BN	Bayesian Network	贝叶斯网络
BP	Back Propagation Network	后向传播网络
CAD	Computer Aided Design	计算机辅助设计
CFAR	Constant False Alarm Rate	恒虚警率
CIT	Conditional Independence Test	条件独立性测试
CLIQUE	Clustering In QUEst	自动子空间聚类
CPD	Conditional Probability Distribution	条件概率分布函数
CPT	Conditional Probability Table	条件概率表
CURE	Clustering Using Representatives	基于代表点的聚类
DAG	Directed Acyclic Graph	有向无环图
DARPA	Defense Advanced Research Project Agency	国防高级研究计划局
DBSCAN	Density-Based Spatial Clustering of Applications with Noise	具有噪声的基于密度的聚类
DNA	Deoxyribo Nucleic Acid	脱氧核糖核酸
EM	Expectation-Maximization Algorithm	期望最大化算法
ESPRIT	Estimating Signal Parameter via Rotational Invariance Techniques	利用旋转不变技术估计信号参数
FNN	Feedforward Neural Network	前馈神经网络

FOA	Focus of Attention	聚焦
GBR	Ground-Based Radar	地基弹道导弹防御雷达
GTD	Geometrical Theory of Diffraction	几何绕射理论
HRRP	High Resolution Range Profile	高分辨距离像
ICM	Iteratived Conditional Models	迭代条件模型
ISAR	Inverse Synthetic Aperture Radar	逆合成孔径雷达
JEM	Jet Engine Modulation	飞机引擎调制谱
MAP	Maximum A Posteriori	最大后验
MCM	Maximum Contrast Method	最大对比度法
MDL	Minimum Description Length	最小描述长度
MEM	Maximum Entropy Method	最大熵法
ML	Maximum Likelihood	最大似然
MPM	Maximizer Posterior Marginals	最大后验边缘
MRF	Markov Random Field	马尔可夫随机场
MSE	Minimum Square Error	最小平方误差
MSTAR	Moving and Stationary Target Acquisition and Recognition	运动与静止目标获取与识别
MUSIC	Multiple Signal Classification	多重信号分类
NCTR	Non-Cooperative Target Recognition	非合作目标识别
OC	Operating Conditions	工作条件
OMP	Orthogonal Matching Pursuit	正交匹配追踪
OPTICS	Ordering Points to Identify the Clustering Structure	通过对象排序识别聚类结构
PEMS	Predict, Extract, Match and Search	预测、提取、匹配与搜索
PGA	Phase Gradient Algorithm	相位梯度法
PO	Physical Optics	物理光学
PPI	Plane Position Indicator	雷达平面位置显示器
RCS	Radar Cross Section	雷达散射截面
RIP	Restricted Isometry Property	约束等距性质

RLTRK	Rule-based LRR Target Recognition Knowledge Base	基于规则的低分辨雷达目标识别知识库
ROI	Region of Interest	感兴趣区域
RSOM	Recursive Self-Organizing Map	递归自组织神经网络
SAIP	Semi-automated Image Intelligence Processing System	半自动图像智能处理系统
SAR	Synthetic Aperture Radar	合成孔径成像雷达
SBL	Sparse Bayesian Learning	稀疏贝叶斯学习
SEM	Structure EM	结构期望最大化算法
SRM	Sparse Representation based Method	基于稀疏表示的方法
SRPF	Spatial Relationship Potential Function	空间关系势能函数
STRING	Statistical Information Grid-Based Method	基于网格的多分辨率聚类
TPR	Transient Polarization Response	瞬态极化响应
TWS	Tracking While Scanning	边扫描边跟踪状态
WaveCluster	Clustering with Wavelets	采用小波变换聚类

(a)货船　　　　　　　　　　　　　　　　(b)油轮

图3.6　典型商船及同类型目标SAR图像

 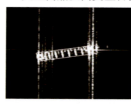 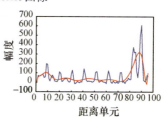

图3.7　典型货船CAD模型及其模拟SAR图像

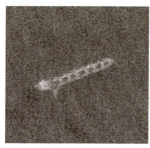 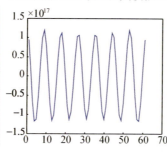 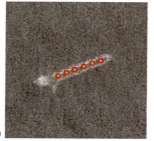

(a)货船目标SAR图像　　　　(b)多重自相关函数　　　　(c)提取的亮线位置

图3.9　货船目标SAR图像的亮线提取

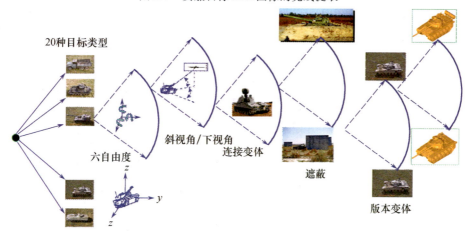

图3.11　SAR ATR扩展工作条件影响因素

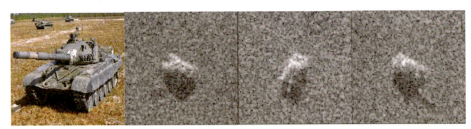

(a) T72目标及其SAR图像

(b) BMP2目标及其SAR图像

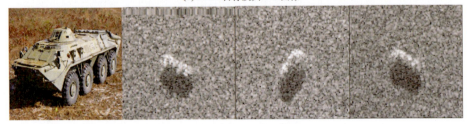

(c) BTR70目标及其SAR图像

图 3.13　T72、BMP2 和 BTR70 三类目标光学图像与不同方位角下的 SAR 图像

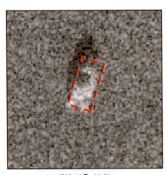

(a) "钩子"结构

(b) "凹口"结构

图 4.14　矩形轮廓上下文信息用于特征子结构描述

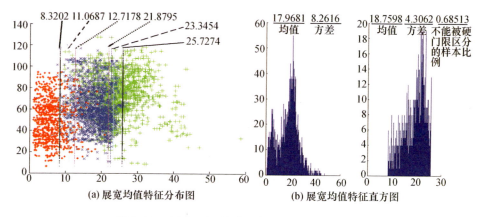

图 5.19　大\中\小型舰船目标展宽均值分布特性

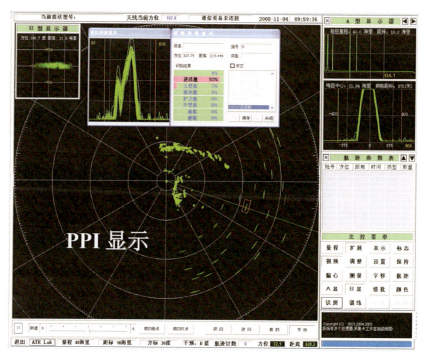

图 7.3　对海监视雷达显示终端(PPI、B、A/R 显示器)

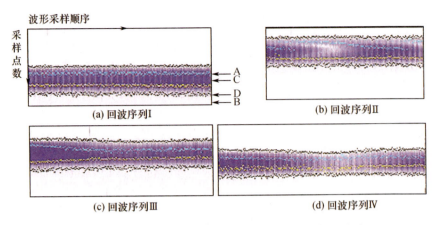

图7.8 基于柔性思想确定回波序列中有效波形起止边界

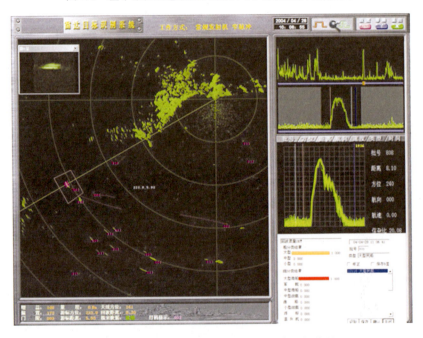

图7.20 知识辅助雷达舰船目标识别系统的操作界面